Pro/ ENGINEER CHANPIN SHEJI
——Wildfire5.0 XIANGMUHUA JIAOCHENG

Pro/ ENGINEER产品设计
——Wildfire5.0项目化教程

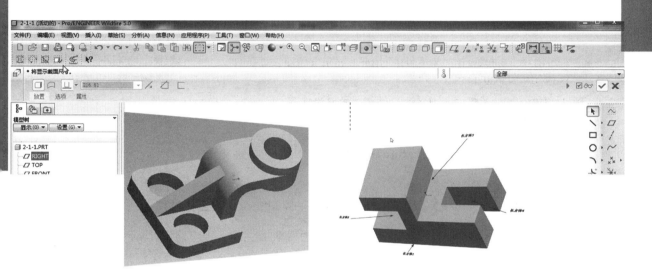

■ 主　编　陈志富

副主编　林良颖　李刚营　胡立昂

参　编　李金玉　吴海妹　黄俊杰

重庆大学出版社

内容提要

　　全书共分为 6 大模块,分别为:草绘模块、实体模块、曲面模块、装配模块、工程图模块及模具设计模块。每个模块又包含了若干个任务,每个任务均按照"任务描述→任务实施→加油站→任务拓展→拓展练习"的体例来编写。

　　书中的每个任务都是经过精心筛选而得出的典型工作任务。草绘模块包含了 3 个任务,将草绘模块要掌握的知识点融入 3 个任务,通过完成 3 个学习任务,可掌握草绘的基本技巧。实体模块包含了 11 个任务,将传统的拉伸、扫描、混合等命令融入精选的 11 个任务。曲面模块包含了 4 个任务,囊括了曲面创建、编辑等曲面操作的基本方法。产品装配模块包含了 3 个任务,将装配的基本约束方法融入这 3 个任务。工程图模块包含 3 个任务,基本涵盖了三视图的创建、剖视图的创建、局部视图的创建等工程图常用的方法。模具设计模块包含了 3 个任务,主要包含分型面的创建、凸模、凹模的生成等相关模具设计的基本方法。

　　本书可作为职业教育加工制造类专业的基础教材,也可作为相关技术人员的学习参考用书。

图书在版编目(C I P)数据

Pro/ENGINEER 产品设计:Wildfire5.0 项目化教程/
陈志富主编. -- 重庆:重庆大学出版社,2019.8(2020.3 重印)
ISBN 978-7-5689-1457-4

Ⅰ.①P… Ⅱ.①陈… Ⅲ.①工业产品—产品设计—
计算机辅助设计—应用软件—中等专业学校—教材 Ⅳ.
①TB472-39

中国版本图书馆 CIP 数据核字(2019)第 120343 号

Pro/ENGINEER 产品设计——Wildfire5.0 项目化教程

主编 陈志富
副主编 林良颖 李刚营 胡立昂
策划编辑:周 立

责任编辑:陈 力 版式设计:周 立
责任校对:谢 芳 责任印制:张 策

*

重庆大学出版社出版发行
出版人:饶帮华
社址:重庆市沙坪坝区大学城西路 21 号
邮编:401331
电话:(023)88617190 88617185(中小学)
传真:(023)88617186 88617166
网址:http://www.cqup.com.cn
邮箱:fxk@cqup.com.cn(营销中心)
全国新华书店经销
重庆升光电力印务有限公司印刷

*

开本:787mm×1092mm 1/16 印张:25 字数:626 千
2019 年 8 月第 1 版 2020 年 3 月第 2 次印刷
ISBN 978-7-5689-1457-4 定价:59.80 元

前 言

　　本书是为了适应中等职业教育改革与发展的需要,结合数控、模具专业的教学标准、培养目标及课程教学基本要求编写而成的。

　　传统的教材通常先讲述命令的使用方法,再讲述实际的操作案例,这样的教材不太符合学生的学习规律,学生在学习命令时不感兴趣,导致学习效率低下。本书改变了传统教材编写的特点,创新编写模式,把知识点融入相应的任务中,让学生在完成实际任务的过程中掌握相应的操作命令,更加贴近学生学习的实际情况。

　　本书在划分模块、选定任务的过程中,广泛听取了各方面的意见。采纳了多所职业院校专业老师的建议,通过与企业工程技术专家和管理人员进行课题研讨,对往届、应届毕业生及在校学生进行调研,最终确立了6大模块,共27个典型任务。

　　本书在编写时采用了任务驱动的学习模式。将知识点融入了具体的任务,通过实施任务,掌握相应的作图技能,同时,采用"加油站"对作图方法进行详细说明,采用"任务拓展"对方法进行拓展,以达到举一反三的效果。最后通过"拓展练习"巩固复习。在内容的呈现上本书精心制作了大量的插图,以便学生理解和学习。

　　由于编者水平所限,书中难免存在疏漏和不足之处,敬请广大读者批评指正。

　　源文件下载地址:http://www.cqup.com.cn/index.php,或者扫封底的二维码下载资源。

编　者

2019 年 1 月

目录

模块一
二维草绘篇

任务 1　契铁块的绘制

 任务描述

在 Pro/E 5.0 的草绘类别中使用直线命令,绘制如图 1-1-1 所示契铁块的二维视图,并以"1-1-1"为文件名命名保存。

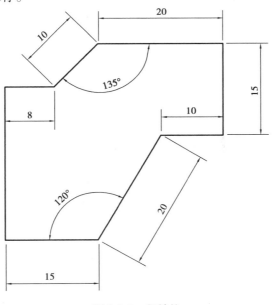

图 1-1-1　契铁块

任务实施

一、Pro/E 5.0 软件的启动

方法1　双击桌面图标,即图 1-1-2 所示"proeWildfire 5.0.exe"快捷方式图标。

方法2　单击"开始"菜单→选择"所有程序(P)"→选择"proeWild-fire 5.0"即可。

图 1-1-2　启动图标

Pro/E 5.0 的启动界面如图 1-1-3 所示。

二、新建草绘文件

步骤1　选择菜单栏中的"文件"→"新建"命令;或者单击快捷工具栏中的"新建"按钮" "；或者按快捷键组合"Ctrl + N"。

步骤2　弹出的"新建"对话框如图 1-1-4 所示,在"类型"选项组中,点选"草绘"选项。在"名称"文本框中输入文件的名称"1-1-1",单击"确定"即可进入草绘界面。

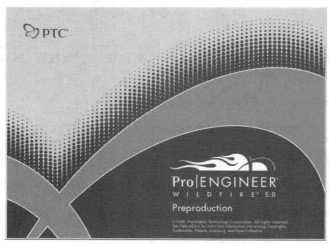

图 1-1-3　启动界面

图 1-1-4　新建界面

草绘界面如图 1-1-5 所示,主要由标题栏、菜单栏、草绘工具栏、草绘区等组成,具体的工具在界面中的位置如图 1-1-5 所示。用户在绘图时,可在工具栏中拾取命令,将图形绘制在绘图区域。

三、绘制图形轮廓

在绘制草图时,应该以"先画图形轮廓,后修改尺寸要素"的总体思路绘制出几何图形后,再进行尺寸修改,添加其他约束条件并最终得到正确的草绘图形。

步骤1　绘制第一条水平线。在草绘工具栏中,单击"线命令" ,在绘图区域单击左键并在合适位置选取起始点,移动鼠标会发现有一条高亮色的线条随着鼠标的移动而移动,当

鼠标水平移动时高亮色的线条上会出现一个字母"H"(图 1-1-6),说明该线条处于水平状态。再次单击鼠标左键即可绘制第一条水平线的终点。

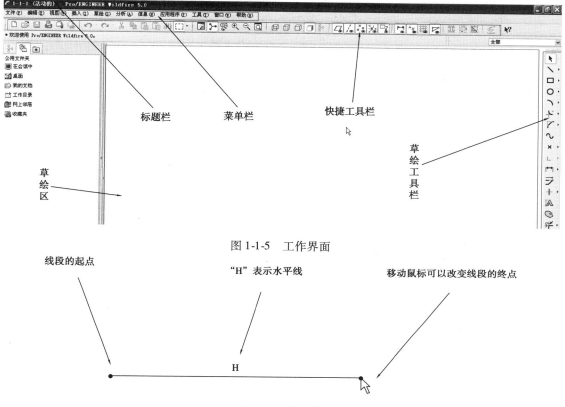

图 1-1-5　工作界面

图 1-1-6　水平线

注意:在绘制直线时,线条的终点会随着鼠标的移动而移动,并且当线条呈水平线时线条的上方会出现字母"H",当线条呈铅垂线时线条的左方会出现字母"V"。

步骤 2　绘制第二条线。继续移动鼠标绘制第二条线段,这时第一条线段的终点则成为第二条线段的起点,将鼠标移动到终点处(图 1-1-7)的大概位置时单击左键即可完成第二条线段的绘制。

步骤 3　绘制其余的线条。依次单击左键绘制更多的连续直线直至将图形轮廓画出。最后单击鼠标中键结束操作。最终绘制效果如图 1-1-8 所示。

四、标注尺寸

在步骤 3 中将图形的大概轮廓绘制完毕后,Pro/E 5.0 为每一个图元自动进行尺寸标注,但是这些尺寸都是不够精准的弱尺寸。也就是说图 1-1-9 中所示的尺寸并非是用户所需要的图形尺寸,此时用户需要对这些尺寸进行人工标注将其确定为强尺寸。

注意:不同的图形涉及的标注类型也不同,标注类型主要可分为:线性标注、直径标注、半径标注、角度标注、坐标标注等。

3

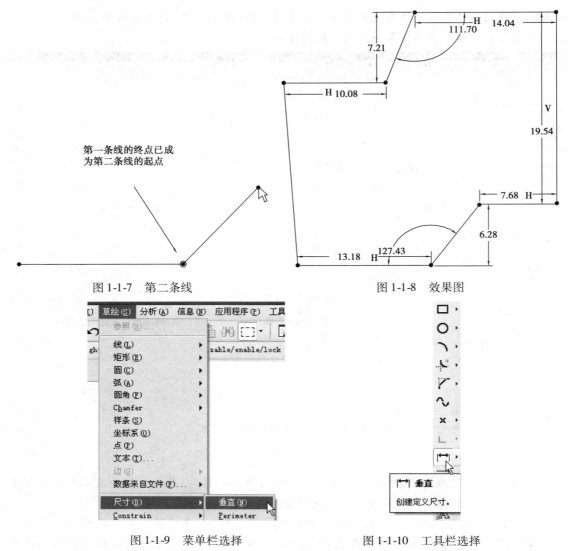

图 1-1-7　第二条线　　　　　　　　　　　　　图 1-1-8　效果图

图 1-1-9　菜单栏选择　　　　　　　　　　　图 1-1-10　工具栏选择

步骤 1　线性尺寸标注。线性尺寸标注是指标注一条线段的长度或者图元之间的距离。操作方法如下：

选择"草绘"→"尺寸"→"垂直"（图 1-1-9），或者在"草绘"工具栏中点选 ⊢↦ ▸（图 1-1-10），即可启动"创建定义尺寸"命令。

在绘图区域单击选择第一条线段作为要标注的线段，单击鼠标中键即可，在对话框中输入尺寸数字"15"即可完成第一条线段的标注，如图 1-1-11 所示。

注意:在标注完第一条线段的尺寸数字后，有时会因为绘图区域的缩放比例不当而出现如图 1-1-12 所示的图形混乱效果，此时用户需要暂停标注，移动相关的线条使图形轮廓不变样。在移动线条时，已标注的线段不要移动，以免改变线段的尺寸。移动完毕后继续进行尺寸标注。

步骤 2　角度标注。角度标注分为标注两条线之间的夹角和标注圆弧的角度两种。

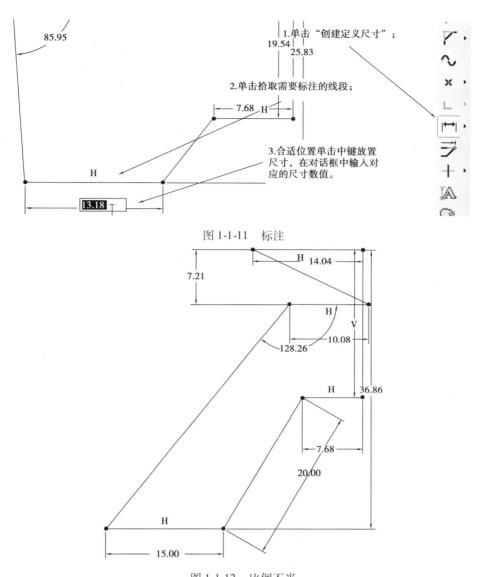

图 1-1-11　标注

图 1-1-12　比例不当

操作方法如下：

选择"草绘"→"尺寸"→"垂直"，或者在"草绘"工具栏中点选 ，即可启动"创建定义尺寸"命令。

如图 1-1-13 所示，在绘图区域依次单击选择第一条边、第二条边，然后将鼠标移动到合适位置单击中键，在对话框中输入角度数字"120"即可完成角度的标注。

加油站：

标注圆弧角度的方法和两条线之间的夹角标注有所不同。如图 1-1-14 所示，在启动"创建定义尺寸命令"后，依次单击选择圆弧的一个端点、圆弧的圆心、圆弧的另一个端点，再将鼠标移动到合适位置点击中键，在对话框中输入角度数字，即可完成圆弧角度的标注。

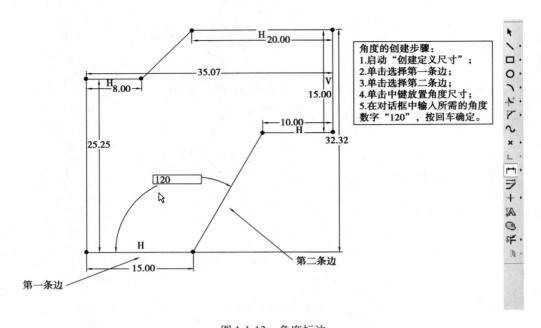

图 1-1-13　角度标注

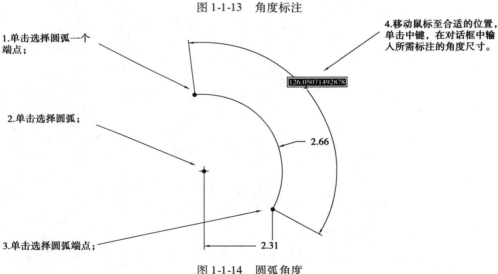

图 1-1-14　圆弧角度

采用同样的方法对剩下的线性尺寸和角度尺寸进行标注。标注完毕后效果如图 1-1-15 所示。

加油站：

如在标注尺寸时发现尺寸标注错误，可以对尺寸进行修改，Pro/E 中提供了两种修改尺寸的方法，分别是"直接修改尺寸"和利用"修改尺寸工具"。

直接修改尺寸是比较常见也比较简单的方法，具体的操作方法是：移动鼠标在绘图区域选择所需要修改的尺寸，双击该尺寸然后在弹出的文本框 10.00 中输入对应的尺寸后回车。

利用"修改尺寸工具"修改尺寸的方法如图 1-1-16 所示：选择需要修改的尺寸或者框选多个

图元尺寸,单击草绘工具栏的  修改命令,在不同的尺寸栏中输入所需要的数值,按回车确定。

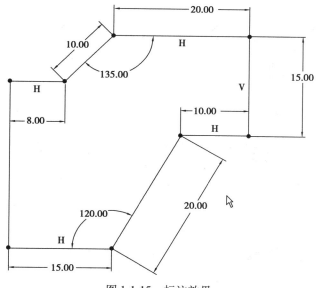

图 1-1-15 标注效果

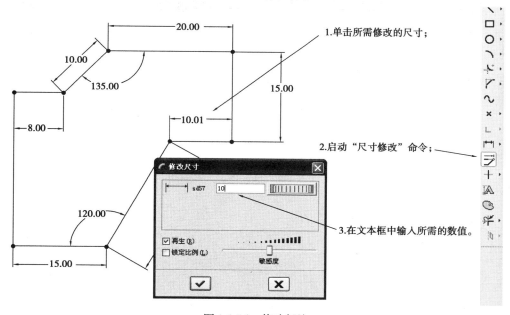

图 1-1-16 修改标注

五、文件的保存与退出

在检查图形确保其正确后,可对文件进行保存,保存文件的方法与 Word 文档的保存方法相似。

步骤 1 单击"文件"菜单栏,在下拉菜单中单击"保存",如图 1-1-17 所示。

步骤 2 在弹出的保存对话框中选择所需要保存的位置,然后单击"保存"即可,如图 1-1-18所示。

将文件保存后,退出 Pro/E 5.0 软件,退出方法有两种:一种是直接退出,即单击文件标题栏最右上角的"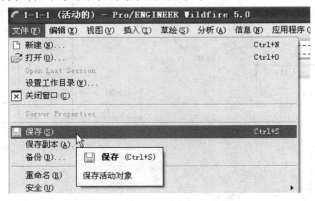"即可。另一种是通过"文件"菜单栏来退出,操作方法为单击"文件",在下拉菜单中单击退出,在弹出的对话框中,单击"是(Y)"即可。

图 1-1-17　文件保存

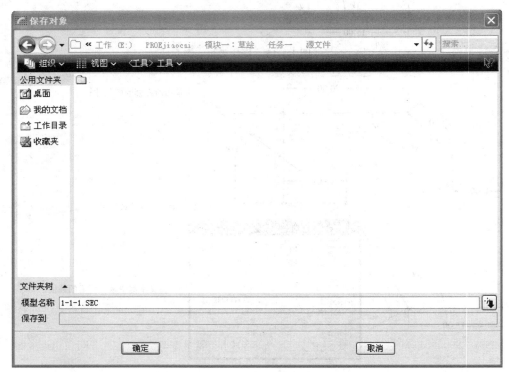

图 1-1-18　保存对象

以上就是图 1-1-1 的整个绘制操作方法。

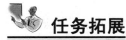 **任务拓展**

在草绘工具栏中,除了绘制直线命令外,还有很多种基础图元可以绘制,如点、相切线、矩形、圆等,下面将给大家逐一介绍。

一、绘制点

点主要以辅助性的作用出现,我们在后续的学习中会遇见复杂模型的轨迹定位、截面绘制等,这些操作经常会用上"点的绘制"。

点的绘制方法如下所述。

步骤 1 单击"草绘"工具栏的"点"命令 ✖ ▸,移动鼠标在绘图区域单击一次即可创建一个点,移动鼠标到另一个位置后再次单击鼠标,即可创建第二个点,依次类似操作,如图 1-1-19 所示。

步骤 2 单击鼠标中键结束点的绘制。

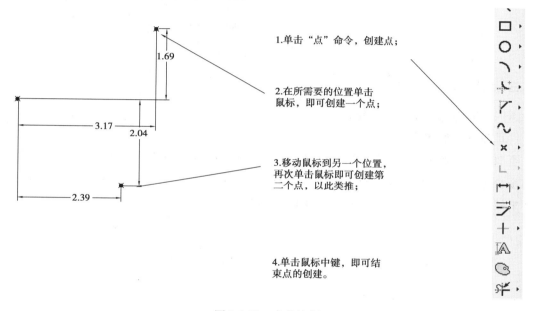

图 1-1-19 点的绘制

二、相切线

相切线主要用于圆或者圆弧之间的切线。

相切线绘制方法如下所述。

步骤 1 启动相切线命令:单击"草绘"工具栏的"线"命令的子命令工具 ▸,再单击弹出的"直线相切"命令,如图 1-1-20 所示。

步骤 2 在绘图区域先后单击选取圆,即可绘制一条相切线,如图 1-1-21 所示。

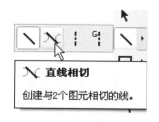

图 1-1-20 直线相切

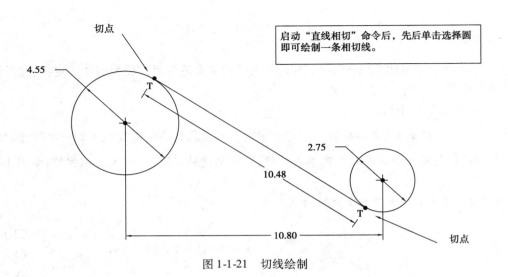

图 1-1-21　切线绘制

三、矩形

矩形主要分为正矩形和斜矩形两种。

1. 正矩形的创建方法

步骤 1　启动斜矩形命令：单击"草绘"工具栏的"矩形"命令 □ 。

步骤 2　在绘图区域先后单击放置矩形的第一点和它所对应的对角点作为第二点，单击鼠标中键即可完成一个矩形的绘制，如图 1-1-22 所示。

图 1-1-22　矩形绘制

步骤 3　尺寸修改。按照图纸要求修改图形尺寸，具体方法参见"尺寸修改"章节。

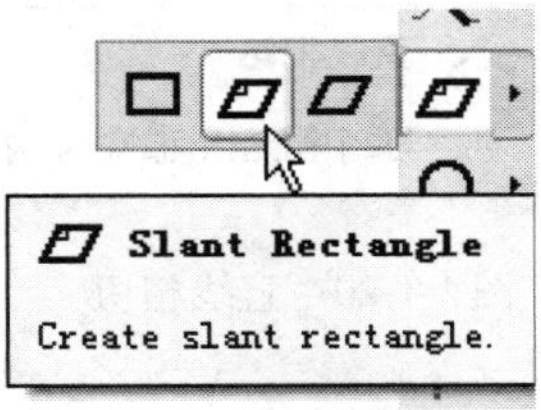

2. 斜矩形的创建方法

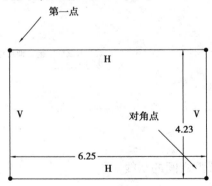

图 1-1-23　斜矩形命令

步骤 1　启动矩形命令：单击"草绘"工具栏的"矩形"命令的子命令工具 ，再单击弹出的"斜矩形"命令，如图 1-1-23 所示。

步骤 2　在绘图区域先后单击放置矩形的第一点和第二点以创建斜矩形的第一条边，然后再指定第三点，用来确定矩形的另一条边，单击鼠标中键即可完成一个斜矩形的绘制，如图 1-1-24 所示。

步骤3 尺寸修改。按照图纸要求修改图形尺寸,具体方法参见"尺寸修改"章节。

四、绘制圆

在 Pro/E 5.0 中提供了 4 种不同类型的圆,分别是"圆心和点""同心""3 点圆"和"相切圆"。它们的创建方法各不相同,现逐一对此进行讲解。

1. 圆心和点

圆心和点,顾名思义是通过圆心来确定圆的位置,一点来确定圆的大小,创建方法如下所述。

步骤1 启动"圆心和点"命令:单击"草绘"工具栏的"圆心和点"命令 ◎ 。

步骤2 在绘图区域适当位置单击一下,作为放置圆心的位置。

步骤3 移动鼠标,再指定一点,确定圆的大小,单击鼠标中键即可绘制完成一个圆,如图1-1-25 所示。

步骤4 尺寸修改。按照图纸要求修改图形尺寸,具体方法参见"尺寸修改"章节。

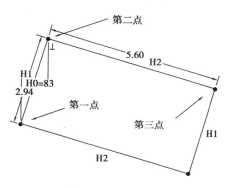

图 1-1-24 斜矩形

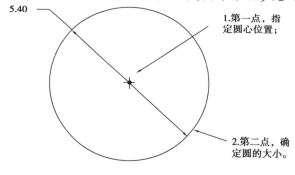

图 1-1-25 圆的绘制

2. 同心圆

同心圆是在已知圆或者圆弧的基础上,创建一个或几个与之同心的圆,创建方法如下所述。

步骤1 启动"同心圆"命令:单击"圆心和点"命令里的子命令"同心圆" ◎ 。

步骤2 在绘图区域选择已有的圆或者圆弧,作为放置同心圆圆心的位置。

步骤3 移动鼠标,再指定一点,确定同心圆的大小,单击鼠标中键即可绘制完成一个同心圆,如图1-1-26 所示。

步骤4 尺寸修改。按照图纸要求修改图形尺寸。

3. 3 点圆

3 点圆是通过确定圆周上 3 个点的位置来创建圆的方法,创建方法如下所述。

步骤1 启动"3 点圆"命令:单击"圆心和点"命令里的子命令"3 点圆" ◎ 。

步骤2 在绘图区域先后单击任意 3 点,以确定圆的大小,单击鼠标中键即可绘制完成一个 3 点圆,如图1-1-27 所示。

11

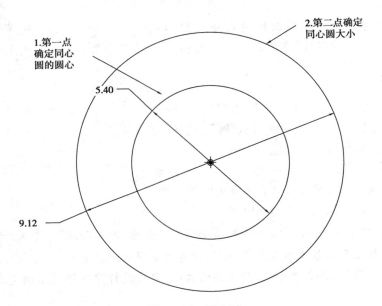

图 1-1-26　同心圆

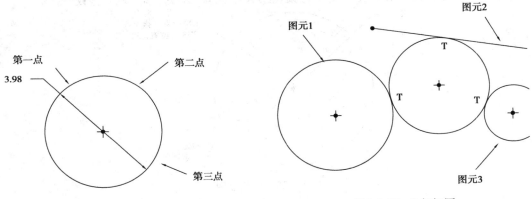

图 1-1-27　3 点画圆　　　　　　　　　　图 1-1-28　3 相切圆

步骤 3　尺寸修改。按照图纸要求修改图形尺寸,具体方法参见"尺寸修改"章节。

4.3 相切圆

3 相切圆是利用已知的 3 个图元创建与它们相切的圆,创建方法如下所述。

步骤 1　启动"3 相切圆"命令:单击"圆心和点"命令里的子命令"3 相切圆" ⭘ 。

步骤 2　在绘图区域先后选择 3 个已有的图元。单击鼠标中键即可绘制完成一个相切圆,如图 1-1-28 所示。

步骤 3　尺寸修改。按照图纸要求修改图形尺寸,具体方法参见"尺寸修改"章节。

 拓展练习

使用草绘命令,完成图 1-1-29 及图 1-3-30 的图形绘制。

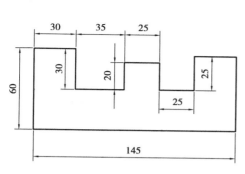

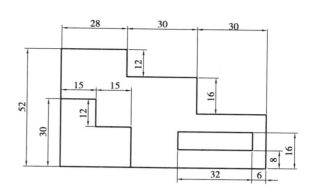

图 1-1-29 拓展练习 1

图 1-1-30 拓展练习 2

任务 2 对称模块的绘制

 **任务描述**

利用草绘和对称标注命令完成如图 1-2-1 的绘制。

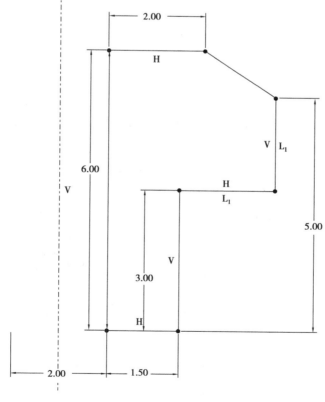

图 1-2-1 对称模块

任务实施

一、草绘图形轮廓

本案例的重点和难点在于约束和尺寸标注,因而在草图轮廓的绘制环节不再着重讲解。以下是草图图形轮廓的绘制步骤。

步骤 1 启动软件,进入草绘模块。选择"新建"→"草绘模块"→"输入公用名称 1-2-1"→单击"确定",进入草绘模块。

步骤 2 绘制中心线。如图 1-2-2 所示,在草绘工具栏中,单击"直线绘制"命令的子命令"中心线绘制",然后在绘图区域绘制一条竖直中心线。

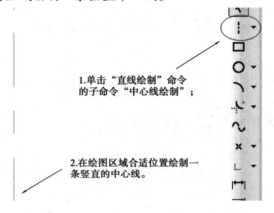

图 1-2-2 绘制中心线

步骤 3 绘制图形轮廓。在草绘工具栏中,单击"直线绘制"命令,将在中心线的右侧部分一一绘制出轮廓形状。此时只需要将图形大概的形状绘制即可,不必严格按照尺寸要求绘制,绘制完毕后如图 1-2-3 所示。

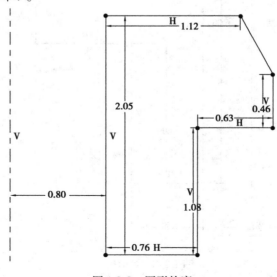

图 1-2-3 图形轮廓

二、约束的添加

所谓约束就是对图元对象的某些限制,比如在任务 1 中所讲的"铅直""水平"等都是约束。在图 1-2-1 中,符号"L1"就是"相等"约束,即表示"两个或多个尺寸相等,其对象可以是长度、角度、弧度等尺寸"。

添加约束的方法如下所述。

步骤 1 启动"相等"约束。在草绘工具栏中,单击"约束"命令

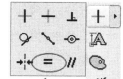

十 的子命令"相等"命令 = ,如图 1-2-4 所示。

步骤 2 添加约束。在启动约束后,弹出一个"选取对象"对话框。

图 1-2-4 "相等"约束

此时我们逐一点选需要添加"相等"约束的图元。在点选了两个图元对象后,"相等"约束生效,会在图元对象上出现"L"字符。约束添加完毕后,确定。效果如图 1-2-5 所示。

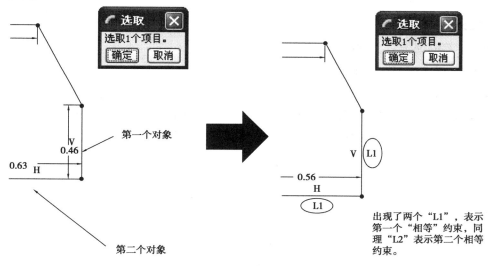

图 1-2-5 相等约束的使用

加油站:

在草绘中有 9 种约束类别。分别是"铅直、水平、垂直、相切、中点、共点、对称、相等、平行",它们的作用如下所述。

①铅直:约束符号是 十 ,表示约束对象呈竖直状态,对象可以是两点,也可以是一条直线。

②水平:约束符号是 十 ,表示约束对象呈水平状态,对象可以是两点,也可以是一条直线。

③垂直:约束符号是 ⊥ ,表示两约束对象呈相互垂直关系。该约束主要使用在两直线之间。

④相切:约束符号是 ♀ ,表示两约束对象呈相切关系。该约束适用于圆与圆之间、直线

与圆之间、圆弧和圆弧之间、直线与圆弧之间的相切。

⑤中点：约束符号是 ，表示约束对象是一条线的端点约束到另一条线的中点上呈水平状态。

⑥共点：约束符号是 ，表示约束几个对象的端点共点重合。

⑦对称：约束符号是 ，表示约束对象（注意，此时对象可以是点、弧或者圆等）关于中心线对称。使用对称约束的前提是一定要有中心线。

⑧相等：约束符号是 ，表示约束几个对象的尺寸相等。约束对象可以是长度、角度、弧度等尺寸。

⑨平行：约束符号是 ，表示约束两条或多条直线相互平行。

三、图形尺寸标注

1. 基本尺寸标注

在轮廓绘制完毕后，先将图形中需要标注的尺寸进行标注。

步骤 1　启动线性尺寸标注。在"草绘"工具栏中单击 ，启动"创建定义尺寸"命令。

步骤 2　尺寸基本标注。在启动"创建定义尺寸"命令后，在绘图区域单击选择第一条线段作为要标注的线段，单击鼠标中键即可。即可完成第一条线段的标注，如图1-2-6所示。其余尺寸的基本标注也采用同样的方法标注，标注完毕后如图1-2-7所示。

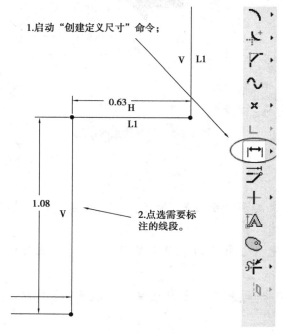

1.启动"创建定义尺寸"命令；

2.点选需要标注的线段。

图1-2-6　线性尺寸的标注

步骤 3　选取基本尺寸。按住键盘上"Ctrl"键，使用鼠标左键，将"步骤2"中所标注基本尺寸一一点选出来。

注意:标注时先将图形中需要标注的特征进行标注后再进行统一修改,以免出现尺寸线段混乱。

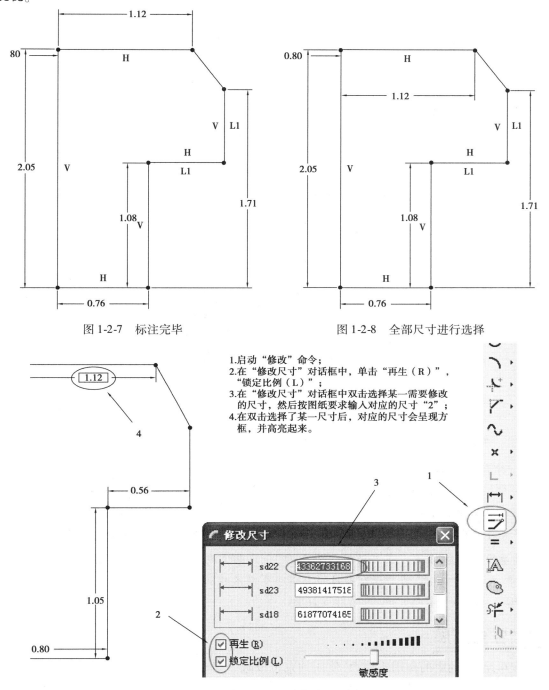

图 1-2-7　标注完毕　　　　　　图 1-2-8　全部尺寸进行选择

1.启动"修改"命令;
2.在"修改尺寸"对话框中,单击"再生(R)","锁定比例(L)";
3.在"修改尺寸"对话框中双击选择某一需要修改的尺寸,然后按图纸要求输入对应的尺寸"2";
4.在双击选择了某一尺寸后,对应的尺寸会呈现方框,并高亮起来。

图 1-2-9　尺寸修改

　步骤4　修改基本尺寸。在框选完毕需要修改的尺寸后,即可对尺寸进行修改。如图
1-2-9所示,在草绘工具栏中启用"修改"命令 对尺寸进行修改。在修改尺寸时,一定要单

击"再生"和"锁定比例",以避免出现尺寸正确但图形轮廓变形的情况。在"修改尺寸"对话框中双击选择某一需要修改的尺寸,然后按图纸要求输入对应的尺寸数值,修改完的效果如图 1-2-10 所示。

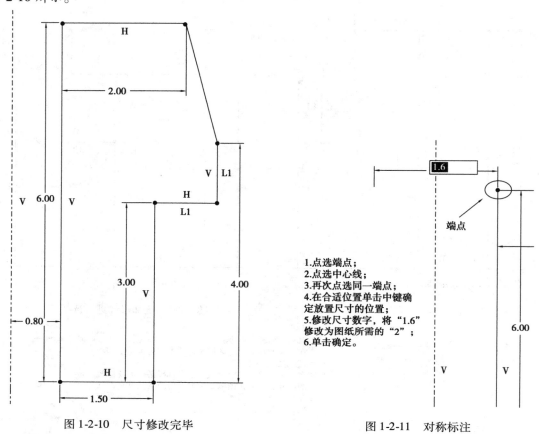

图 1-2-10　尺寸修改完毕

图 1-2-11　对称标注

2. 对称尺寸标注

对称尺寸的标注和对称约束一样要有中心线。其标注方法和其他尺寸标注有所区别,具体标注方法如下所述。

步骤 1　启动尺寸标注。对称标注的命令和其他尺寸标注的命令一致,都是 ↦ 。

步骤 2　对称标注。在启动标注命令后,先点选需要标注尺寸的一端点,然后点击中心线,接着点击同一端点,最后在空白区域点击一下用来放置尺寸,如图 1-2-11 所示。

至此,图 1-2-1 绘制完毕,将文件保存退出即可。

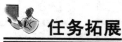 **任务拓展**

在草绘中,约束的作用比较大,使用约束可以减少很多尺寸的标注。如图 1-2-12 所示图形,则用到了"竖直、相切、半径相等、对称"等约束。

现以图 1-2-12 为例来说明其他约束的创建方法。该图形左右两侧对称,右侧两条直线分别和圆弧相切。

步骤如下所述。

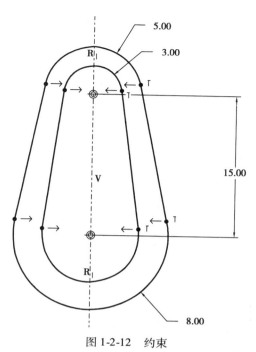

图 1-2-12　约束

步骤 1　在绘图区域绘制一条中心线和 4 个圆,圆的半径自定,如图 1-2-13 所示。

步骤 2　将上面的外圆和下面的内圆添加半径相等约束。首先启动"相等"约束,然后先后点选这两个对象圆即可,如图 1-2-14 所示。

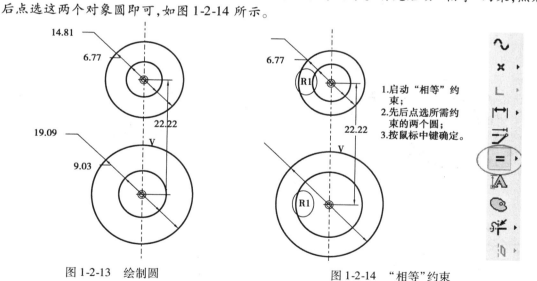

图 1-2-13　绘制圆　　　　　　　　　　　图 1-2-14　"相等"约束

步骤 3　创建右侧两条相切的直线。在草绘工具栏的"直线绘制"命令的子命令中选择"直线相切"命令 ,然后根据提示依次选择两个所需相切的外圆即可,如图 1-2-15 所示。另外一条相切的直线创建方法与其类似。

步骤 4　创建左侧两条对称直线。如图 1-2-16 所示,先选所需对称的目标直线(选择后,两条直线高亮表示),然后在草绘工具栏中启动"镜像"命令 ,最后单击中心线即可创建左侧两条对称直线。

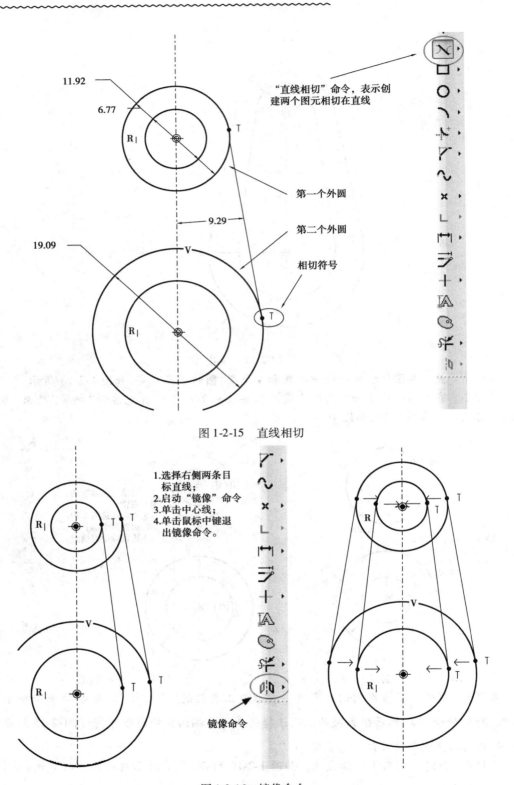

图 1-2-15　直线相切

图 1-2-16　镜像命令

步骤5 删除多余的线段。在草绘工具栏中点选"删除段"命令 ,然后依次单击需要删除的线段,或者如图 1-2-17 所示,点选一个需要删除的线段后拖动鼠标到其他需要删除的线段上即可完成删除操作。删除完毕后如图 1-2-18 所示。

步骤6 尺寸标注。将其他相关尺寸按图纸要求进行标注,标注完毕如图 1-2-12 所示。然后将文件保存,退出软件。

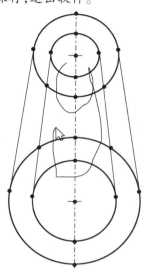

图 1-2-17 删除多余线段

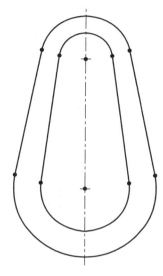

图 1-2-18 最终效果

拓展练习

1. 综合运用前面所学知识,完成如图 1-2-19 所示图形绘制。

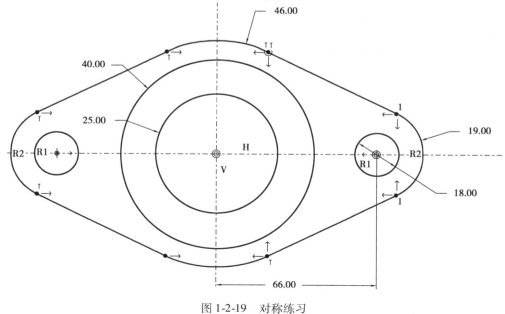

图 1-2-19 对称练习

2.综合运用前面所学知识,完成如图 1-2-20 所示图形绘制。

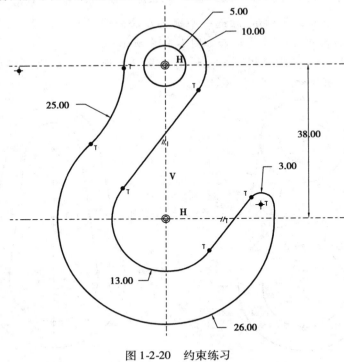

图 1-2-20　约束练习

任务 3　板孔绘制

任务描述

利用调色板功能绘制如图 1-3-1 所示草图。

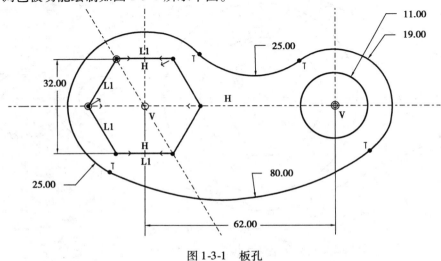

图 1-3-1　板孔

任务实施

图 1-3-1 是由左侧一个 $R25$ 的圆弧、一个对边距离为 32 的六边形,右侧一个 $R11$ 的圆和 $R19$ 的圆弧组成。与左右两侧相连接的是 $R80$ 和 $R25$ 的圆弧。在绘制该图形时,先绘制基本轮廓,再绘制中间圆弧连接部分,最后绘制左侧六边形,删除多余的线段,修改尺寸即可。

一、绘制基本轮廓

图 1-3-1 的基本轮廓是左侧一个 $R25$ 的圆、右侧一个 $R11$ 和 $R25$ 的同心圆。在绘制 $R25$、$R11$ 的圆时,可采用"圆心和点"命令,而绘制圆 $R19$ 时可采用新的命令——"同心圆"命令绘制。

步骤 1 启动软件,新建草绘文件。选"新建"→"草绘模块"→"输入公用名称 1-3-1"→单击"确定",进入草绘模块。

步骤 2 绘制中心线。在草绘工具栏中,单击"直线绘制"命令的子命令"中心线绘制",然后在绘图区域绘制一条水平中心线、两条垂直中心线,并标注两条垂直中心线之间距离为"60",然后将尺寸"60"锁定,如图 1-3-2 所示。

注意:将尺寸锁定后,移动图形时尺寸不会改变。

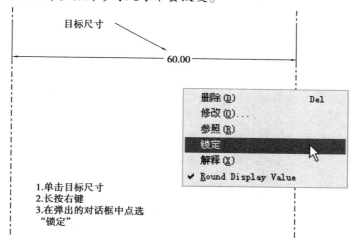

图 1-3-2 锁定尺寸

步骤 3 绘制 $R25$ 和 $R11$ 的圆。在草绘工具栏中,单击"圆心和点"命令 ◯,在绘图区域中分别以左右两侧中心线交点为圆心,任意点为外圆点绘制一个外圆。然后将圆的尺寸修改为 $R25$ 和 $R11$,完成后如图 1-3-3 所示。

步骤 4 绘制右侧 $R19$ 的同心圆。如图 1-3-4 所示,在草绘工具栏中,单击"圆心和点"命令 ◯ 的子命令"同心圆"命令 ◎,启动"同心圆"命令后,单击已知圆 $R11$ 作为放置圆 $R19$ 的圆心,然后在其他绘图区域任意位置单击即可生成同心圆。单击鼠标中键,退出同心圆的绘制。然后将尺寸修改为 $R19$,即可。

至此基本轮廓绘制完毕,如图 1-3-5 所示。

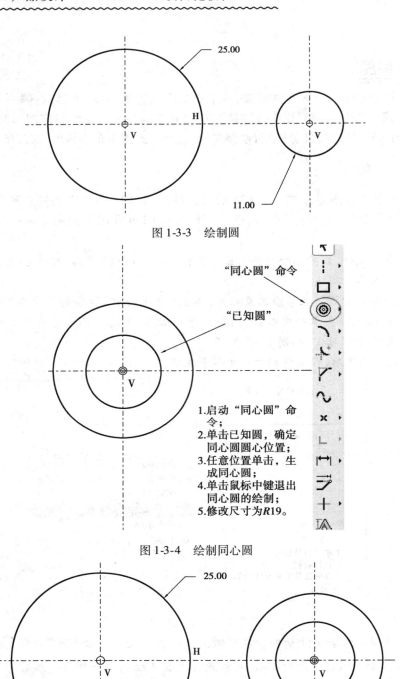

图 1-3-3　绘制圆

"同心圆"命令

"已知圆"

1.启动"同心圆"命令；
2.单击已知圆，确定同心圆圆心位置；
3.任意位置单击，生成同心圆；
4.单击鼠标中键退出同心圆的绘制；
5.修改尺寸为$R19$。

图 1-3-4　绘制同心圆

图 1-3-5　标注半径

二、创建 *R*80 和 *R*25 圆弧连接

1. 创建 *R*80 和 *R*25 的圆弧连接

步骤1 创建 *R*80 的圆弧连接。在草绘工具栏中,单击"圆角"命令 ，分别点选圆 *R*25 的左下角任意部分和圆 *R*19 的右下角任意部分作为相切点,即可生成圆弧连接,然后再将圆弧尺寸修改为 *R*80 即可,如图 1-3-6 所示。

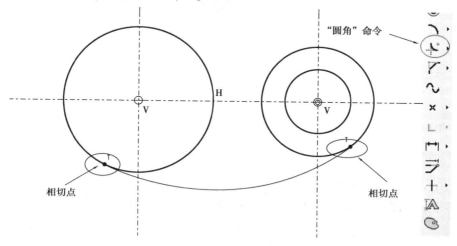

图 13-6 圆角命令(1)

步骤2 创建 *R*25 的圆弧连接。在草绘工具栏中,单击"圆角"命令 ，分别点选圆 *R*25 的右上角任意部分和圆 *R*19 的左上角任意部分作为相切点,即可生成圆弧连接,然后再将圆弧尺寸修改为 *R*25 即可,完成后如图 1-3-7 所示。

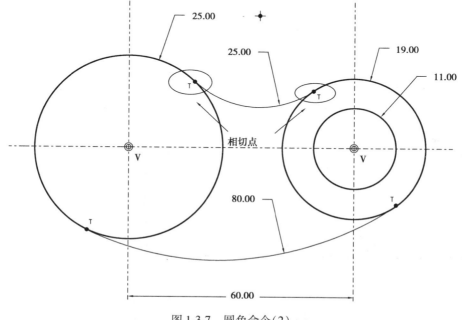

图 1-3-7 圆角命令(2)

2.删除多余的线段

步骤 在"草绘工具栏"中启动"删除"命令 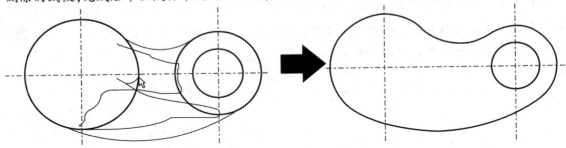，单击选择并拖动鼠标左键，圈划出需要删除的线段，完成后单击鼠标中键退出删除，效果如图1-3-8所示。

图1-3-8 动态删除

注意: 删除多余的线段除了上述"动态删除"方法外，还可以依次单击需要删除的线段。

三、绘制正六边形

在 Pro/E 中，多边形、星形等一些特殊的形状一般调用系统自身"调色板"功能。本任务中正六边形的绘制也不例外，具体操作步骤如下所述。

步骤1 启动"调色板"调用正六边形。在草绘工具栏中，单击"调色板"命令 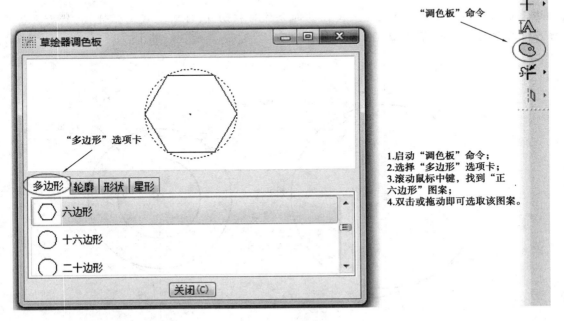。在弹出的"草绘器调色板"对话框中，选择"多边形"选项卡，滚动鼠标中键，找到"正六边形"图案，然后双击或者拖动即可选择该图案，如图1-3-9所示。

图1-3-9 调色板

步骤2 放置正六边形。在调出正六边形图案后，将调出图案放置在绘图区域恰当位置。如果放置位置不合适，可以按住图案中心点，将其移动到中心线相交点，完成后如图1-3-10所示。

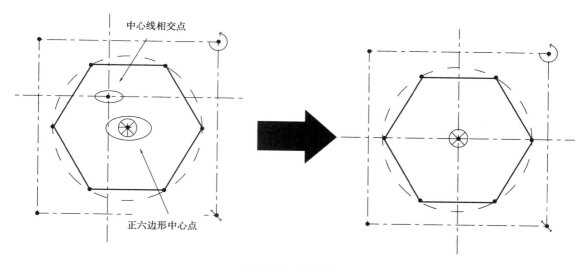

图 1-3-10 放置圆心

注意:也可以采用共点约束的方式,将图案中心点和中心线相交点添加约束。

步骤3 缩放正六边形。放置正六边形图案时,弹出的"平移和缩放"对话框如图 1-3-11 所示,在"旋转"文本框中输入"0"表示旋转角度为"0";在"缩放"文本框输入数值则表示该正六边形对应的外接圆半径大小。在本任务中,没有直接给出外接圆尺寸,现采用另一种方法,如图 1-3-12 所示,按住"动态缩放"箭头即可缩放图案至合适的大小,单击中键表示确认,完成后如图 1-3-13 所示。

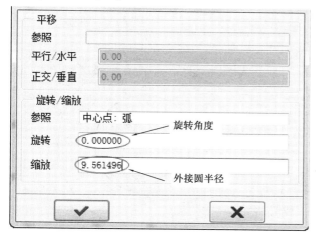

图 1-3-11 设置缩放和旋转

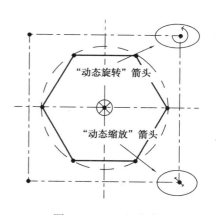

图 1-3-12 正六边形

步骤4 修改正六边形尺寸。在本任务中,正六边形所需要标注的尺寸是对边之间的距离为"32",显然图 1-3-13 所示的尺寸是不符合要求的。将图 1-3-13 中的尺寸"9.56"删除,按照尺寸标注的方法标注对边距离为"32",完成后如图 1-3-14 所示。

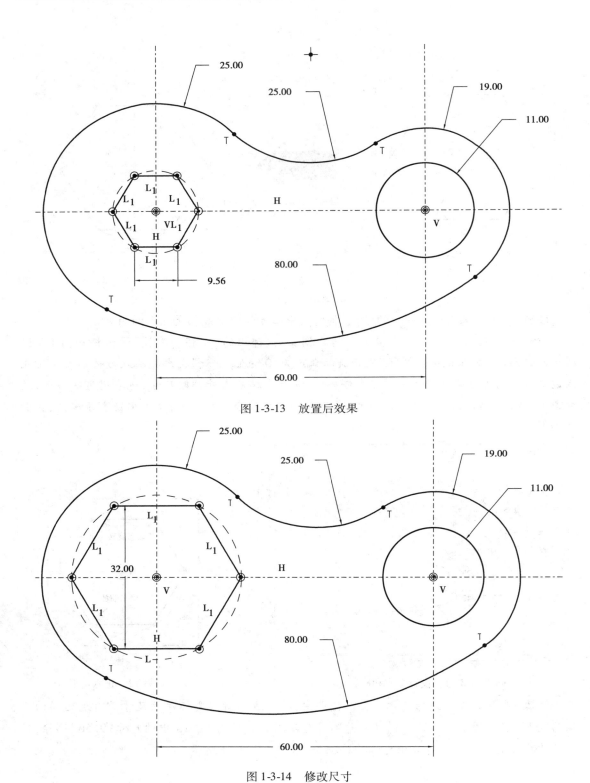

图 1-3-13　放置后效果

图 1-3-14　修改尺寸

四、完善图形

1. 创建辅助中心线

步骤:单击"中心线"命令,如图 1-3-15 所示,以六边形的左上角点和右下角点为基点 1 和基点 2 放置中心线。

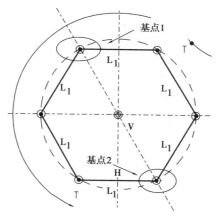

图 1-3-15　创建辅助中心线

2. 删除辅助外接圆

步骤:单击选择外接圆,按下键盘上"Delete"键即可删除。

3. 添加对称约束

步骤:单击选择"对称约束"命令,如图 1-3-16 所示,以中心线为对称中心,正六边形两交点为对称点。

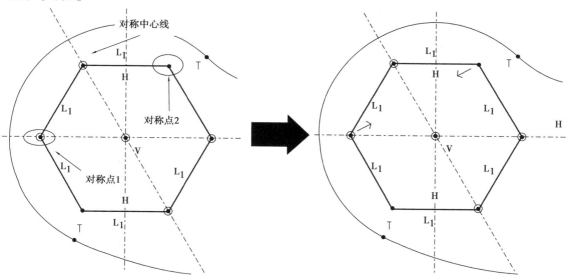

图 1-3-16　创建约束

至此,图 1-3-1 绘制完毕。

任务拓展

在调用"调色板"时,用户除了可以调用系统自带的"多边形、轮廓、形状和星形"外,还可以调用用户自定义图案。在调用自定义图案前需要用户自定义调色板。

以调用"任务 1:不规则方块"为例讲解自定义调色板方法。

步骤 1　创建自定义目录:找到 Pro/E 软件的安装目录下的文件夹"…\proeWildfire 5.0\text\sketcher_palette",在"sketcher_palette"文件夹中创建自定义文件夹"example",创建完毕后如图 1-3-17 所示。

📁 example
📁 polygons
📁 profiles
📁 shapes
📁 stars

图 1-3-17

步骤 2　将任务 1 中已绘制好的文件放置到"example"文件夹中,如图 1-3-18 所示。

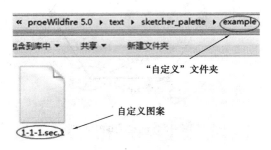

图 1-3-18　自定义目录

步骤 3　重启 Pro/E 软件后,重新调用调色板,即可调用自定义图案。图案的放置方法和本任务中"正六边形"的放置方法一致。

创建调色板文件如图 1-3-19 所示。

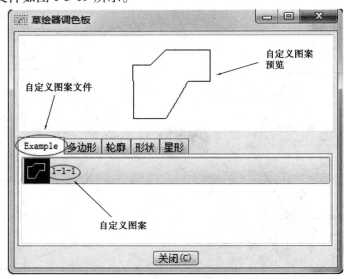

图 1-3-19　创建调色板文件

 拓展练习

1.综合运用前面所学知识,绘制如图 1-3-20 所示图形。

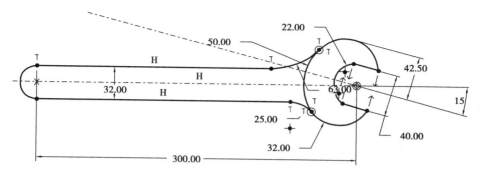

图 1-3-20 扳手

2. 综合运用前面所学知识,绘制如图 1-3-21 所示图形。

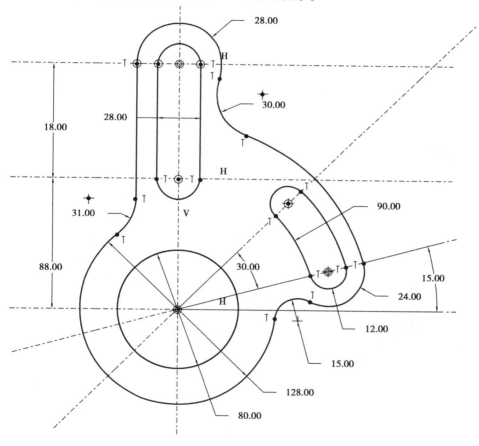

图 1-3-21 板幅

模块二
实体建模篇

任务1 积木的设计

 任务描述

建立拉伸实体命令,即在某一基准平面(或平面)上所绘制的封闭线框草图沿其法线方向运动形成的实体特征如图2-1-1所示。拉伸特征包括拉伸生成和拉伸切除。

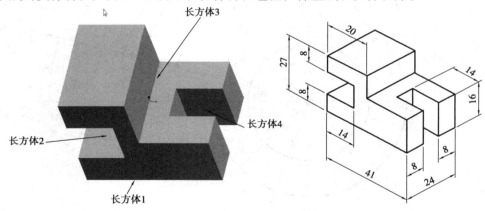

图 2-1-1 积木图

 任务实施

一、进入建立实体建模的界面

步骤 选择"新建"→"选零件模块"→输入公用名称"2-1-1"→将"使用缺省模块"的钩去掉→单击"确定",如图2-1-2所示。在系统弹出"新文件选项"对话框中选择绘图单位为"mmns_part_solid"(米制),单击"确定"按钮,进入建立实体零件的界面,如图2-1-3所示。

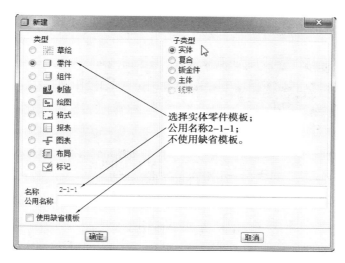

图 2-1-2　"新建"对话框

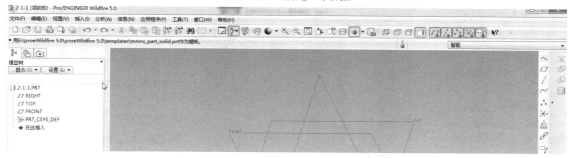

图 2-1-3　建立实体零件界面

二、建立拉伸特征

步骤 1　建立拉伸特征,鼠标左键单击视图工具图标 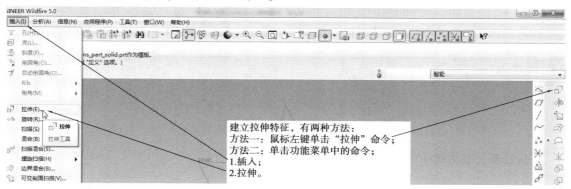,或者移动鼠标单击主功能菜单中的"插入"→"拉伸"命令,如图 2-1-4 所示。

图 2-1-4　建立"拉伸"特征方法

步骤 2　进入拉伸体截面草绘界面,在弹出的拉伸对话框中依次单击 □ 、放置 、定义... ,如图 2-1-5 所示。系统弹出"草绘"对话框,用鼠标选择基准平面"TOP"作为草绘平面,接受系统默认的基准平面"RIGHT"作为草绘参照面,如图 2-1-6 所示,单击 草绘 按钮,如图 2-1-7 所示。

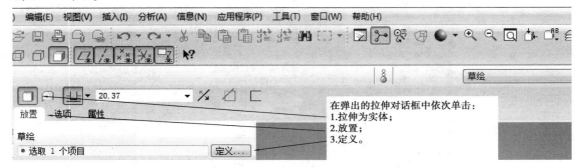

图 2-1-5 建立"拉伸"特征对话框

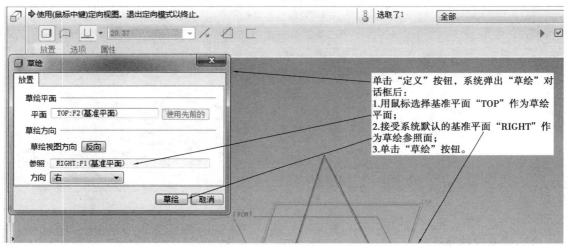

图 2-1-6 选择草绘平面

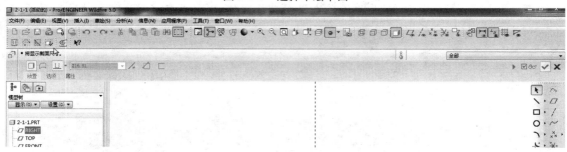

图 2-1-7 截面草绘界面

三、绘制大长方体 1

步骤 1 利用草图绘制图标 □、 ⃗, 完成草图 1 的绘制,如图 2-1-8 所示。单击草绘图视工具图标 ✔, 退出草绘界面。

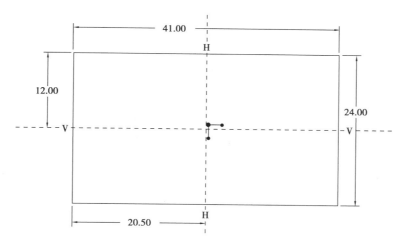

图 2-1-8　草图 1

步骤 2　移动鼠标单击拉伸体特征图标板图标 ⊥，在后面的文本框中输入拉伸体的厚度为"27"，单击拉伸体特征图标板图标 ✔，如图 2-1-9 所示。选择标准方向，如图 2-1-10 所示。

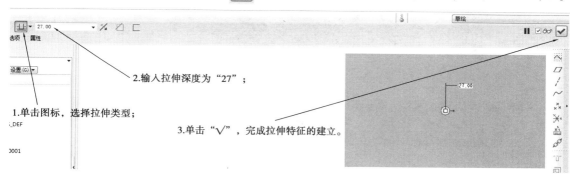

图 2-1-9　确定拉伸生成参数

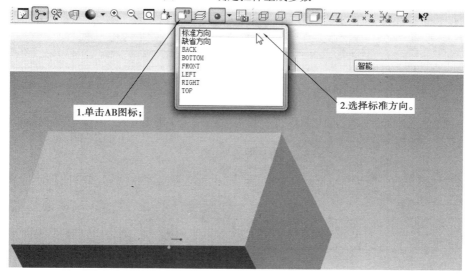

图 2-1-10　确定看图方向

四、建立长方体 2（建立拉伸切除特征 1）

步骤 1 移动鼠标单击拉伸体特征图标板图标 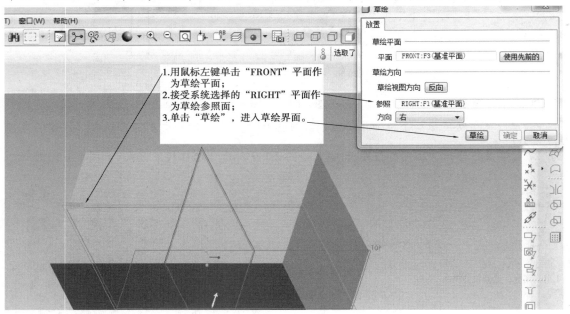，或移动鼠标单击主功能菜单中的"插入"→"拉伸"命令，再移动鼠标依次单击 、放置 、定义... ，系统弹出"草绘"对话框（与绘制长方体 1 的方法一样）。用鼠标选择基准平面"FRONT"作为草绘平面，接受系统默认的基准平面"RIGHT"作为草绘参照面，如图 2-1-11 所示。单击"草绘"按钮，系统进入草绘界面。

图 2-1-11　选择草绘平面

步骤 2 利用草图绘制图标 、 ，完成草图 2 的绘制，如图 2-1-12 所示。单击草绘图视工具图标 ✔，退出草绘界面。

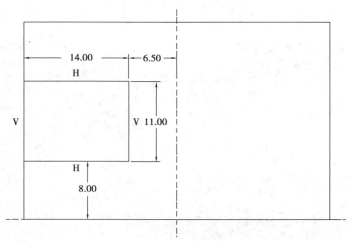

图 2-1-12　草图 2

加油站：

实体拉伸截面有什么要求？

①实体拉伸截面是闭合的。

②拉伸时，选择的草绘面应该为平面，不能是曲面。

步骤3　移动鼠标单击拉伸体特征图标板图标⊟，在后面的文本框中输入拉伸体的厚度为"24"，单击后面的去除材料图标◢，单击拉伸体特征图标板图标✓，如图 2-1-13 所示。选择标准方向，如图 2-1-14 所示。

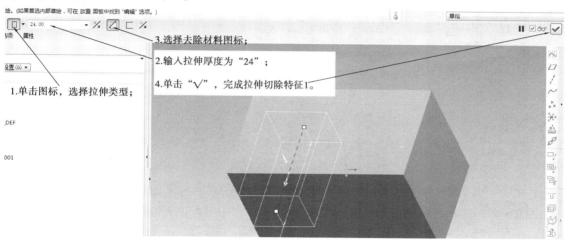

图 2-1-13　确定拉伸切除参数

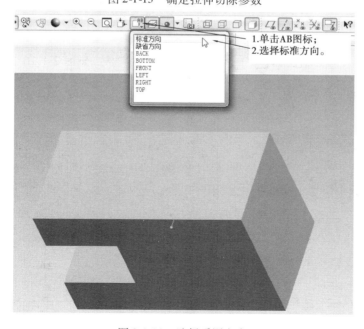

图 2-1-14　选择看图方向

37

五、建立长方体 3（建立拉伸切除特征 2）

步骤 1　移动鼠标单击拉伸体特征图标板图标 ⬚，或移动鼠标单击主功能菜单中的"插入"→"拉伸"命令，再移动鼠标依次单击 ☐、放置、定义…，系统弹出"草绘"对话框。用鼠标选择平面 F5 作为草绘平面，接受系统默认的基准平面"RIGHT"作为草绘参照面，如图 2-1-15 所示。单击"草绘"按钮，系统进入草绘界面。

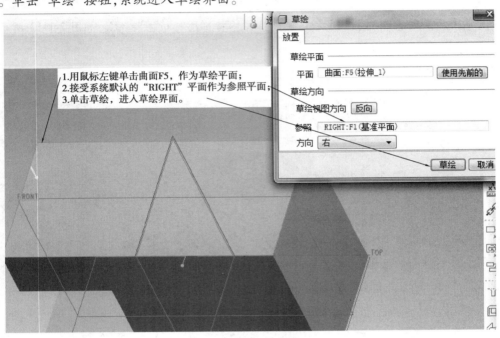

图 2-1-15　选择草绘平面

步骤 2　利用草图绘制图标 ☐、彡，完成草图 3 的绘制，如图 2-1-16 所示。单击草绘图视工具图标 ✔，退出草绘界面。

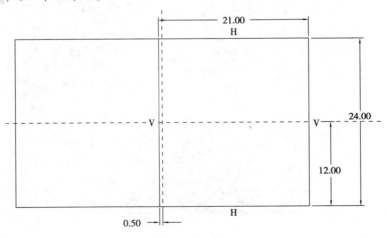

图 2-1-16　草图 3

步骤 3　移动鼠标单击拉伸体特征图标板图标 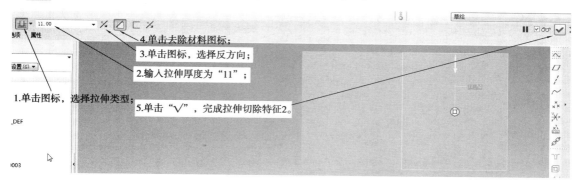，在后面的文本框中输入拉伸体的厚度 "11"，单击后面的另一侧图标，单击后面的去除材料图标，单击拉伸体特征图标板图标，如图 2-1-17 所示。选择标准方向，如图 2-1-18 所示。

图 2-1-17　确定拉伸切除参数

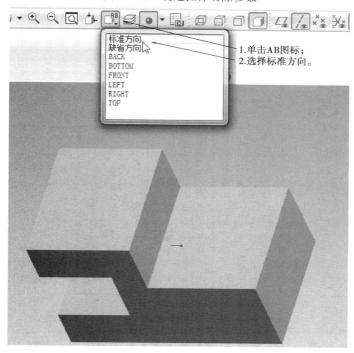

图 2-1-18　确定看图方向

六、建立长方体 4（建立拉伸切除特征 3）

步骤 1　移动鼠标单击拉伸体特征图标板图标，或移动鼠标单击主功能菜单中的"插入"→"拉伸"命令，再移动鼠标依次单击、放置、定义…，系统弹出"草绘"对话框。用鼠标选择平面 F7 作为草绘平面，接受系统默认的基准平面"RIGHT"作为草绘参照面，如图 2-1-19 所示。单击"草绘"按钮，系统进入草绘界面。

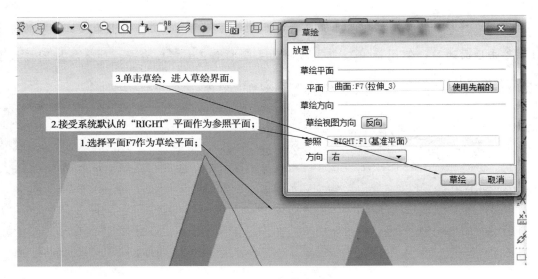

图 2-1-19　选择草绘平面

步骤2　利用草图绘制图标 □、➡️，完成草图4的绘制，如图 2-1-20 所示。单击草绘图视工具图标 ✔，退出草绘界面。

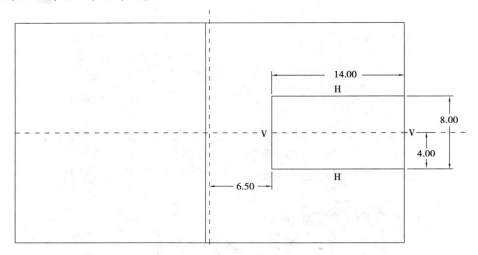

图 2-1-20　草图4

步骤3　移动鼠标单击拉伸体特征图标板图标 ⏬，在后面的文本框中输入拉伸体的厚度为"16"，单击后面的另一侧图标 ⟋，单击后面的去除材料图标 ⟋，单击拉伸体特征图标板图标 ✔，如图 2-1-21 所示。选择标准方向，如图 2-1-22 所示。

七、保存文件

步骤　移动鼠标单击主功能菜单中的"文件"→"保存"，或单击图视工具图标 💾，保存此零件。

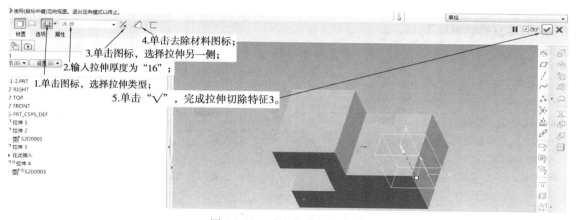

4.单击去除材料图标；
3.单击图标，选择拉伸另一侧；
2.输入拉伸厚度为"16"；
1.单击图标，选择拉伸类型；
5.单击"√"，完成拉伸切除特征3。

图 2-1-21　确定拉伸切除参数

图 2-1-22　确定看图方向

任务拓展

拉伸的方式除了上面介绍的从草绘平面以指定深度值拉伸 ⊥、双向拉伸 ⊟，还有拉伸到最后一面 ╪ 及指定到拉伸面 ╧ 等拉伸方式，用以上的命令完成图 2-1-23。

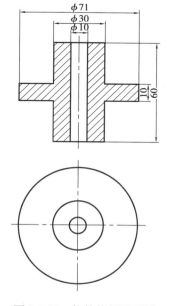

φ71
φ30
φ10
10
60

图 2-1-23　拉伸特征平面图

一、建立拉伸特征 1

步骤 1   进入 Creo Element/Pro 5.0 界面环境后，新建一个实体建模模块，进入建立实体零件界面，如图 2-1-24 所示。

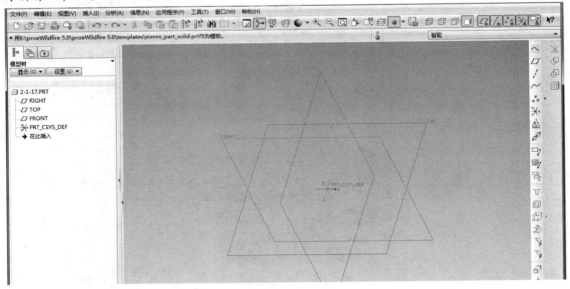

图 2-1-24   建立实体零件界面

步骤 2   移动鼠标单击拉伸体特征图标板图标 ⬜，用鼠标选择基准平面"TOP"作为草绘平面，接受系统默认的基准平面"RIGHT"作为草绘参照面，如图 2-1-25 所示。单击"草绘"按钮，系统进入草绘界面。

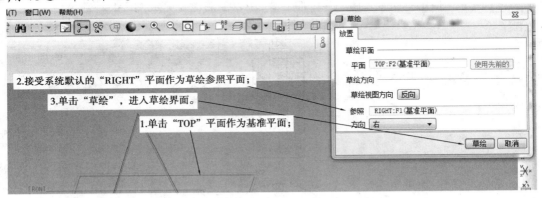

图 2-1-25   选择草绘平面

步骤 3   绘制草图 1。利用草图绘制图标 ◯、⌇，完成直径为"71"的圆的绘制，如图 2-1-26所示，单击草绘图视工具图标 ✔，退出草绘截面。

步骤 4   确定拉伸生成参数。移动鼠标单击拉伸体特征图标板图标 ⬚，在后面的文本框中输入拉伸体的厚度为"10"，单击拉伸体特征图标板图标 ✔，如图 2-1-27 所示。

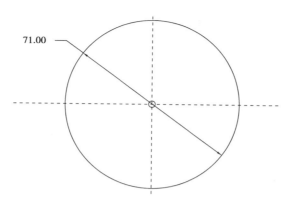

图 2-1-26　草图 1

图 2-1-27　确定拉伸生成参数

二、建立拉伸特征 2

步骤 1　移动鼠标单击拉伸体特征图标板图标，系统弹出"草绘"对话框。选择基准平面"TOP"作为草绘平面，接受系统默认的基准平面"RIGHT"作为草绘参照面，如图 2-1-28

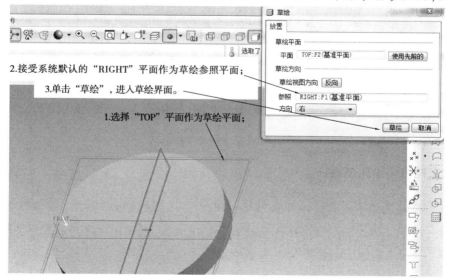

图 2-1-28　选择草绘平面

所示。单击"草绘"按钮,系统进入草绘界面。

步骤2 绘制草图2。利用草图绘制图标 ○ 、 ⇉ ,完成直径为"30"的圆的绘制,如图2-1-29所示,单击草绘图视工具图标 ✔ ,退出草绘截面。

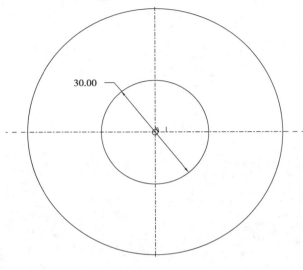

30.00

图 2-1-29 草图 2

步骤3 确定拉伸生成参数。移动鼠标单击拉伸体特征图标板图标 ⊟ ,在后面的文本框中输入拉伸体的厚度为"60",单击拉伸体特征图标板图标 ✔ ,如图2-1-30所示。

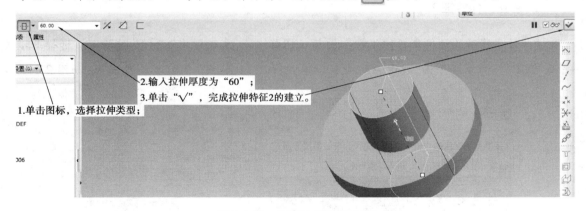

2.输入拉伸厚度为"60";
3.单击"√",完成拉伸特征2的建立。
1.单击图标,选择拉伸类型;

图 2-1-30 确定拉伸生成参数

三、建立拉伸切除实体特征

步骤1 移动鼠标单击拉伸体特征图标板图标 ⬚ ,系统弹出"草绘"对话框。用鼠标选择基准平面"TOP"作为草绘平面,接受系统默认的基准平面"RIGHT"作为草绘参照面,如图2-1-31所示。单击"草绘"按钮,系统进入草绘界面。

步骤2 绘制草图3。利用草图绘制图标 ○ 、 ⇉ ,完成直径为"10"的圆的绘制,如图

2-1-32所示,单击草绘图视工具图标 ✔ ,退出草绘截面。

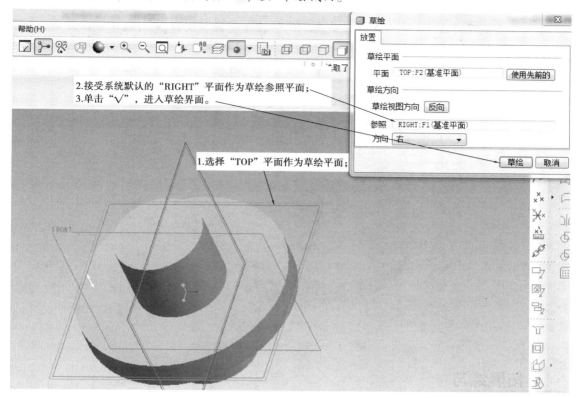

图 2-1-31 选择草绘平面

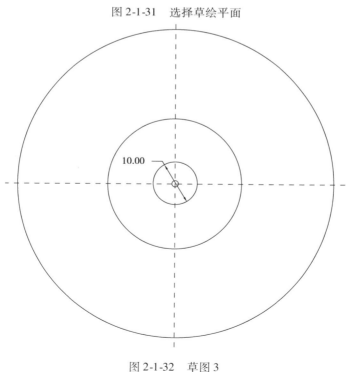

图 2-1-32 草图 3

步骤 3 移动鼠标单击拉伸体特征图标板图标 ⊞ ,在后面的文本框中输入拉伸体的厚度为"60",单击后面的去除材料图标 ◿ ,单击拉伸体特征图标板图标 ✔ ,选择标准方向,如图 2-1-33 所示。

图 2-1-33 确定拉伸切除参数

拓展练习

1. 运用拉伸命令完成如图 2-1-34 所示实体造型。

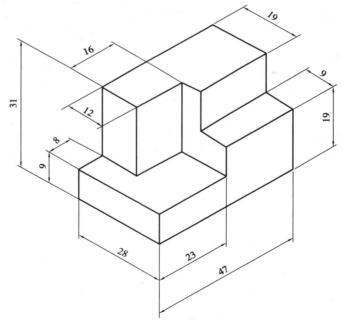

图 2-1-34 实体造型

2.综合运用前面所学知识,完成如图 2-1-35 所示实体造型。

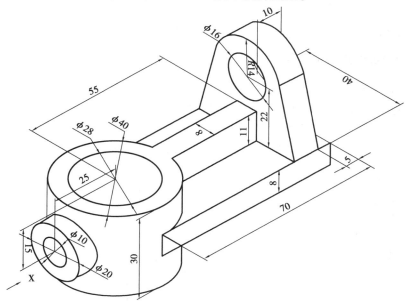

图 2-1-35 实体造型

任务 2 手柄的创建

 任务描述

旋转特征是通过绕中心线旋转草绘截面来创建的这一类特征。在实际设计中,通过使用旋转工具来创建一些具有回转体形状特点的模型,如图 2-2-1 所示。

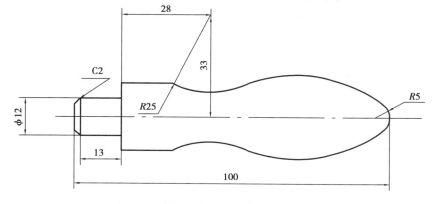

图 2-2-1 手柄平面图

任务实施

一、进入建立实体建模的界面

步骤　选择"新建"→"零件"模块→输入公用名称"2-2-1"→将"使用缺省模块"的钩去掉→单击"确定",如图 2-2-2 所示。在系统弹出"新文件选项"对话框中选择绘图单位为"mmns_part_solid"（米制）,单击"确定"按钮,进入建立实体零件的界面,如图 2-2-3 所示。

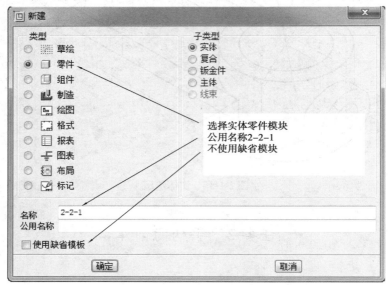

图 2-2-2　"新建"对话框

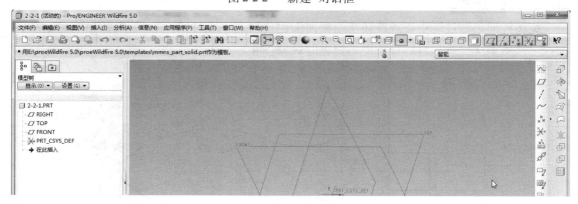

图 2-2-3　建立实体零件界面

二、建立旋转特征

步骤 1　建立拉伸特征,鼠标左键单击视图工具图标 ,或者移动鼠标单击主功能菜单中的"插入"→"旋转"命令,如图 2-2-4 所示。

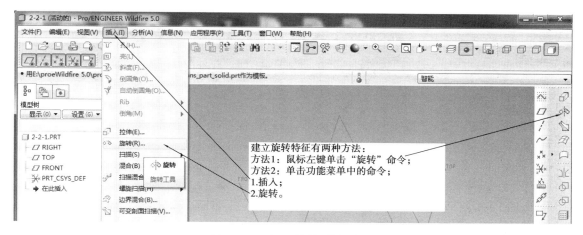

图 2-2-4　建立"旋转"特征方法

步骤 2　进入拉伸体截面草绘界面，在弹出的拉伸对话框中依次单击 □ 、 位置 、 定义... ，如图 2-2-5 所示。系统弹出"草绘"对话框，用鼠标选择基准平面"TOP"作为草绘平面，接受系统默认的基准平面"RIGHT"作为草绘参照面，如图 2-2-6 所示，单击 草绘 按钮，如图 2-2-7 所示。

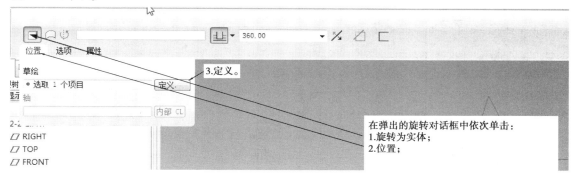

图 2-2-5　建立"旋转"特征对话框

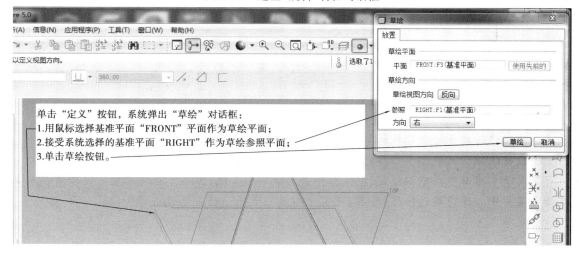

图 2-2-6　选择草绘平面

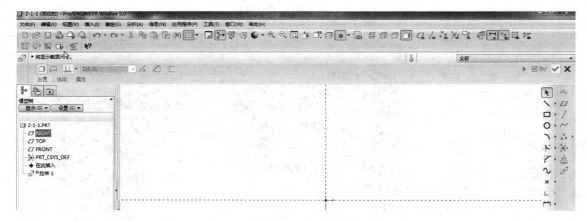

图 2-2-7　截面草绘界面

三、草绘并确定旋转生成参数

步骤 1　利用草图绘制图标 □、○、↳ 和 ⇒ 等命令完成草图 1 的绘制,如图 2-2-8 所示。单击草绘图视工具图标 ✔,退出草绘界面。

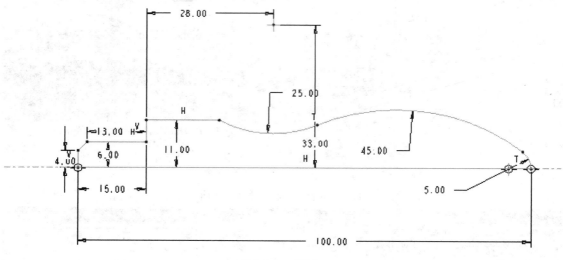

图 2-2-8　草图 1

　加油站:

在建立旋转实体绘制零件的草图时有什么要求?

①旋转的截面只能画中心线以上或者中心线以下,并且是封闭的。

②对于草图有多条中心线时,默认第一条为旋转中心线,但也可以通过指定旋转轴的方法来指定某一中心线为旋转轴线(步骤:选定中心线→草绘→特征工具→旋转轴)。

步骤2 移动鼠标单击拉伸体特征图标板图标，在后面的文本框中输入旋转角度值为"360"，单击拉伸体特征图标板图标，如图2-2-9所示。完成实体零件的建立，如图2-2-10所示。

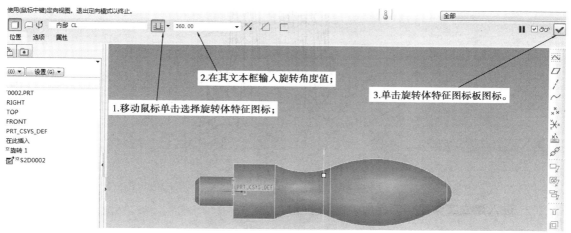

图2-2-9 确定旋转生成参数

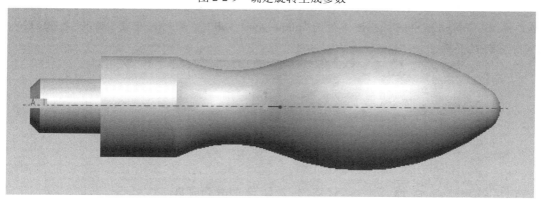

图2-2-10 完成旋转生成实体

四、保存文件

步骤 移动鼠标单击主功能菜单中的"文件"→"保存"，或单击图视工具图标，保存此零件。

 任务拓展

旋转的角度除了上面介绍的360°，还可以任意指定，例如90°、180°和270°等。请用旋转命令完成图2-2-11所示实体造型。

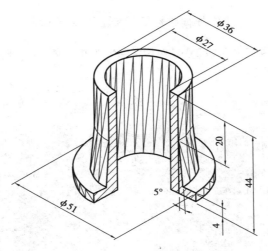

图 2-2-11　实体造型

一、进入建立实体建模的界面

步骤　进入 Creo Element/Pro 5.0 界面环境后,选择"新建"→选"零件模块"→输入公用名称"2-2-12"→将"使用缺省模块"的钩去掉→单击"确定",如图 2-2-12 所示。在系统弹出"新文件选项"对话框中选择绘图单位为"mmns_part_solid"(米制),单击"确定"按钮,进入建立实体零件的界面。

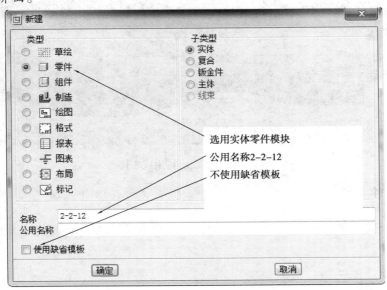

图 2-2-12　"新建"对话框

二、建立旋转特征

步骤1　建立拉伸特征,鼠标左键单击视图工具图标 ,或者移动鼠标单击主功能菜单中的"插入"→"旋转"命令,如图 2-2-13 所示。

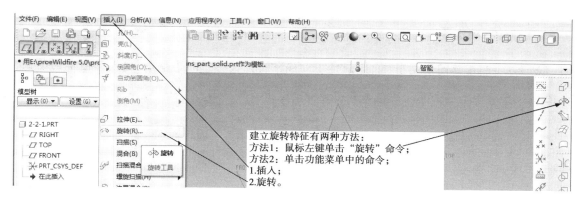

图 2-2-13　建立"旋转"特征方法

步骤 2　进入拉伸体截面草绘界面,在弹出的拉伸对话框中依次单击 □ 、位置、定义… ,如图 2-2-14 所示。系统弹出"草绘"对话框,用鼠标选择基准平面"FRONT"作为草绘平面,接受系统默认的基准平面"RIGHT"作为草绘参照面,如图 2-2-15 所示,单击 草绘 按钮。

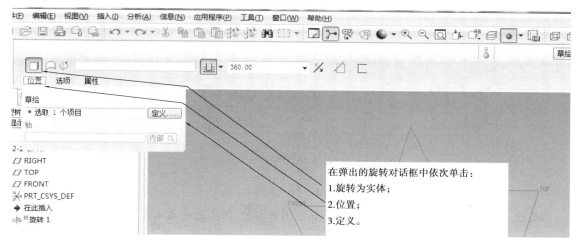

图 2-2-14　建立"旋转"特征对话框

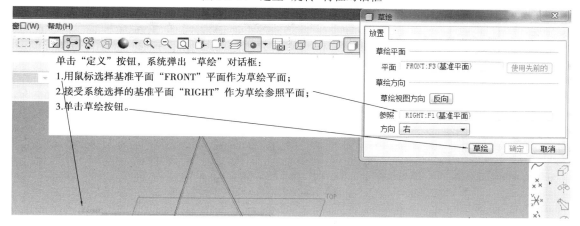

图 2-2-15　选择草绘平面

三、草绘并确定旋转生成参数

步骤 1　利用草图绘制图标 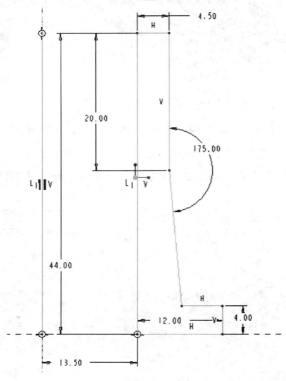 创建中心线，利用 和 等命令，完成草图 1 的绘制，如图 2-2-16 所示。单击草绘图视工具图标 ，退出草绘界面。

图 2-2-16　草图 1

步骤 2　移动鼠标单击拉伸体特征图标板图标 ，在后面的文本框中输入旋转角度值为"270"，单击拉伸体特征图标板图标 ，如图 2-2-17 所示。完成实体零件的建立，如图 2-2-18 所示。

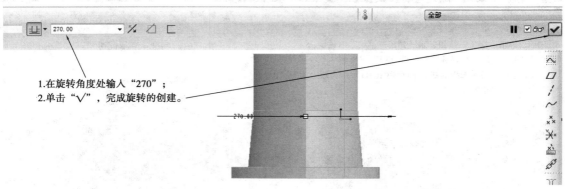

1.在旋转角度处输入"270"；
2.单击"√"，完成旋转的创建。

图 2-2-17　确定旋转生成参数

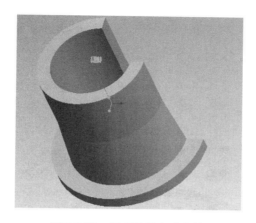

图 2-2-18 完成旋转生成实体

 拓展练习

1. 运用旋转和拉伸命令完成图 2-2-19 所示实体造型。

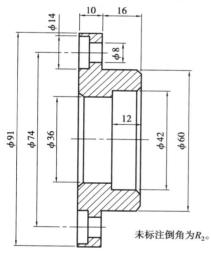

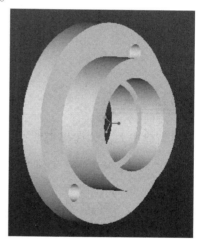

未标注倒角为R_2。

图 2-2-19 实体造型

2. 综合运用前面所学知识,完成图 2-2-20 所示实体。

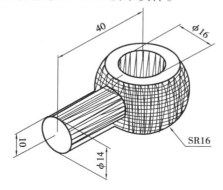

图 2-2-20 实体造型

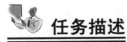

任务 3　弯管的设计

任务描述

两个或两个以上的截面,截面之间有相对应的节点,通过有序的连接形成得出实体的方法。图 2-3-1 所示零件是一个弯管。可以利用混合特征建立完成。

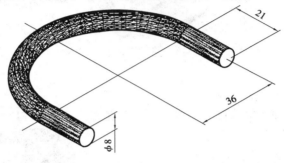

图 2-3-1　弯管

任务实施

一、新建进入实体建模模块

步骤　选"新建"→选"零件"模块→输入公用名称"2-3-1"→将"使用缺省模块"的钩去掉→单击"确定",如图 2-3-2 所示,进入实体建模模块。

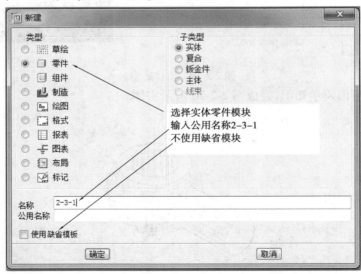

图 2-3-2　"新建"对话框

二、建立草绘模块

步骤 1　鼠标左键点选"插入"菜单中的草绘命令,如图 2-3-3 所示。

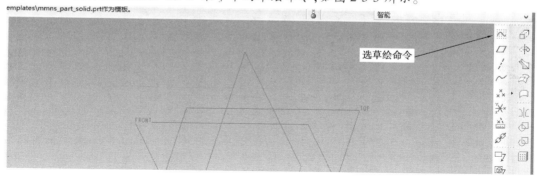

图 2-3-3　选择草绘命令

步骤 2　在弹出的草绘对话框中选择"FRONT"面作为绘图平面,其他默认,单击"确定",如图 2-3-4 所示,进入草绘模块。

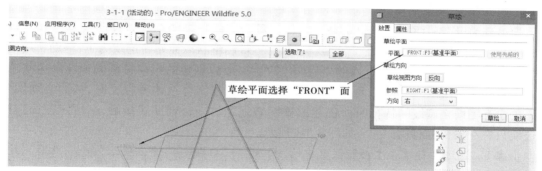

图 2-3-4　选择草绘平面

三、草绘草图 1(扫描路径的绘制)

步骤　在"FRONT"面上绘制第一个截面草图,如图 2-3-5 所示,完成后打"√",退出草绘模块,重新回到实体建模界面,打开基准平面,在缺省视图中将看到第一条草绘曲线,如图 2-3-6 所示。

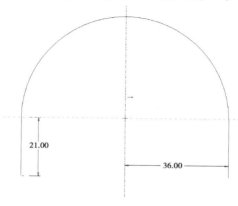

图 2-3-5　截面草图

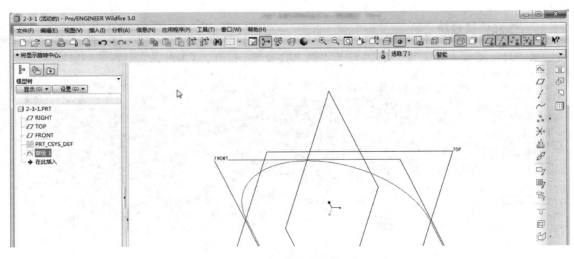

图 2-3-6　实体建模界面

四、建立扫描特征

扫描分为可变截面扫描和恒定截面扫描。可变截面扫描的扫描轨迹曲线可以有一条以上,一般是一个原始轨迹线和几个辅助轨迹线。零件的形状以原始轨迹线为主,辅助轨迹线对零件也有影响,其影响程度由选取的先后顺序决定。最后创建的扫描特征的长度由这些轨迹线中最短的一条决定。可变截面扫描的截面要求是创建实体或薄壁特征时,截面必须闭合。如果创建有辅助轨迹线的特征时所创建的截面必须和每一个辅助线接触,则恒定截面扫描。轨迹线只有一条,截面只有一个,如图 2-3-1 所示。

步骤 1　通过鼠标单击主功能菜单中的"插入"→"扫描"→"伸出项…"命令,此时系统弹出如图 2-3-7(a)所示的"伸出项:扫描"模型窗口及"扫描轨迹"菜单管理器。移动鼠标点选菜单管理器中的"扫描轨迹"命令,系统弹出如图 2-3-7(b)所示的菜单管理器。移动鼠标单击菜单管理器中的"曲线链",然后选取基准平面"FRONT"绘制的曲线,最后单击菜单管理器中的"选取全部"(如果箭头不在曲线的两端,则重新定义起始点)。在弹出的如图 2-3-7(d)所示的菜单管理器中单击"完成"命令,系统将进入扫描体扫描截面草绘界面,接受系统默认的草绘参照,如图 2-3-7(e)所示。

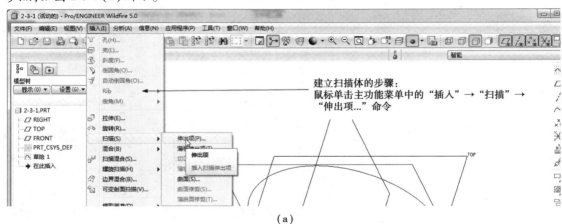

(a)

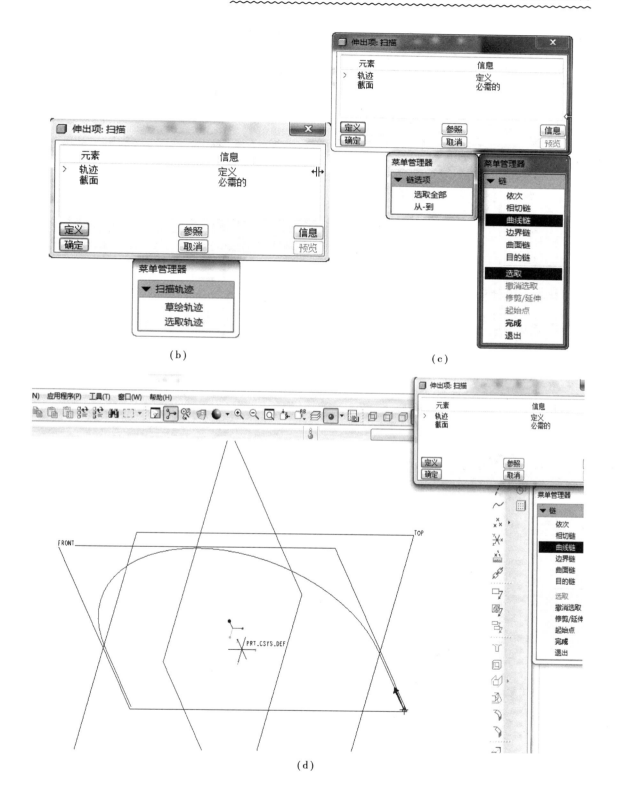

（b）

（c）

（d）

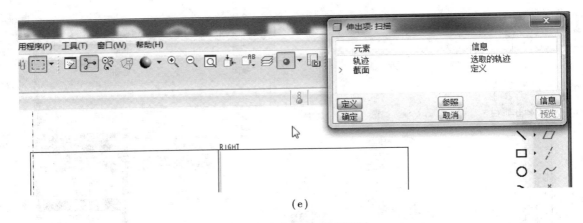

(e)

图 2-3-7　扫描选项对话框

步骤 2　绘制草图 2(扫描体扫描截面草绘)。在图的两条中心线的交点处,依次利用草绘图视工具图标 ○ ,绘制草图,修改好尺寸后,完成如图 2-3-8 所示的草图 2。单击草绘图视工具图标 ✓ ,退出扫描截面的绘制。然后单击"伸出项:扫描"模型窗口中的"确定",生成扫描特征如图 2-3-9 所示。

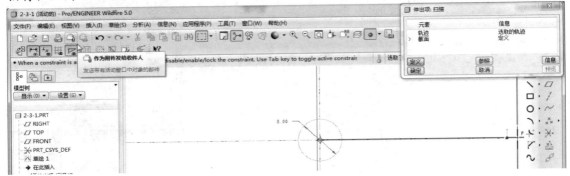

图 2-3-8　草图 2

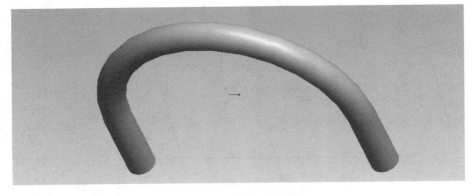

图 2-3-9　生成扫描特征

步骤 3　移动鼠标单击主功能菜单中的"文件"→"保存",或单击图视工具图标 🖫 ,保存此零件。

加油站：

如何在草绘图中设置起始点的位置和方向。

①在草绘图中，选中要定义为起始点的点后单击右键，然后在弹出的菜单中将其设为"起始点"。

②方向的设置只有两个选择，通过点击箭头的方向可以进行扫描的方向切换。

 ## 任务拓展

恒定截面扫描，轨迹线只有一条，截面只有一个，其他和可变截面扫描相同。在可变截面扫描里，只要轨迹线不相交就行，是否封闭并不重要，但是在恒定截面里轨迹线封闭与不封闭是两种不同的情况。其中轨迹线封闭又分为两种类型，分别是无内部因素[图2-3-10（a）]和增加内部因素[图2-3-10（b）]。下面通过两个例子来区分以上两种情况。

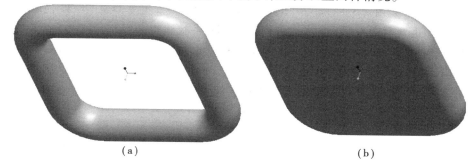

（a）　　　　　　　　　　　　　　　　（b）

图2-3-10　恒定截面扫描

一、进入实体模块

步骤　选"新建"→选"零件"模块→输入公用名称"2-3-10"→把"使用缺省模块"的钩去掉→单击"确定"，如图2-3-11所示。在系统弹出"新文件选项"对话框中选择绘图单位为"mmns_part_solid"（米制），单击"确定"按钮，进入建立实体零件的界面，如图2-3-12所示。

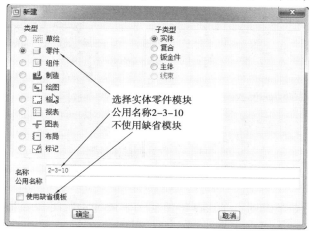

图2-3-11　"新建"对话框

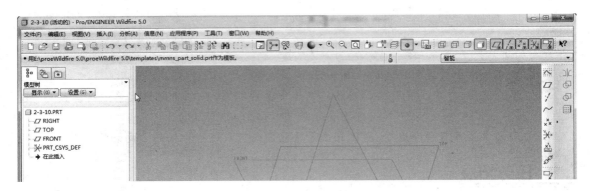

图 2-3-12　建立实体零件界面

二、建立扫描特征(无内部特征)

步骤 1　通过鼠标单击主功能菜单中的"插入"→"扫描"→"伸出项…"命令,如图 2-3-13 所示,此时系统弹出如图 2-3-14(a)所示的"伸出项:扫描"模型窗口及"扫描轨迹"菜单管理器。移动鼠标点选菜单管理器中的"扫描轨迹"命令,系统弹出如图 2-3-14(b)所示的"设置草绘平面"菜单管理器。移动鼠标依次单击菜单管理器中的"新设置""平面"命令及模型树中的基准平面"FRONT"(草绘平面),并在弹出的如图 2-3-14(c)、(d)所示的菜单管理器中单击"正向""缺省"命令,系统将进入扫描体路径草绘界面,接受系统默认的草绘参考。

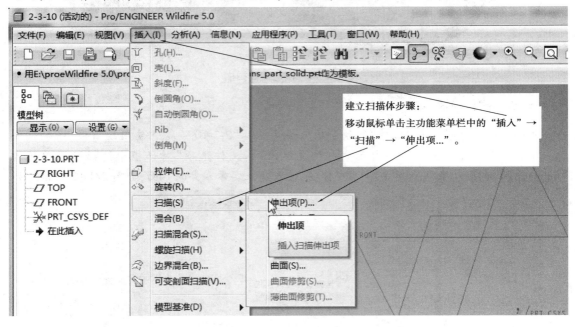

图 2-3-13　建立扫描体步骤

步骤 2　草绘草图 1(扫描路径)。依次利用草绘图视图标 □ 、 ↳ 绘制草图,修改尺寸后,完成如图 2-3-15 所示的草图。单击草绘图视工具图标 ✓ ,退出扫描路径的绘制。然后在系统弹出如图 2-3-16 所示的"属性"菜单管理器中单击"无内部因素""完成"命令,系统将进入扫描截面草绘界面,如图 2-3-17 所示。

步骤 3 草绘扫描截面。依次利用草绘图视图标 ◯ 绘制草图,修改尺寸后,完成如图 2-3-18所示的截面草图。单击草绘图视工具栏 ✔ ,退出扫描截面的绘制。

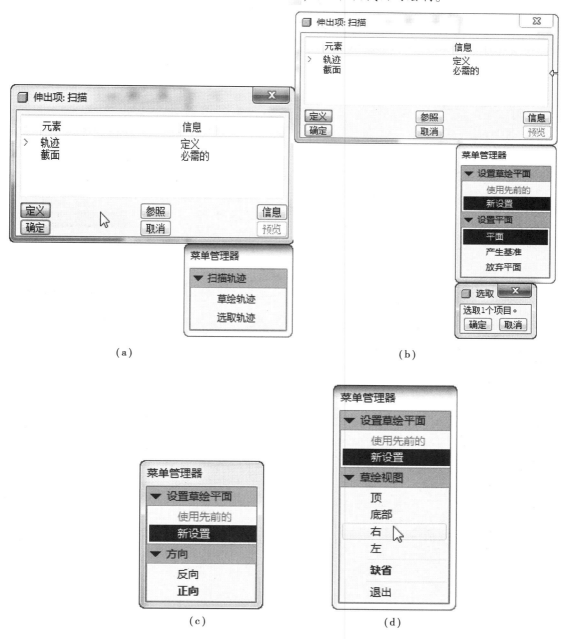

（a）

（b）

（c）

（d）

图 2-3-14 扫描选项对话框

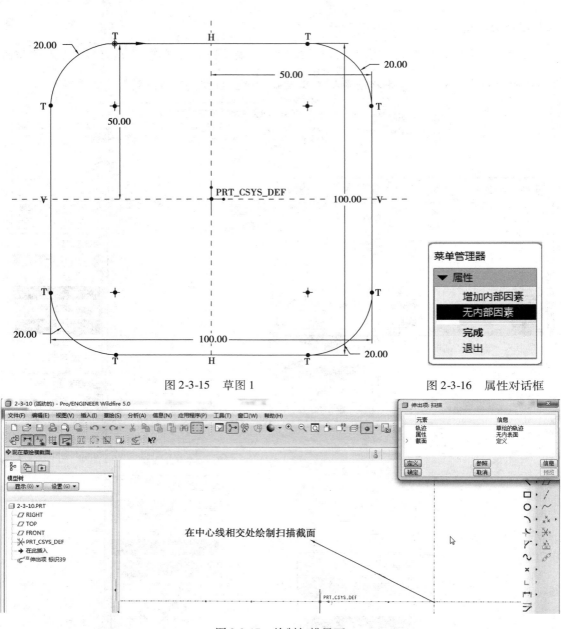

图 2-3-15　草图 1　　　　　　　　　　　　　　　　图 2-3-16　属性对话框

图 2-3-17　绘制扫描界面

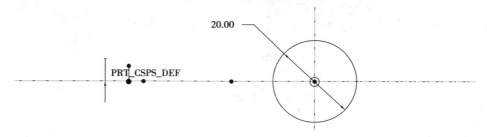

图 2-3-18　扫描截面

步骤4　预览,单击"伸出项:扫描"模型窗口中的"预览"按钮,在显示出建立扫描体特征后,单击"伸出项:扫描"模型窗口中的"确定"按钮,如图2-3-19所示。

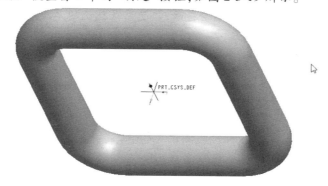

图2-3-19　生成扫描特征

步骤5　移动鼠标单击主功能菜单中的"文件"→"保存",或单击图视工具图标 ▢ ,保存此零件。

三、建立扫描特征(增加内部因素)

步骤1、步骤2与前面介绍的无内部因素扫描是大致相同的,当系统弹出如图2-3-24所示的"属性"菜单管理器中单击"增加内部因素""完成"命令,系统将进入扫描截面草绘界面。

步骤1　通过鼠标单击主功能菜单中的"插入"→"扫描"→"伸出项..."命令,如图2-3-20所示,此时系统弹出如图2-3-21(a)所示的"伸出项:扫描"模型窗口及"扫描轨迹"菜单管理器。移动鼠标点选菜单管理器中的"草绘轨迹"命令,系统弹出如图2-3-21(b)所示的"设置草

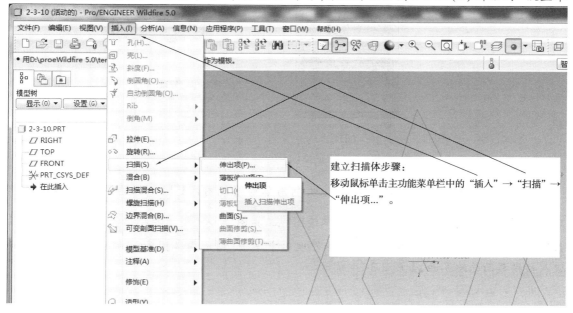

图2-3-20　建立扫描体步骤

绘平面"菜单管理器。移动鼠标依次单击菜单管理器中的"新设置""平面"命令及模型树中的基准平面"FRONT"(草绘平面),并在弹出的如图(c)、(d)所示的菜单管理器中单击"正向""缺省"命令,系统将进入扫描体路径草绘界面,接受系统默认的草绘参考。

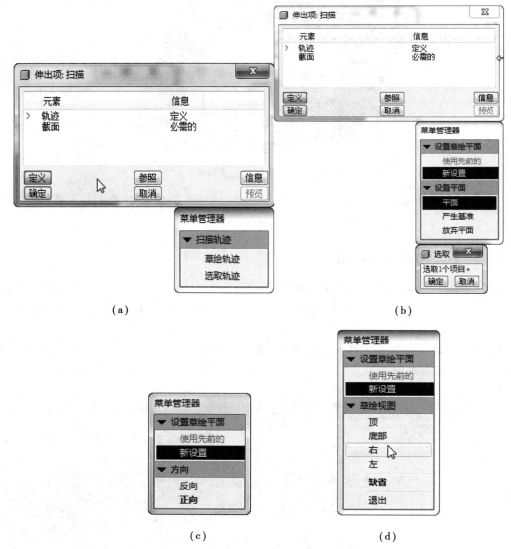

图 2-3-21　扫描选项对话框

步骤 2　草绘草图 1(扫描路径)。依次利用草绘图视图标 ⬜、⌐⁺ 绘制草图,修改尺寸后,完成如图 2-3-22 所示的草图。单击草绘图视工具图标 ✔,退出扫描路径的绘制。然后在系统弹出如图 2-3-23 所示的"属性"菜单管理器中单击"增加内部因素""完成"命令,系统将进入扫描截面草绘界面,如图 2-3-24 所示。

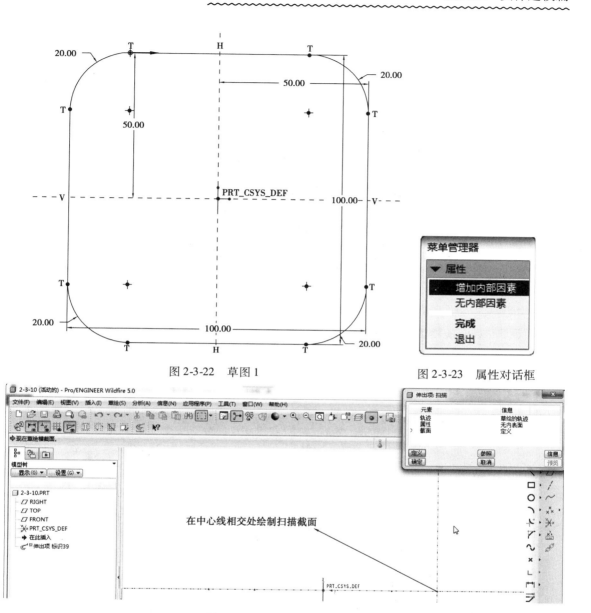

图 2-3-22 草图1

图 2-3-23 属性对话框

图 2-3-24 扫描截面草绘界面

步骤3 草绘扫描截面。增加内部因素的扫描体截面必须是开放式的。依次利用草绘图视图标○、⌇绘制草图,修改尺寸后,完成如图 2-3-25 所示的截面草图。单击草绘图视工具

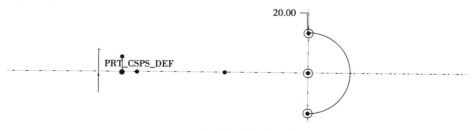

图 2-3-25 扫描截面

栏 ✔ ，退出扫描截面的绘制。

步骤4　预览。单击"伸出项:扫描"模型窗口中的"预览"按钮，在显示出建立扫描体特征后，单击"伸出项:扫描"模型窗口中的"确定"按钮，如图 2-3-26 所示。

图 2-3-26　完成扫描特征

步骤5　移动鼠标单击主功能菜单中的"文件"→"保存"，或单击图视工具图标 ，保存此零件。

拓展练习

使用扫描特征，完成如图 2-3-27 及图 2-3-28 所示图形的绘制。

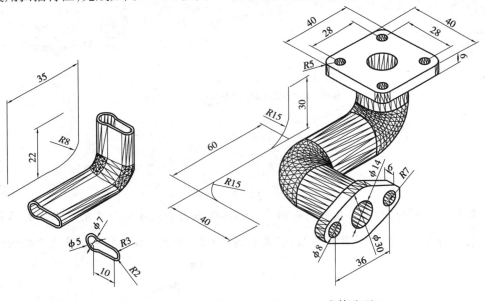

图 2-3-27　实体造型 1　　　　　　　　图 2-3-28　实体造型 2

任务4　六角塔的设计

 任务描述

　　两个或两个以上的截面,截面之间有相对应的节点,而且截面是相互平行的,通过有序的连接形成得出实体的方法。图 2-4-1 所示零件是一个六角塔。可以利用混合特征建立完成。

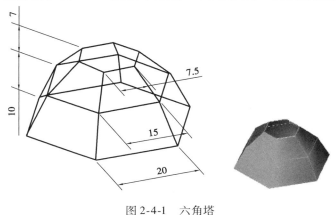

图 2-4-1　六角塔

任务实施

一、新建进入实体建模模块

　　步骤　选择"新建"→选"零件"模块→输入公用名称"2-4-1"→将"使用缺省模块"的钩去掉→单击"确定",如图 2-4-2 所示。在系统弹出"新文件选项"对话框中选择绘图单位为

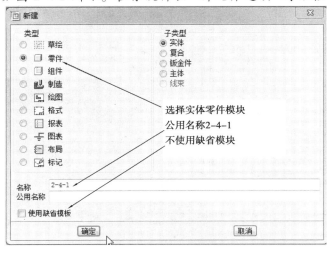

图 2-4-2　"新建"对话框

"mmns_part_solid"（米制），单击"确定"按钮，进入建立实体零件的界面，如图 2-4-3 所示。

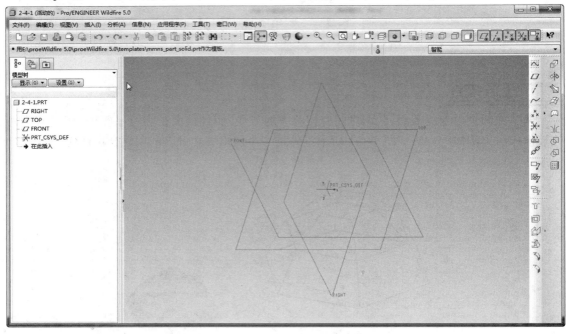

图 2-4-3　建立实体零件界面

二、建立混合特征模块

步骤 1　移动鼠标单击主功能菜单中的"插入"→"混合"→"伸出项…"命令，如图 2-4-4 所示；此时系统弹出如图 2-4-5（a）所示的建立混合特征的"混合选项"菜单管理器。移动鼠标

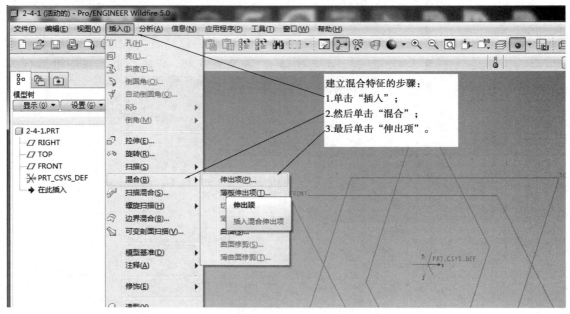

图 2-4-4　混合实体建立步骤

依次单击菜单管理器中的"平行""规则截面""草绘截面""完成"命令,系统弹出如图所示的生成混合特征"伸出项"模型窗口和"属性"菜单管理器。移动鼠标依次单击"属性"菜单管理器中的"直的""完成"命令,在系统弹出的如图 2-4-5(c)所示的"设置草绘平面"菜单管理器中默认"新设置""平面"命令,移动鼠标点选模型树中的基准平面"TOP"(草绘平面),再移动鼠标依次在如图 2-4-5(d)、图 2-4-5(e)所示的"设置草绘平面"菜单管理中单击"确定""缺省"命令,系统进入生成混合特征草绘界面,接受默认的 F1(RIGHT) 和 F3(FRONT) 作为草绘参照,如图 2-4-6 所示。

步骤 2　利用 🌀 绘制草图剖面 1,利用 ↦ 修改好尺寸,如图 2-4-7 所示。移动鼠标单击主功能菜单中的"草绘"→"特征工具"→"切换截面"命令,或单击鼠标右键,在系统弹出的快捷菜单中单击"切换截面"命令,如图 2-4-8 所示。进入下一截面以及草绘模块的绘制。

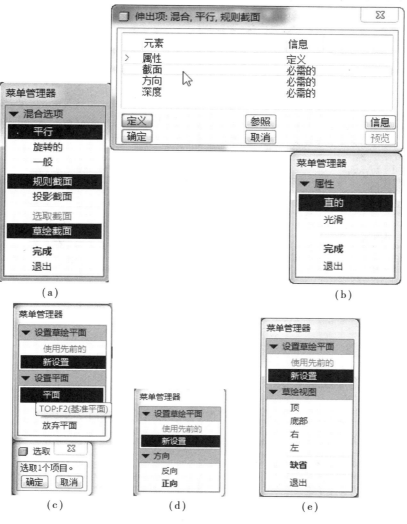

图 2-4-5　混合选项对话框

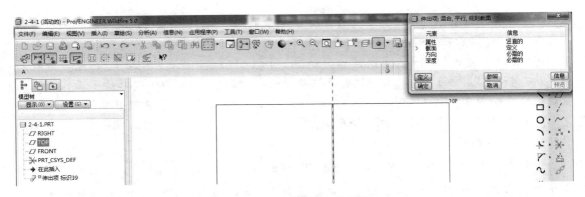

图 2-4-6　混合特征草绘界面

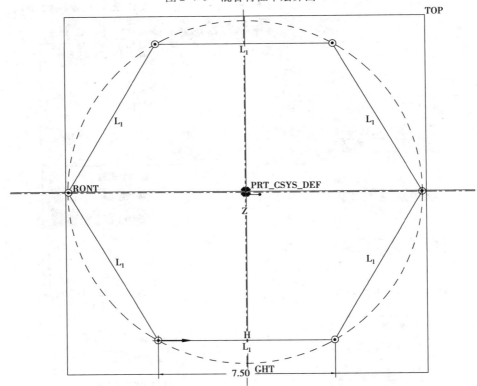

图 2-4-7　草图剖面 1

步骤 3　利用 绘制草图剖面 2,利用 ├──┤ 修改好尺寸,如图 2-4-9 所示。移动鼠标单击主功能菜单中的"草绘"→"特征工具"→"切换截面"命令,或单击鼠标右键,在系统弹出的快捷菜单中单击"切换截面"命令。进入下一截面的绘制。

步骤 4　利用绘制草图剖面 3,利用 ├──┤ 修改好尺寸,如图 2-4-10 所示。单击草绘图视工具栏 ✔ ,退出草绘界面,此时系统将弹出建立混合特征"深度"菜单管理器,然后在信息提示区的文本框中依次输入各剖面间的距离"7""10"(每个值输入后按中键或回车键确认)。最后移动鼠标单击混合特征"伸出项"模型窗后中的"确定"按钮,完成混合体的建立,如图 2-4-11 所示。

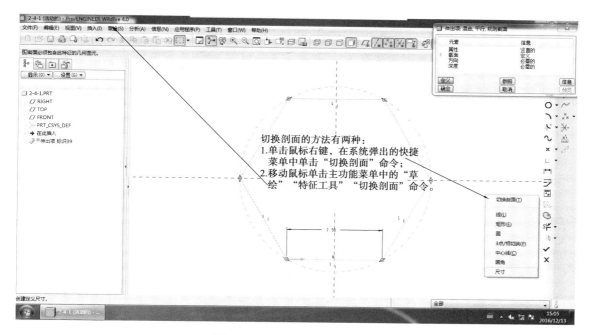

图 2-4-8　切换草图剖面的方法

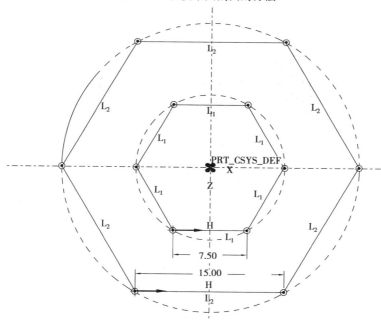

图 2-4-9　草图剖面 2

步骤 5　移动鼠标单击主功能菜单中的"文件"→"保存",或单击图视工具图标 ,保存此零件。

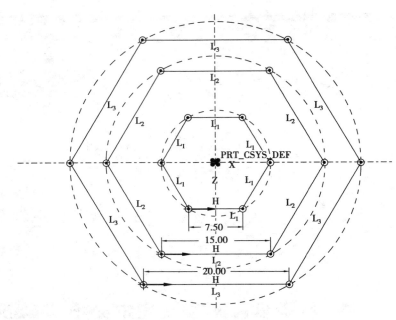

图 2-4-10　草图剖面 3

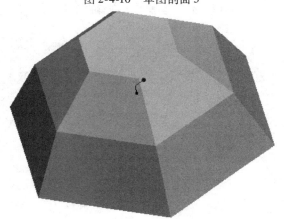

图 2-4-11　生成混合体

加油站：

如何在平行混合中使用混合顶点？

①在混合命令中，对于截面图元素不相等的情况，如图 2-4-12 所示。可以在图元素少的截面使用混合顶点命令，如图 2-4-13 所示，使各截面图元素相等。已完成命令，如图 2-4-14 所示。

②混合的起始点不能是"混合顶点"。

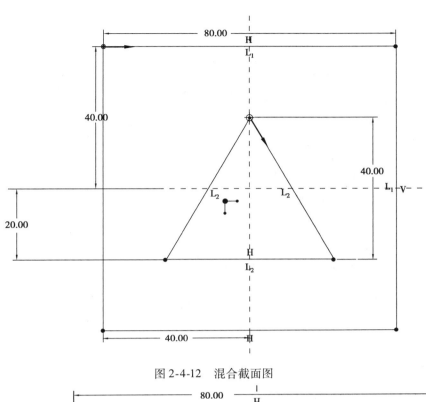

图 2-4-12　混合截面图

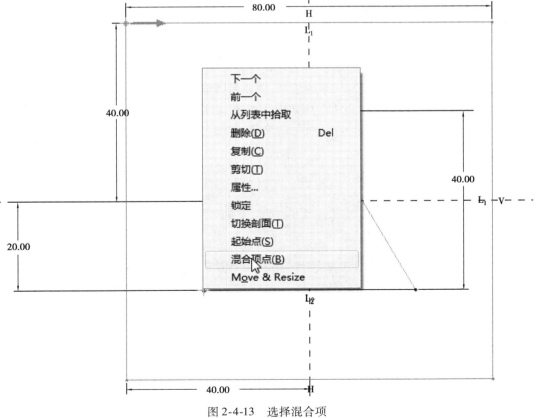

图 2-4-13　选择混合项

图 2-4-14　混合实体

 任务拓展

　　混合命令包括平行、旋转和一般 3 种,上面介绍的实例是关于平行的,下面重点介绍旋转和一般两种。旋转混合是做混合的各个截面绕着 Y 轴做旋转,截面与截面之间的夹角不能大于 120°,采用旋转混合命令完成,如图 2-4-15 所示。一般混合类似于平行混合,但一般混合的截面坐标可以分别绕 X、Y、Z 轴旋转。在做这两个命令时记得添加局部坐标。

　　请用旋转混合命令完成图 2-4-15 的绘制,图 2-4-15 截面 1、2,4、5 之间的夹角为 30°,2、3,3、4 之间的夹角为 60°。截面 1、2、4、5 均如图 2-4-16(a)所示,截面 3 如图 2-4-16(b)所示。

　　请用一般混合命令完成图 2-4-17 所示的绘制,截面及截面之间的距离如图 2-4-17 所示。

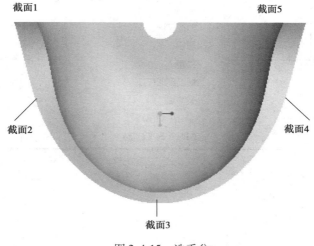

图 2-4-15　洗手盆

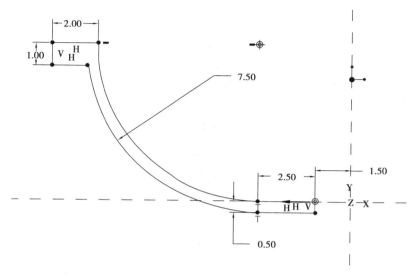

（a）截面1、2、4、5

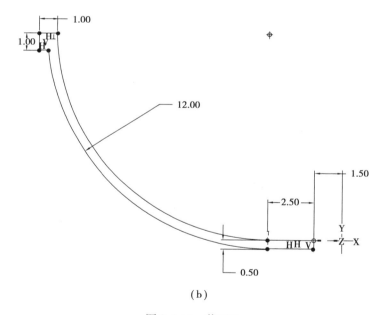

（b）

图2-4-16　截面3

一、进入实体模块

步骤　选择"新建"→选"零件"模块→输入公用名称"2-4-15"→将"使用缺省模块"的钩去掉→单击"确定"，如图2-4-18所示。在系统弹出的"新文件选项"对话框中选择绘图单位为"mmns_part_solid"（米制），单击"确定"按钮，进入建立实体零件的界面，如图2-4-19所示。

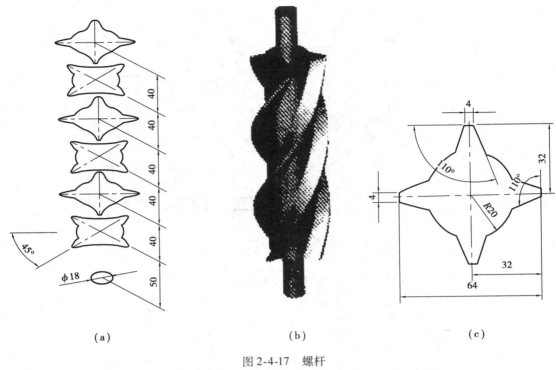

（a）   （b）   （c）

图 2-4-17　螺杆

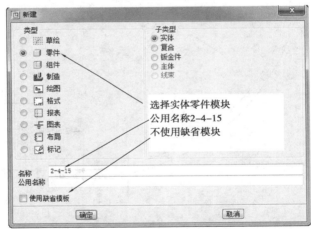

选择实体零件模块
公用名称2-4-15
不使用缺省模块

图 2-4-18　"新建"对话框

图 2-4-19　建立实体零件界面

二、建立混合特征(旋转混合)

步骤 1 通过鼠标单击主功能菜单中的"插入"→"扫描"→"伸出项…"命令,如图 2-4-20 所示。此时系统弹出如图 2-4-21(a)所示的"伸出项:混合"菜单管理,移动鼠标依次单击"混合选项"菜单管理器中的"旋转的""规则截面""草绘截面"及"完成"命令。系统弹出"属性"菜单管理器,如图 2-4-21(b)所示。移动鼠标依次单击所示的菜单管理器中的"光滑""开放"及"完成"命令。系统弹出如图 2-4-21(c)所示的"设置草绘平面"管理菜单,移动鼠标依次单击菜单管理器中的"新设置""平面"命令及模型树的基准平面"TOP"(草绘平面),并在系统随后弹出的如图 2-4-21(d)所示的菜单管理器中依次单击"新设置""正向"命令及如图 2-4-21(e)所示的"缺省"命令。系统进入混合特征的截面草绘界面如图 2-4-22 所示。

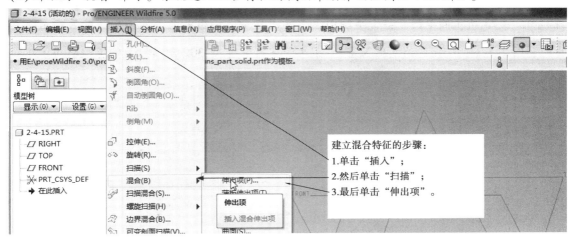

图 2-4-20 建立"混合"特征的步骤

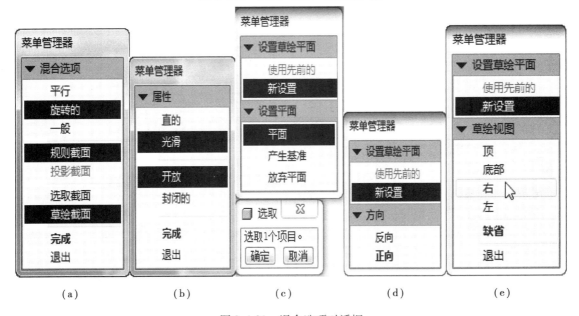

(a) (b) (c) (d) (e)

图 2-4-21 混合选项对话框

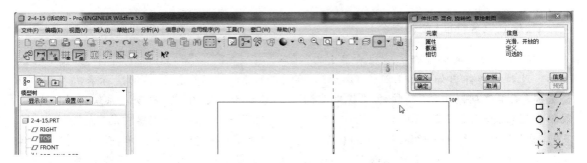

图 2-4-22　混合特征草绘界面

步骤 2　草绘截面 1。依次利用草绘图视图标 ⌀ 、\ 及 ✖ ▸ 绘制草图，修改尺寸后，完成如图 2-4-23 所示的草图。单击草绘图视工具图标 ✔，退出截面 1 的绘制。然后在系统弹出的如图 2-4-24 所示的"消息输入窗口"菜单管理器中输入"30"后，单击 ✅，系统将进入下一截面草绘界面。

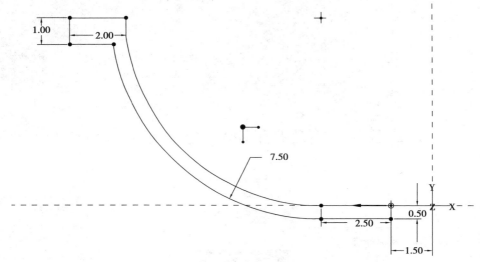

图 2-4-23　草绘截面 1

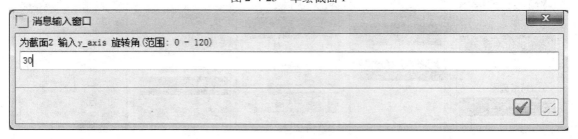

图 2-4-24　消息输入窗口

步骤 3　草绘扫描截面 2。绘图步骤与截面 1 一样，完成如图 2-4-23 所示的截面草图。单击草绘图视工具栏 ✔，退出扫描截面的绘制。此时，系统弹出"确认"菜单管理器，单击"是"，如图 2-4-25 所示。然后在系统弹出的如图 2-4-26 所示的"消息输入窗口"菜单管理器中输入

"60"后,单击 ✅,系统将进入下一截面草绘界面。

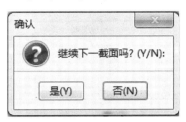

图 2-4-25　确认对话框

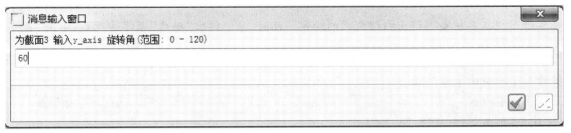

图 2-4-26　消息输入窗口

步骤 4　草绘扫描截面 3。依次利用草绘图视图标 ○、╲ 及 ✖ ╶绘制草图,修改尺寸后,完成如图 2-4-27 所示的截面草图。单击草绘图视工具栏 ✔,退出扫描截面的绘制。此时,系统弹出"确认"菜单管理器,单击"是"。然后在系统弹出如图 2-4-28 所示的"消息输入窗口"菜单管理器中输入"60"后,单击 ✅,系统将进入下一截面草绘界面。

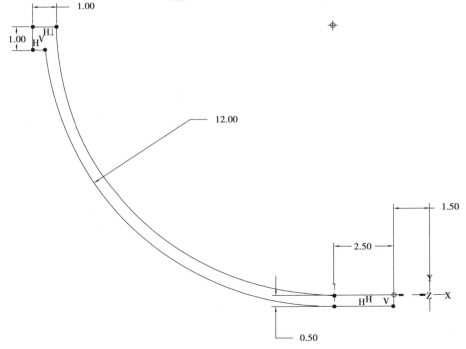

图 2-4-27　草绘截面 3

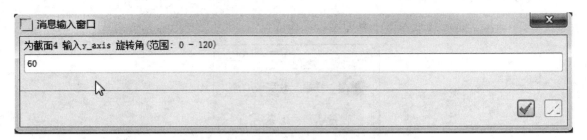

图 2-4-28　消息输入窗口

步骤5　草绘扫描截面4。绘图步骤与截面1一样,完成如图2-4-23所示的截面草图。单击草绘图视工具栏 ✔ ,退出扫描截面的绘制。此时,系统弹出"确认"菜单管理器,单击"是"。然后在系统弹出如图2-4-29所示的"消息输入窗口"菜单管理器中输入"30"后,单击 ✔ ,系统将进入下一截面草绘界面。

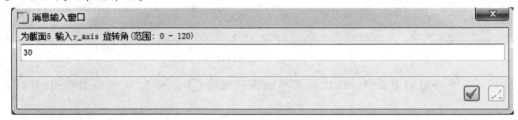

图 2-4-29　消息输入窗口

步骤6　草绘扫描截面5。绘图步骤与截面1一样,完成如图2-4-23所示的截面草图。单击草绘图视工具栏 ✔ ,退出扫描截面的绘制。此时,系统弹出"确认"菜单管理器,单击"否",如图2-4-30所示。移动鼠标单击混合特征"伸出项"模型窗口中的"确定"按钮,完成混合体的建立,如图2-4-31所示。

图 2-4-30　确认窗口

图 2-4-31　生成混合体

步骤7　移动鼠标单击主功能菜单中的"文件"→"保存",或单击图视工具图标 🖫 ,保存此零件。

三、建立一般混合特征

新建进入实体建模模块是与所有的实体建模大概一致的,这里无须详细讲解。

步骤1　通过鼠标单击主功能菜单中的"插入"→"混合"→"伸出项…"命令,如图2-4-32所示。此时系统弹出如图2-4-33(a)所示的"伸出项:混合"菜单管理,移动鼠标依次单击"混合选项"菜单管理器中的"一般""规则截面""草绘截面"及"完成"命令。系统将弹出"属性"菜单管理器,如图2-4-33(b)所示。移动鼠标依次单击所示菜单管理器中单击"直的""完成"命令。系统弹出如图2-4-33(c)所示的"设置草绘平面"管理菜单,移动鼠标依次单击菜单管理器中的"新设置""平面"命令及模型树的基准平面"TOP"(草绘平面),并在系统随后弹出的如图2-4-33(d)所示的菜单管理器中"新设置""正向"命令及如图2-4-33(e)所示的"缺省"命令。系统进入混合特征的截面草绘界面如图2-4-34所示。

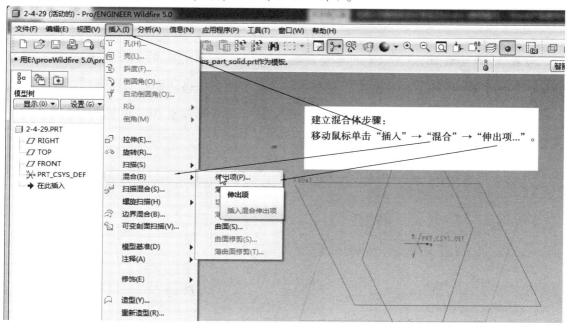

图2-4-32　建立"混合"体步骤

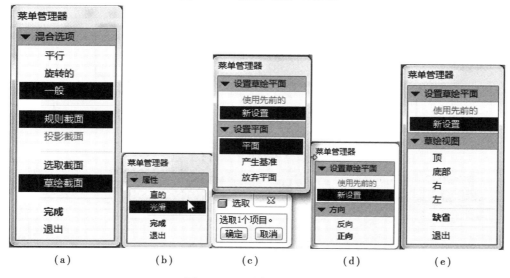

图2-4-33　混合选项对话框

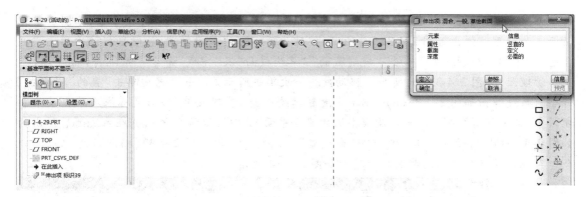

图 2-4-34　混合草绘界面

步骤 2　草绘截面 1。依次利用草绘图视图标 ○、\ 绘制草图，修改尺寸后，完成如图 2-4-35 所示的草图。单击草绘图视工具图标 ✔，退出扫描路径的绘制。然后系统弹出如图 2-4-36、图 2-4-37 及图 2-4-38 所示的"消息输入窗口"中分别输入"0""0"及"45"，并分别单击 ✔ 命令，系统将进入扫描截面草绘界面。

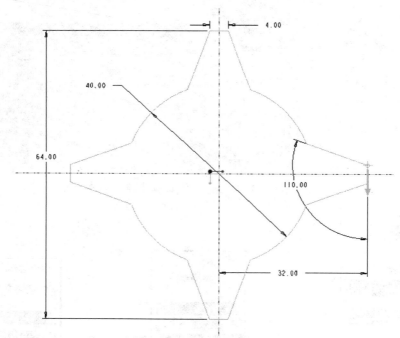

图 2-4-35　草图截面 1

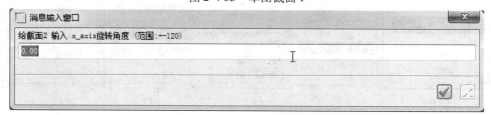

图 2-4-36　消息输入窗口 1

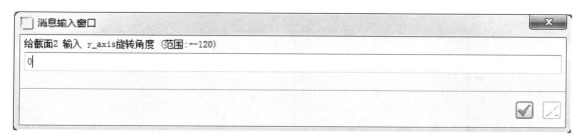

图 2-4-37　消息输入窗口 2

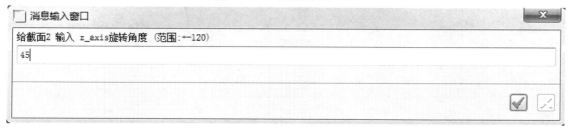

图 2-4-38　消息输入窗口 3

步骤 3　草绘截面 2。依次利用草绘图视图标 〇 、 ╲ 绘制草图（也可以复制或调用截面 1 的草图，如图 2-4-39 所示），完成如图 2-4-40 所示的草图。单击草绘图视工具图标 ✔ ，退出扫描路径的绘制。系统将弹出如图 2-4-41 的"确认"窗口，单击"是"。此时，系统弹出如图 2-4-42、图 2-4-43 及图 2-4-44 所示的"消息输入窗口"，在其中分别输入"0""0"及"45"，并分别单击 ✔ 命令，系统将进入扫描截面草绘界面。

图 2-4-39　对话框

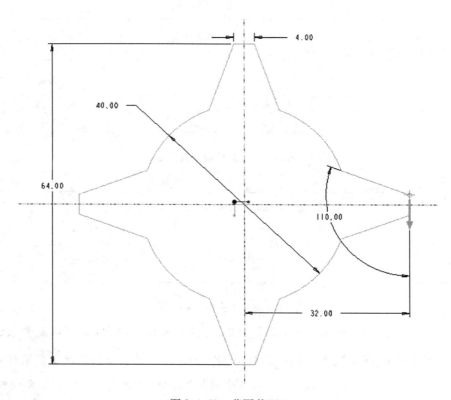

图 2-4-40 草图截面 2

图 2-4-41 确认窗口

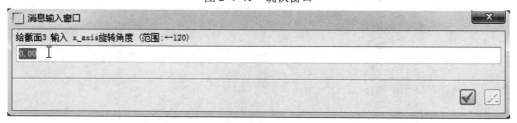

图 2-4-42 消息输入窗口 1

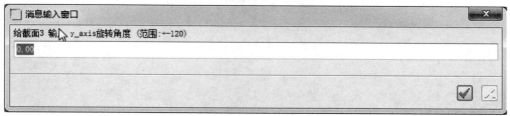

图 2-4-43 消息输入窗口 2

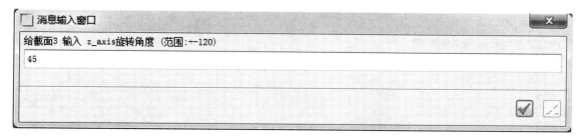

图 2-4-44　消息输入窗口 3

　　步骤 4　草绘截面 3。依次利用草绘图视图标 ○ 、 ╲ 绘制草图(也可以复制截面 1 的草图与草图截面 2 步骤一样),修改尺寸后,完成如图 2-4-45 所示的草图。单击草绘图视工具图标 ✔ ,退出扫描路径的绘制。系统将弹出如图 2-4-46 所示的"确认"窗口,单击"是"。此时,系统弹出如图 2-4-47、图 2-4-48 及图 2-4-49 所示的"消息输入窗口",在其中分别输入"0""0"及"45"并分别单击 ✔ 命令,系统将进入扫描截面草绘界面。

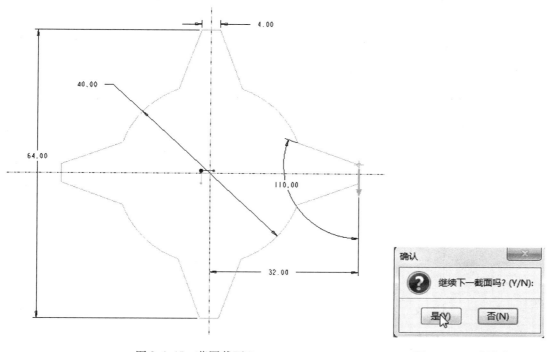

图 2-4-45　草图截面 3　　　　　　　　　　图 2-4-46　确认窗口

图 2-4-47　消息输入窗口 1

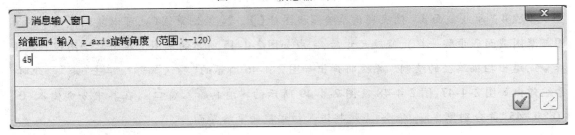

图 2-4-48　消息输入窗口 2

图 2-4-49　消息输入窗口 3

步骤 5　草绘截面 4。依次利用草绘图视图标 ○、╲ 绘制草图（与草绘截面 2、3 的步骤一样），完成如图 2-4-50 所示的草图。单击草绘图视工具图标 ✔，退出扫描路径的绘制。系统将弹出"确认"窗口，单击"是"。此时，系统弹出如图 2-4-51、图 2-4-52 及图 2-4-53 所示的"消息输入窗口"，在其中分别输入"0""0"及"45"并分别单击 ✔。

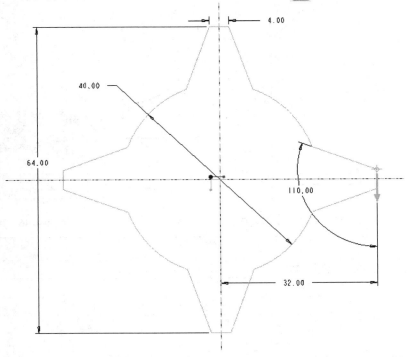

图 2-4-50　草图截面 4

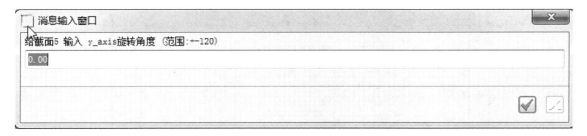

图 2-4-51　消息输入窗口 1

图 2-4-52　消息输入窗口 2

图 2-4-53　消息输入窗口 3

步骤 6　草绘截面 5。依次利用草绘图视图标 ○、ヽ 绘制草图(也可以复制截面 1 的草图,与草绘截面 2、3、4 步骤一样),修改尺寸后,完成如图 2-4-54 所示的草图。单击草绘图视工具图标 ✔,退出扫描路径的绘制。系统将弹出"确认"窗口,单击"是"。此时,系统弹出如图 2-4-55、图 2-4-56 及图 2-4-57 所示的"消息输入窗口",在其中分别输入"0""0"及"45",并分别单击 ☑ 命令,系统将进入扫描截面草绘界面,如图 2-4-58 所示。

步骤 7　草绘截面 6。依次利用草绘图视图标 ○、ヽ 绘制草图(也可以复制截面 1 的草图,与草绘截面 2、3、4、5 步骤一样),修改尺寸后,完成如图 2-4-59 所示的草图。单击草绘图视工具图标 ✔,退出扫描路径的绘制。系统将弹出"确认"窗口,单击"否"。然后在消息输入窗口中的文本框中依次输入各剖面间的距离均为"40",如图 2-4-60 所示。最后移动鼠标单击混合特征"伸出项"模型窗口中的"确定"按钮,完成混一般合体的建立,如图 2-4-61 所示。

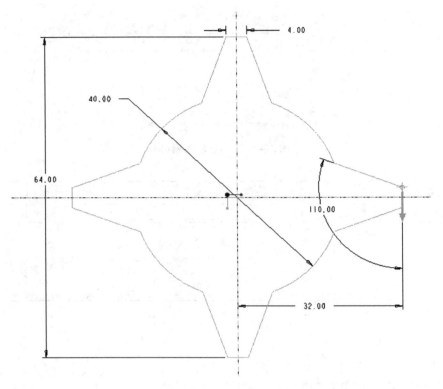

图 2-4-54　草图截面 5

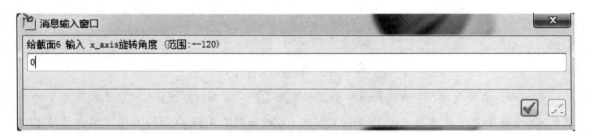

图 2-4-55　消息输入窗口 1

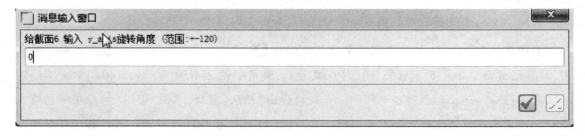

图 2-4-56　消息输入窗口 2

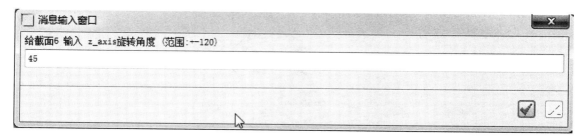

图 2-4-57 消息输入窗口 3

图 2-4-58 混合草绘界面

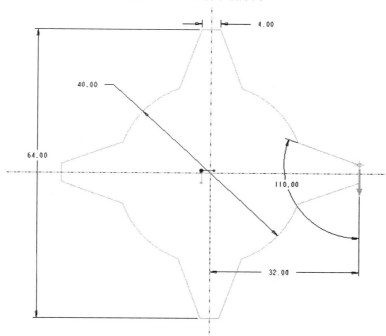

图 2-4-59 草图截面 6

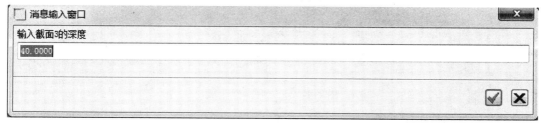

图 2-4-60 消息输入窗口

图 2-4-61　生成混合实体

四、建立拉伸特征

步骤 1　移动鼠标单击拉伸体特征图标板图标 □，或移动鼠标单击主功能菜单中的"插入"→"拉伸"命令，再移动鼠标依次单击 □、 放置 、 定义… ，系统弹出"草绘"对话框。用鼠标选择螺柱的上表面作为草绘平面，接受系统默认的基准平面"RIGHT"作为草绘参照面，如图 2-4-62 所示。单击"草绘"按钮，系统进入草绘界面。

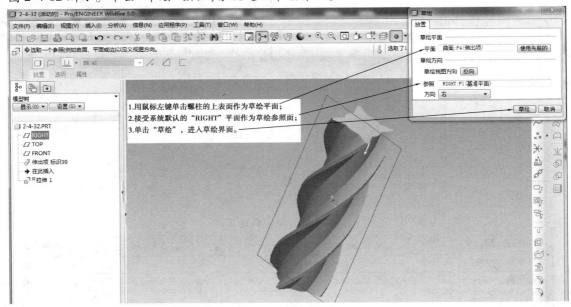

图 2-4-62　选择草绘平面

步骤 2　利用草图绘制图标 ○、 ，完成草图的绘制，如图 2-4-63 所示。单击草绘图视

工具图标 ✔ ,退出草绘界面。

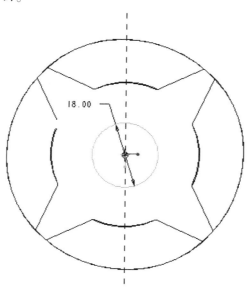

图 2-4-63　拉伸实体草图

步骤 3　移动鼠标单击拉伸体特征图标板图标 ⊥ ,在后面的文本框中输入拉伸体的厚度 "50",单击拉伸体特征图标板图标 ✔ ,如图 2-4-64 所示。选择标准方向,如图 2-4-65 所示。

图 2-4-64　选择拉伸实体参数

图 2-4-65　生成拉伸实体

五、建立镜像特征

步骤 1 建立基准面。移动鼠标单击拉伸体特征图标板图标 ▱，或移动鼠标单击主功能菜单中的"插入"→"模型基准"→"平面"命令，系统弹出"基准平面"对话框，点入基准平面"TOP"并输入平移距离值"100"，如图 2-4-66 所示。单击"确定"按钮，完成基准平面"DTM1"的建立。

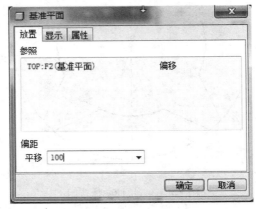

图 2-4-66 建立基准平面

步骤 2 移动鼠标单击导航视窗模型树内的 ▱拉伸 1，再移动鼠标单击编辑图标板上的"镜像"图标 ⟩|⟨，或移动鼠标单击主功能菜单中的"编辑"→"镜像"命令，系统将弹出如图 2-4-67 所示的镜像平面的菜单。选择基准平面"DTM1"作为镜像平面，然后单击镜像特征图标板的图标 ✓，选择适当的显示类型，即完成了镜像特征的建立，如图 2-4-68 所示。

图 2-4-67

图 2-4-68 生成镜像特征

拓展练习

使用混合特征完成图 2-4-69、图 2-4-70 及图 2-4-71 的绘制。

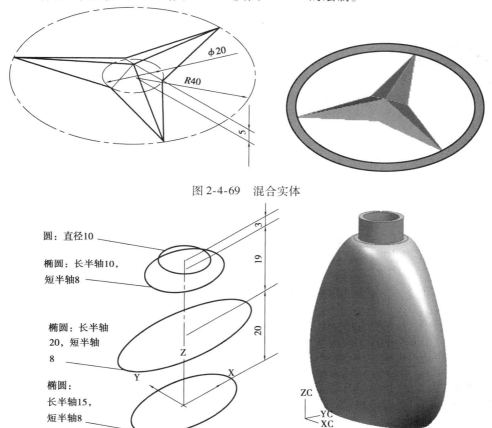

图 2-4-69　混合实体

图 2-4-70　混合实体

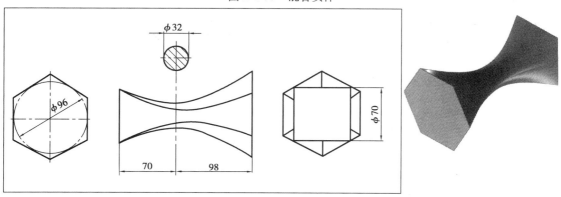

图 2-4-71　混合实体

任务 5　芯轴的创建

任务描述

基准平面的创建方法有通过对话框创建、通过点创建、通过面创建、通过边创建及通过轴创建等,请综合运用以上的创建方法来完成图 2-5-1 的绘制。

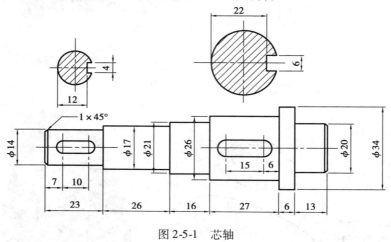

图 2-5-1　芯轴

任务实施

一、进入建立实体建模的界面

步骤　选择"新建"→选"零件"模块→输入公用名称"2-5-1"→将"使用缺省模块"的钩去掉→单击"确定",如图 2-5-2 所示。在系统弹出"新文件选项"对话框中选择绘图单位为

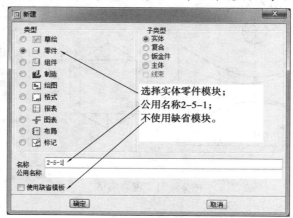

图 2-5-2　"新建"对话框

"mmns_part_solid"（米制），单击"确定"按钮，进入建立实体零件的界面，如图 2-5-3 所示。

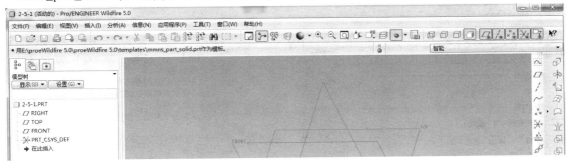

图 2-5-3 建立实体零件界面

二、建立拉伸特征

步骤 1 建立拉伸特征，鼠标左键单击视图工具图标 ，或者移动鼠标单击主功能菜单中的"插入"→"拉伸"命令，如图 2-5-4 所示。

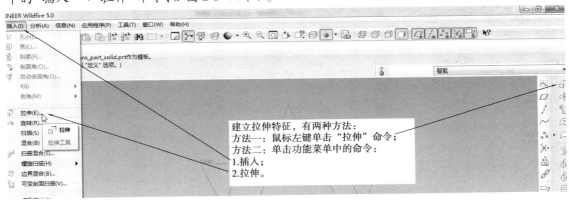

图 2-5-4 建立拉伸特征方法

步骤 2 进入拉伸体截面草绘界面，在弹出的拉伸对话框中依次单击 □、放置、定义...，如图 2-5-5 所示。系统弹出"草绘"对话框，用鼠标选择基准平面"TOP"作为草绘平面，接受系统默认的基准平面"RIGHT"作为草绘参照面，如图 2-5-6 所示，单击 草绘 按钮，如图 2-5-7 所示。

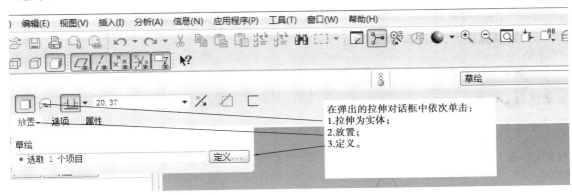

图 2-5-5 建立"拉伸"特征对话框

97

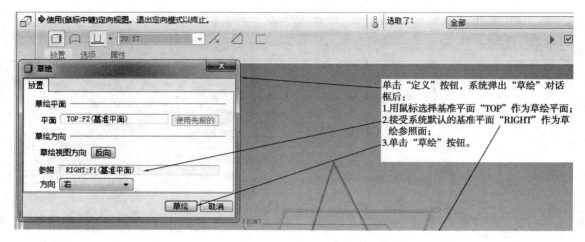

图 2-5-6　选择草绘平面

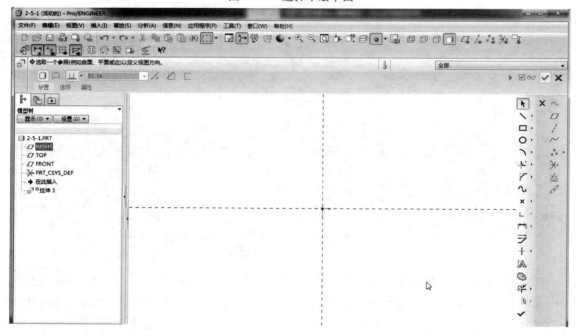

图 2-5-7　截面草绘界面

三、绘制直径为 20 的圆柱体 1

步骤 1　利用草图绘制图标 ◯、⇗ ，完成草图 1 的绘制，如图 2-5-8 所示。单击草绘图视工具图标 ✔ ，退出草绘界面。

步骤 2　移动鼠标单击拉伸体特征图标板图标 ⊥ ，在后面的文本框中输入拉伸体的厚度 "13"，单击拉伸体特征图标板图标 ✔ ，如图 2-5-9 所示。选择标准方向，如图 2-5-10 所示。

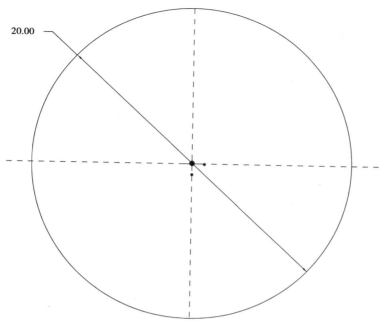

图 2-5-8　草图 1

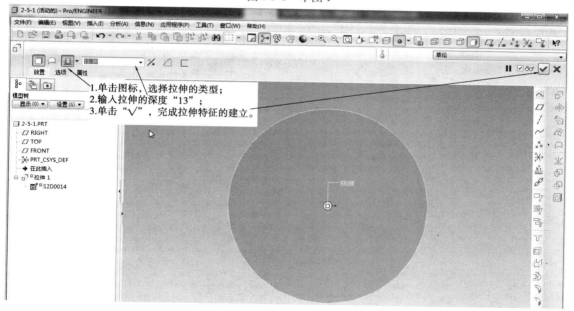

图 2-5-9　输入拉伸生成参数

四、建立直径为 32 的圆柱体 2 (建立拉伸切除特征 1)

步骤 1　移动鼠标单击拉伸体特征图标板图标 ⬚ ，或移动鼠标单击主功能菜单中的

"插入"→"拉伸"命令，再移动鼠标依次单击 ⬚ 、放置 、定义… ，系统弹出"草绘"对话框(与

绘制圆柱体 1 的方法一样)。用鼠标选择圆柱的上表面作为草绘平面,接受系统默认的基准

平面"RIGHT"作为草绘参照面,如图 2-5-11 所示。单击"草绘"按钮,系统进入草绘界面。

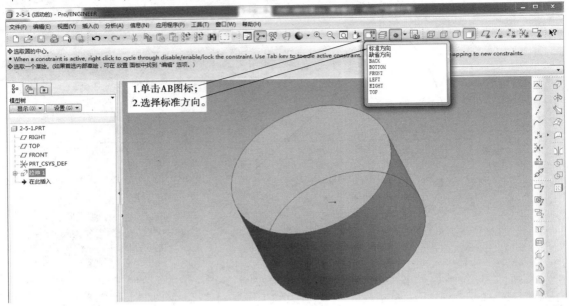

图 2-5-10　确定看图方向

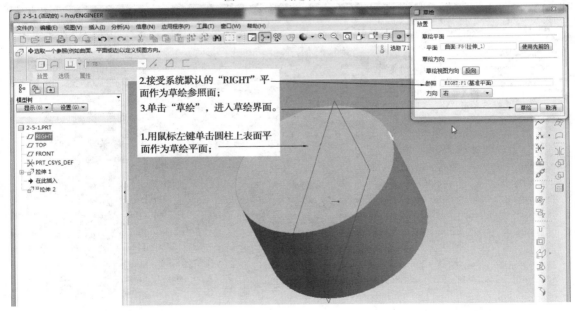

图 2-5-11　选择草绘平面

步骤2　利用草图绘制图标 ○、↗,完成草图 2 的绘制,如图 2-5-12 所示。单击草绘图视工具图标 ✔,退出草绘界面。

步骤3　移动鼠标单击拉伸体特征图标板图标 ⊥,在后面的文本框中输入拉伸体的厚度"6",单击拉伸体特征图标板图标 ✔,如图 2-5-13 所示;选择标准方向,如图 2-5-14 所示。

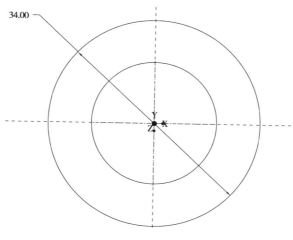

图 2-5-12 草图 2

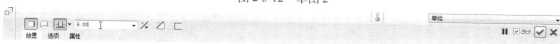

图 2-5-13 输入拉伸生成参数

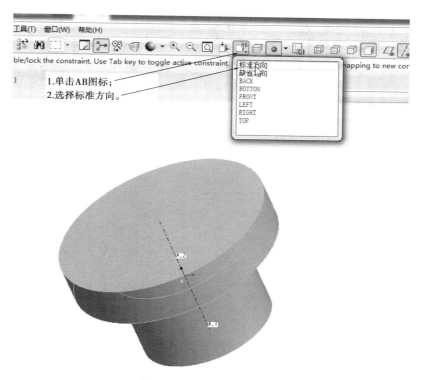

图 2-5-14 确定看图方向

五、建立直径为 26 的圆柱体 3

步骤 1 移动鼠标单击拉伸体特征图标板图标 ⬜，系统弹出"草绘"对话框。用鼠标选择直径为"34"的圆柱体的上表面作为草绘平面,接受系统默认的基准平面"RIGHT"作为草绘参照面,如图 2-5-15 所示。单击"草绘"按钮,系统进入草绘界面。

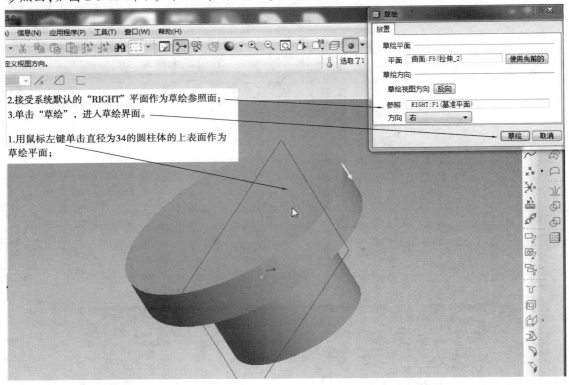

图 2-5-15　选择草绘界面

步骤 2　利用草图绘制图标 ◯、🠆,完成草图 3 的绘制,如图 2-5-16 所示。单击草绘图视工具图标 ✔,退出草绘界面。

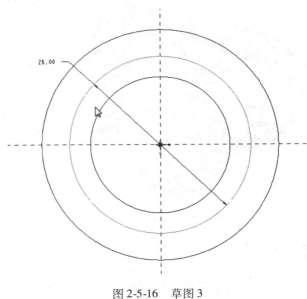

图 2-5-16　草图 3

步骤3　移动鼠标单击拉伸体特征图标板图标 ，在后面的文本框中输入拉伸体的厚度"27"，单击拉伸体特征图标板图标 ✓，如图2-5-17所示。选择"标准方向"，如图2-5-18所示。

图2-5-17　输入拉伸生成参数

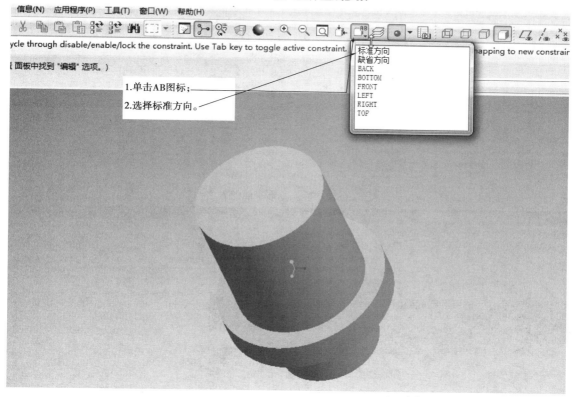

图2-5-18　确定看图方向

六、建立直径为21的圆柱体4

步骤1　移动鼠标单击建立平面特征图标板图标，或移动鼠标单击主功能菜单中的"插入"→"模型基准"→"平面"命令，如图2-5-19所示。在系统弹出的"基准平面"对话框中点入基准平面"TOP"和直径为26的圆柱体上表面，如图2-5-20所示。单击"确定"按钮，完成基准平面"DTM1"的建立。

步骤2　移动鼠标单击拉伸体特征图标板图标 🗗，或移动鼠标单击主功能菜单中的"插入"→"拉伸"命令，再移动鼠标依次单击 □、放置、定义... ，系统弹出"草绘"对话框。接受系统默认的草绘平面"DTM1:F8（基准平面）"及基准平面"RIGHT"作为草绘参照面，如图2-5-21所示。单击"草绘"按钮，系统进入草绘界面，如图2-5-22所示。

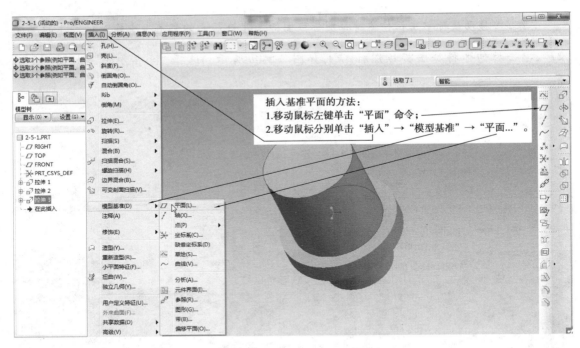

图 2-5-19 插入基准平面的方法

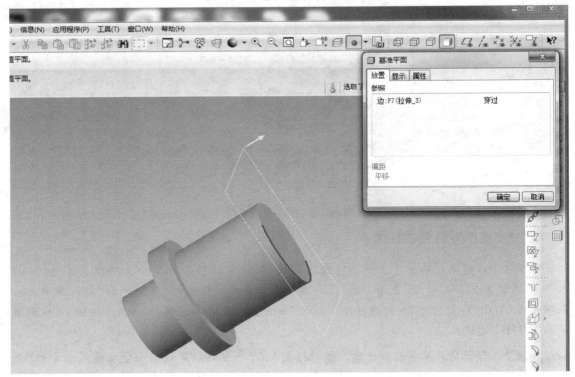

图 2-5-20 建立基准平面

步骤 3 利用草图绘制图标 ○、 ，完成草图 4 的绘制，如图 2-5-23 所示。单击草绘图

视工具图标 ✔ ,退出草绘界面。

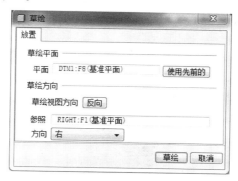

图 2-5-21　"草绘"对话框

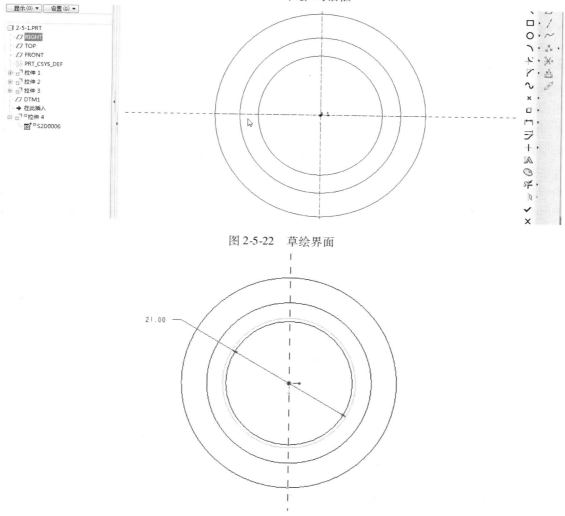

图 2-5-22　草绘界面

图 2-5-23　草图 4

步骤 4　单击拉伸体特征图标板图标 凵 ,在后面的文本框中输入拉伸体的厚度"16",单击拉伸体特征图标板图标 ✓，如图 2-5-24 所示。选择标准方向，如图 2-5-25 所示。

图 2-5-24　输入拉伸实体参数

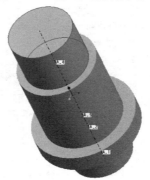

图 2-5-25　生成拉伸实体

七、建立直径为 17 的圆柱体 5

步骤 1　移动鼠标单击建立平面特征图标板图标，或移动鼠标单击主功能菜单中的"插入"→"模型基准"→"平面"命令。系统弹出"基准平面"对话框中单击直径为 21 的圆柱体上表面，如图 2-5-26 所示。单击"确定"按钮，完成基准平面"DTM2"的建立。

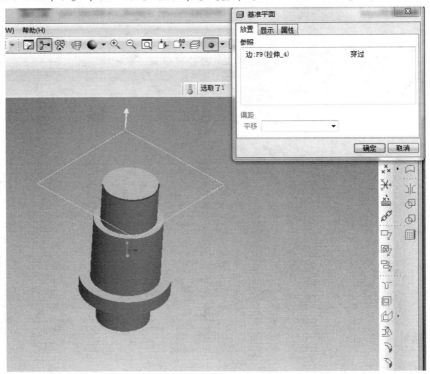

图 2-5-26　建立基准平面

步骤2 移动鼠标单击拉伸体特征图标板图标 ，或移动鼠标单击主功能菜单中的"插入"→"拉伸"命令，再移动鼠标依次单击 □ 、放置 、定义… ，系统弹出"草绘"对话框。接受系统默认的草绘平面"DTM2：F10（基准平面）"及基准平面"RIGHT"作为草绘参照面，如图2-5-27所示。单击"草绘"按钮，系统进入草绘界面，如图2-5-28所示。

图 2-5-27 "草绘"对话框

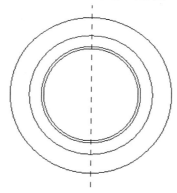

图 2-5-28 草绘界面

步骤3 利用草图绘制图标 ○、⇉ ，完成草图5的绘制，如图2-5-29所示。单击草绘图视工具图标 ✔ ，退出草绘界面。

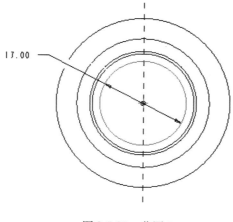

图 2-5-29 草图 5

107

步骤4 移动鼠标单击拉伸体特征图标板图标，在后面的文本框中输入拉伸体的厚度"26"，单击拉伸体特征图标板图标，如图 2-5-30 所示。选择标准方向，如图 2-5-31 所示。

图 2-5-30 输入拉伸实体参数

图 2-5-31 生成拉伸实体

八、建立直径为 14 的圆柱体 6

步骤1 建立基准平面"DTM3"，移动鼠标单击建立平面特征图标板图标，或移动鼠标单击主功能菜单中的"插入"→"模型基准"→"平面"命令。在系统弹出的"基准平面"对话框中单击"DTM2"基准平面及圆柱体5的上表面，如图 2-5-32 所示。单击"确定"按钮，完成基准平面"DTM3"的建立。

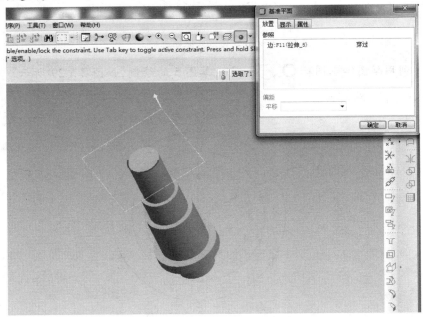

图 2-5-32 建立基准平面

步骤 2 移动鼠标单击拉伸体特征图标板图标 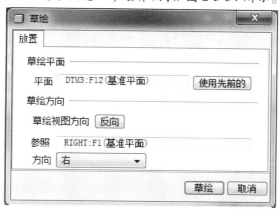，或移动鼠标单击主功能菜单中的"插入"→"拉伸"命令，再移动鼠标依次单击 □、放置、定义... ，系统会弹出"草绘"对话框。接受系统默认的草绘平面"DTM3:F12（基准平面）"及基准平面"RIGHT"作为草绘参照面，如图 2-5-33 所示。单击"草绘"按钮，系统进入草绘界面，如图 2-5-34 所示。

图 2-5-33 "草绘"对话框

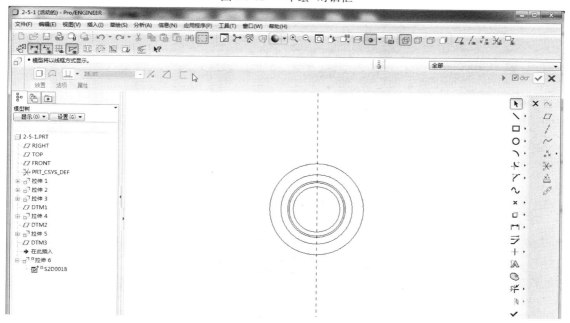

图 2-5-34 草绘界面

步骤 3 利用草图绘制图标 ○、⇉，完成草图 6 的绘制，如图 2-5-35 所示。单击草绘图视工具图标 ✔，退出草绘界面。

步骤 4 移动鼠标单击拉伸体特征图标板图标 ，在后面的文本框中输入拉伸体的厚度"23"，单击拉伸体特征图标板图标 ✔，如图 2-5-36 所示。选择标准方向，如图 2-5-37 所示。

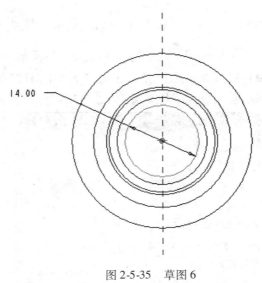

图 2-5-35　草图 6

图 2-5-36　输入拉伸参数

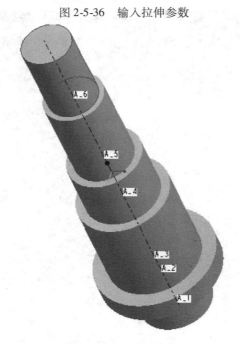

图 2-5-37　生成拉伸实体

九、建立倒角特征

步骤　移动鼠标单击图视工具图标 🖎，或移动鼠标单击主功能菜单中的"插入"→"倒角"→"边倒角(E)…"命令,如图 2-5-38 所示。移动鼠标点取长轴两端面的边界线,如图

2-5-39 所示,单击圆角特征图标板图标 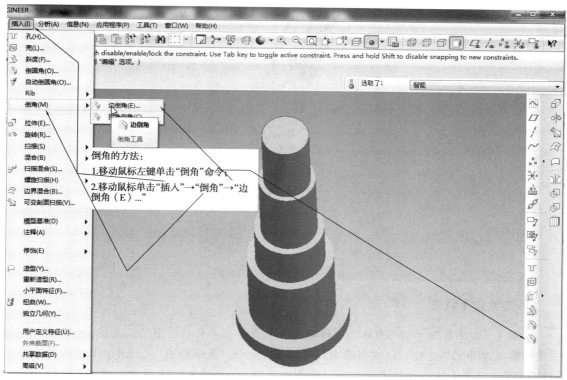,并在其文本框中点选"D×D"并分别输入 D 值为1,完成斜角的建立,如图 2-5-40 所示。

图 2-5-38　倒角的方法

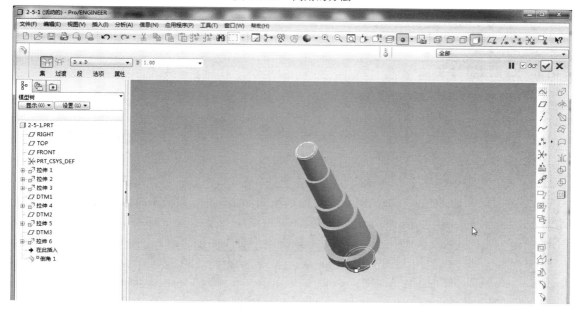

图 2-5-39　选择倒角边界线

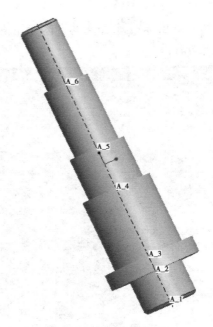

图 2-5-40 生成倒角特征

十、建立键1特征

步骤 1 建立基准平面"DTM4"。移动鼠标单击建立平面特征图标板图标，或移动鼠标单击主功能菜单中的"插入"→"模型基准"→"平面"命令。系统弹出"基准平面"对话框后单击"FRONT"基准平面及在偏距中输入半径的大小为"13"，如图 2-5-41 所示。单击"确定"按钮，完成基准平面"DTM4"的建立。

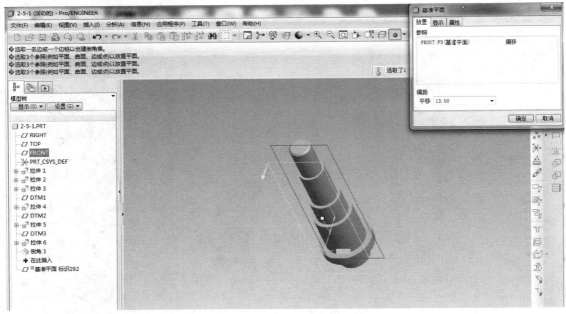

图 2-5-41 建立基准平面

步骤2　建立拉伸特征。移动鼠标单击拉伸体特征图标板图标 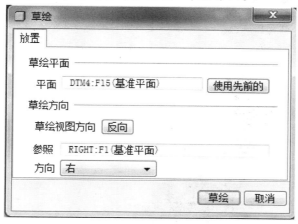，或移动鼠标单击主功能菜单中的"插入"→"拉伸"命令，再移动鼠标依次单击 □ 、放置 、 定义... ，系统弹出"草绘"对话框。接受系统默认的草绘平面"DTM4：F15（基准平面）"及基准平面"RIGHT"作为草绘参照面，如图 2-5-42 所示。单击"草绘"按钮，系统进入草绘界面。

图 2-5-42　"草绘"对话框

步骤3　利用草图绘制图标 ○ 、 ＼ 、 ⇉ ，完成草图键槽 1 的绘制，如图 2-5-43 所示。单击草绘图视工具图标 ✓ ，退出草绘界面。

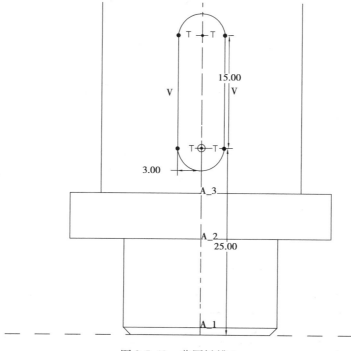

图 2-5-43　草图键槽 1

步骤4　移动鼠标单击拉伸体特征图标板图标 ![]，在后面的文本框中输入拉伸体的厚度"4"，单击图标 ![]切换拉伸方向，并单击图标 ![]去除材料，最后单击拉伸体特征图标板图标 ![]，如图 2-5-44 所示。选择标准方向，如图 2-5-45 所示。

图 2-5-44　输入拉伸特征参数

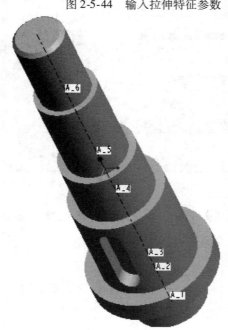

图 2-5-45　生成拉伸特征

十一、建立键 2 特征

步骤1　建立基准平面"DTM5"。移动鼠标单击建立平面特征图标板图标，或移动鼠标单击主功能菜单中的"插入"→"模型基准"→"平面"命令。系统弹出"基准平面"对话框后单击"RIGHT"基准平面及在偏距中输入半径的大小为"7"，如图 2-5-46 所示。单击"确定"按钮，完成基准平面"DTM5"的建立。

步骤2　建立拉伸特征。移动鼠标单击拉伸体特征图标板图标 ![]，或移动鼠标单击主功能菜单中的"插入"→"拉伸"命令，再移动鼠标依次单击 ![]、放置、定义…，系统弹出"草绘"对话框。接受系统默认的草绘平面"DTM5:F17(基准平面)"及基准平面"RIGHT"作为草绘参照面，如图 2-5-47 所示。单击"草绘"按钮，系统进入草绘界面。

步骤3　利用草图绘制图标 ![]、![]、![]，完成草图键槽 2 的绘制，如图 2-5-48 所示。单击草绘图视工具图标 ![]，退出草绘界面。

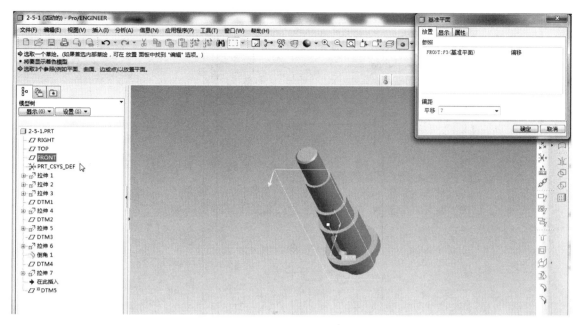

图 2-5-46 建立基准平面

图 2-5-47 "草绘"对话框

步骤4 移动鼠标单击拉伸体特征图标板图标 ⬜,在后面的文本框中输入拉伸体的厚度 "2",单击图标 ％ 切换拉伸方向,并单击图标 ／ 去除材料,最后单击拉伸体特征图标板图标 ✔,如图 2-5-49 所示。选择标准方向,如图 2-5-50 所示。

十二、保存文件

步骤 移动鼠标单击主功能菜单中的"文件"→"保存",或单击图视工具图标 💾,保存此零件。

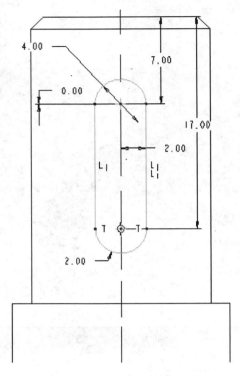

图 2-5-48　草图键槽 2

图 2-5-49　输入拉伸特征参数

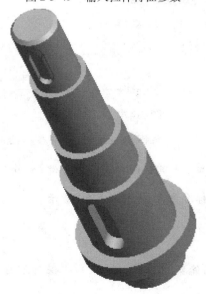

图 2-5-50　生成拉伸特征

加油站:

创建基准平面的方法:

①通过"两点+一面",确定一平面。在做基准面创建前,首先建立一个模型来例举,使用拉伸的方法建立一个简单的模型,如图2-5-51所示。

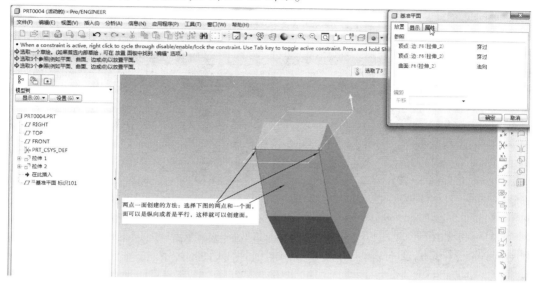

图2-5-51　"两点一面"创建基准平面

②平行偏距:通过设置偏移距离来确定新建面的位置,在参照面上下方位置通过"－"来调节新建面所在的具体方位。"＋"是调节新建面与基准参照面间的距离大小。前面已经介绍过,此处不展开介绍。

③通过两条线确定一基准平面,如图2-5-52所示。

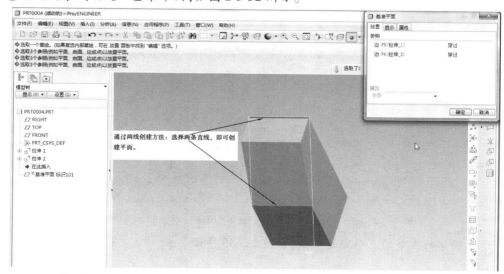

图2-5-52　通过两线创建基准平面

④通过"一面 + 一点"创建一基准平面,如图 2-5-53 所示。

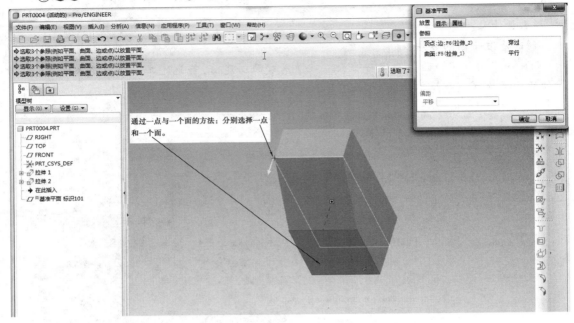

图 2-5-53 "一面一点"创建基准平面

⑤通过"一直线和一平面"创建一基准平面,如图 2-5-54 所示。

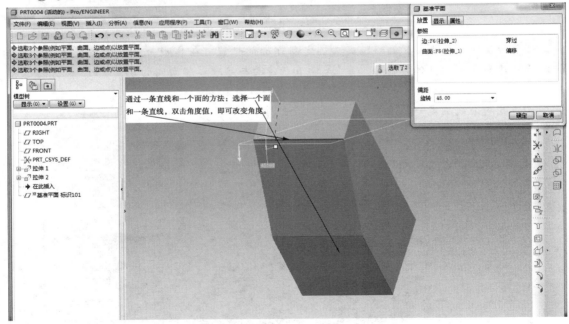

图 2-5-54 "一直线一平面"创建基准平面

⑥通过物体的 3 个顶点确定基准面,如图 2-5-55 所示。

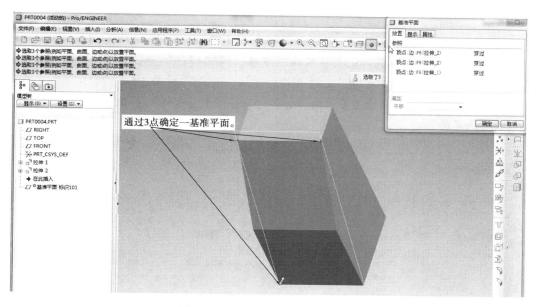

图 2-5-55 "3 个点"创建基准平面

任务拓展

请综合运用前面的内容命令完成图 2-5-56。

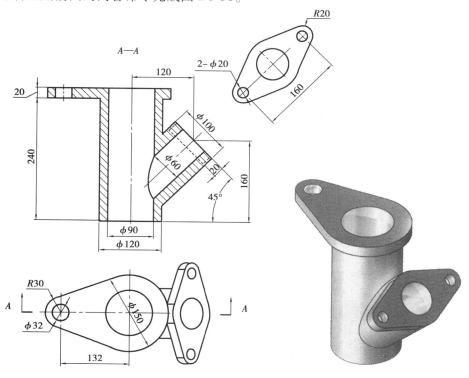

图 2-5-56 实体造型

一、进入建立实体建模的界面

步骤 进入 Creo Element/Pro 5.0 界面环境后,选择"新建"→选"零件"模块→输入公用名称"2-5-57"→将"使用缺省模块"的钩去掉→单击"确定",如图 2-5-57 所示。在系统弹出"新文件选项"对话框中选择绘图单位为"mmns_part_solid"(米制),单击"确定"按钮,进入建立实体零件的界面。

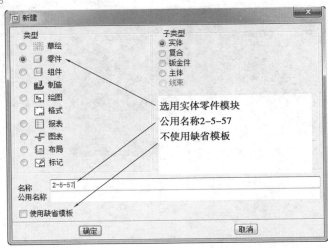

图 2-5-57 "新建"对话框

二、建立拉伸特征1

步骤1 移动鼠标单击拉伸体特征图标板图标 ⬚,或移动鼠标单击主功能菜单中的"插入"→"拉伸"命令,再移动鼠标依次单击 ⬚、放置、定义…,系统弹出"草绘"对话框。用鼠标选择基准平面"TOP"作为草绘平面,接受系统默认的基准平面"RIGHT"作为草绘参照面,如图 2-5-58 所示。单击"草绘"按钮,系统进入草绘界面。

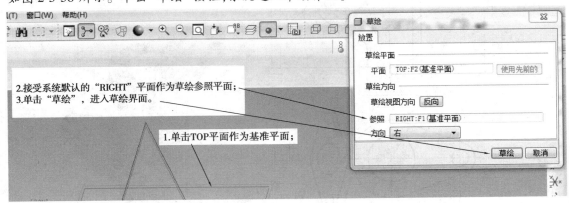

图 2-5-58 选择草绘平面

步骤2 绘制草图 1。利用草图绘制图标 ◯、⟋,完成直径为"120"的圆的绘制,如图

2-5-59所示,单击草绘图视工具图标 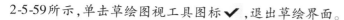,退出草绘界面。

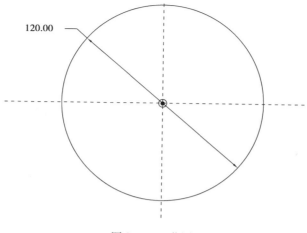

图2-5-59　草图1

步骤3　确定拉伸生成参数。移动鼠标单击拉伸体特征图标板图标 ⊥ ,在后面的文本框中输入拉伸体的厚度"240",单击拉伸体特征图标板图标 ✔ ,选择"标准方向",如图2-5-60所示。

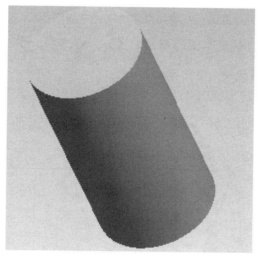

图2-5-60　生成拉伸实体

三、建立拉伸特征2

步骤1　移动鼠标单击拉伸体特征图标板图标 ⬠ ,或移动鼠标单击主功能菜单中的"插入"→"拉伸"命令,再移动鼠标依次单击 □ 、 放置 、 定义... ,系统弹出"草绘"对话框。用鼠标选择圆柱体顶面作为草绘平面,接受系统默认的基准平面"RIGHT"作为草绘参照面,如图2-5-61所示。单击"草绘"按钮,系统进入草绘界面。

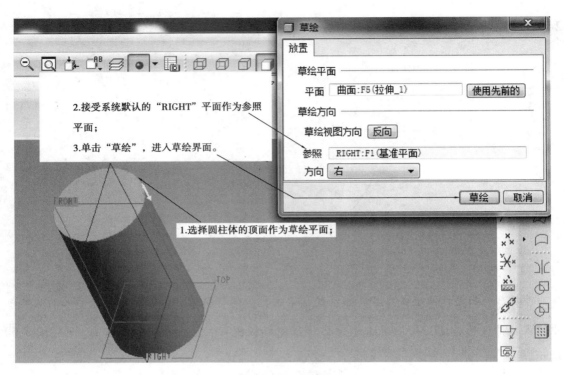

图 2-5-61　选择草绘平面

步骤 2　绘制草图 2。利用草图绘制图标 ⬭、⟍、🔧、🖊，完成如图 2-5-62 所示的图形，单击草绘图视工具图标 ✔，退出草绘界面。

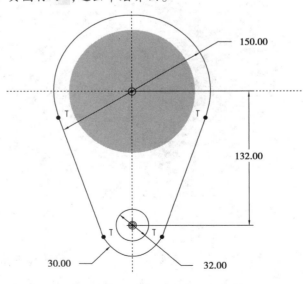

图 2-5-62　草图 2

步骤 3　确定拉伸生成参数。移动鼠标单击拉伸体特征图标板图标 ⬒，在后面的文本框中输入拉伸体的厚度"20"，单击图标 ⚒，改变拉伸深度的方向，单击拉伸体特征图标板图标，如图 2-5-63 所示。

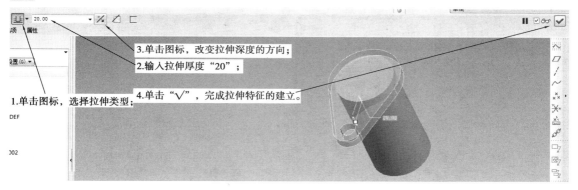

图 2-5-63　输入拉伸实体参数

四、建立拉伸基准平面

步骤 1　建立基准平面"DTM1"。移动鼠标单击主功能菜单中的"插入"→"模型基准"→"平面"命令,如图 2-5-64 所示。在弹出的对话框中选择"TOP"面作为参照平面,接受默认的偏移选项,输入偏移距离"160",再单击"确定"按钮,如图 2-5-65 所示,就可以建立"DTM1"平面,如图 2-5-66 所示。

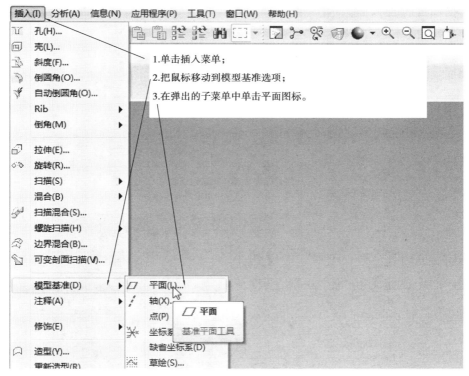

图 2-5-64　建立基准平面

步骤 2　建立基准平面"DTM2"。移动鼠标单击主功能菜单中的"插入"→"模型基准"→"平面"命令,如图 2-5-67 所示。在弹出的对话框中选择"FRONT"面作为参照平面,接受默认的偏移选项,输入偏移距离"120",单击"确定"按钮,如图2-5-68所示,就可以建立"DTM2"平面,如图2-5-69所示。

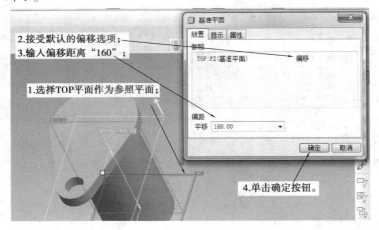

图 2-5-65　确定基准平面选项

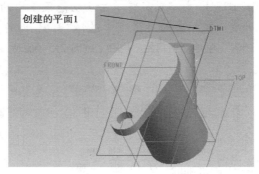

图 2-5-66　创建的平面 1

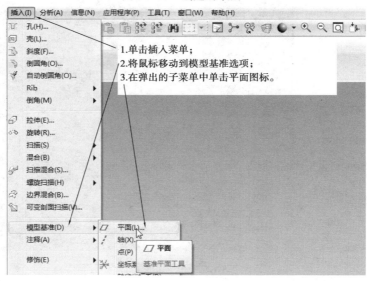

图 2-5-67　建立基准平面

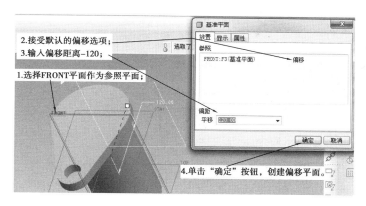

图 2-5-68 确定基准平面选项

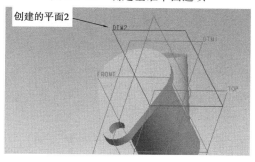

图 2-5-69 创建的平面 2

步骤 3 建立基准轴。移动鼠标单击主功能菜单中的"插入"→"模型基准"→"轴"命令，如图 2-5-70 所示。在弹出的对话框中选择"DTM1"和"DTM2"平面作为参照平面，接受默认的穿过选项，单击"确定"按钮，如图 2-5-71 所示，就可以建立基准轴。

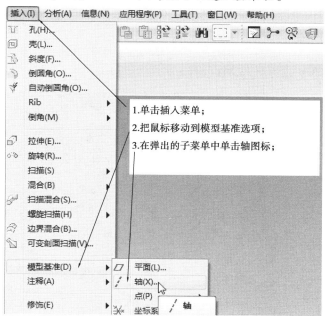

图 2-5-70 建立基准轴

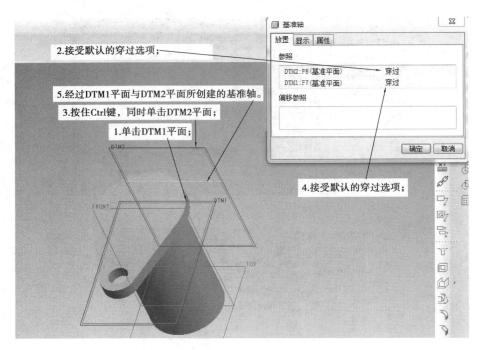

图 2-5-71 确定基准轴选项

步骤 4 创建基准平面"DTM3"。移动鼠标单击主功能菜单中的"插入"→"模型基准"→"平面"命令,如图 2-5-72 所示。在弹出的窗口中单击 A_3 基准轴,接受默认的穿过选项,按住 Ctrl 键的同时单击 DTM1 平面,输入选择角度"45",单击"确定"按钮,如图 2-5-73 所示,即可创建基准平面 DTM3。

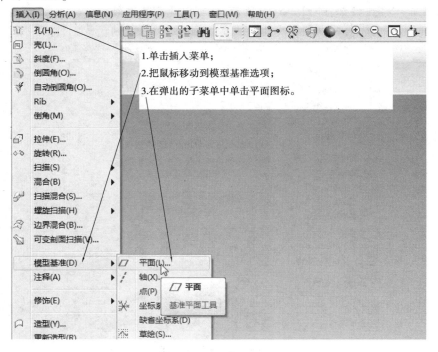

图 2-5-72 创建基准平面

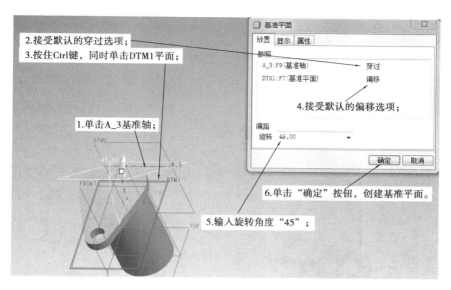

图 2-5-73 确定基准平面选项

五、建立拉伸特征 3

步骤 1 移动鼠标单击拉伸体特征图标板图标 ，或移动鼠标单击主功能菜单中的"插入"→"拉伸"命令，再移动鼠标依次单击 、放置、定义... ，系统弹出"草绘"对话框。用鼠标选择基准平面"DTM3"作为草绘平面，接受系统默认的基准平面"RIGHT"作为草绘参照面，如图 2-5-74 所示。单击"草绘"按钮，系统进入草绘界面。单击基准轴 A_3 作为增加的参照，再单击"确定"和"关闭"按钮，如图 2-5-75 所示。

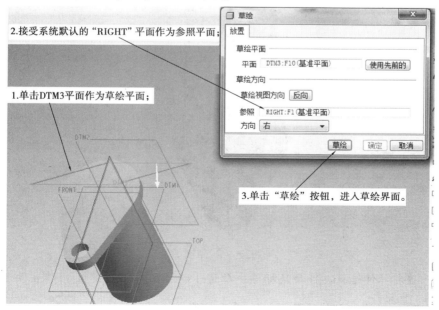

图 2-5-74 选择草绘平面

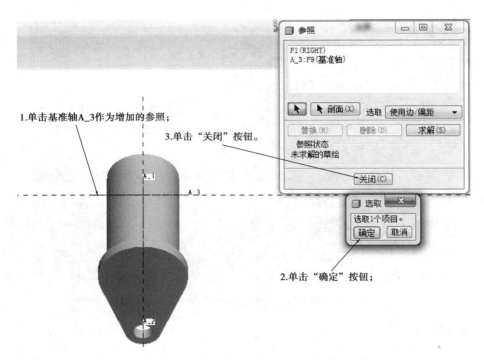

图 2-5-75 草绘界面

步骤 2 绘制草图 1。利用草图绘制图标 ⭕、⇉，完成直径为"100"的圆的绘制，如图 2-5-76 所示，单击草绘图视工具图标✔，退出草绘界面。

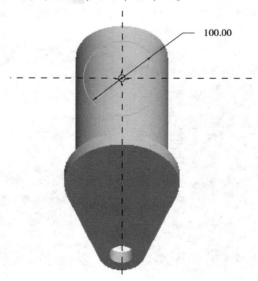

图 2-5-76 草图 1

步骤 3 确定拉伸选项。移动鼠标单击拉伸体特征图标板图标⏟，单击要拉伸至的曲面，并单击图标⤢，改变要拉伸的深度方向，单击拉伸体特征图标板图标✔，如图 2-5-77 所示。建立的拉伸特征，如图 2-5-78 所示。

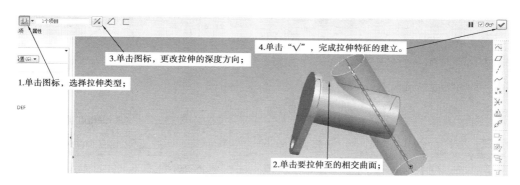

3.单击图标,更改拉伸的深度方向;

4.单击"√",完成拉伸特征的建立。

1.单击图标,选择拉伸类型;

2.单击要拉伸至的相交曲面;

图 2-5-77 输入拉伸参数

六、建立拉伸特征 4

步骤 1 移动鼠标单击拉伸体特征图标板图标 ，或移动鼠标单击主功能菜单中的"插入"→"拉伸"命令,再移动鼠标依次单击 、放置 、定义...,系统弹出"草绘"对话框。用鼠标选择"DTM3"平面作为草绘平面,接受系统默认的基准平面"RIGHT"作为

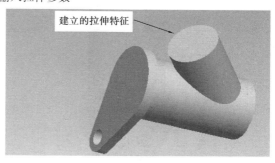

建立的拉伸特征

图 2-5-78 生成拉伸实体

草绘参照面,如图 2-5-79 所示。单击"草绘"按钮,系统进入草绘界面,单击基准轴 A_3 作为增加的参照,再单击"确定"和"关闭"按钮,如图 2-5-80 所示。

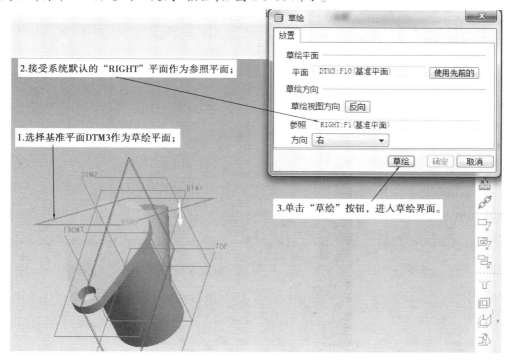

2.接受系统默认的"RIGHT"平面作为参照平面;

1.选择基准平面DTM3作为草绘平面;

3.单击"草绘"按钮,进入草绘界面。

图 2-5-79 选择草绘平面

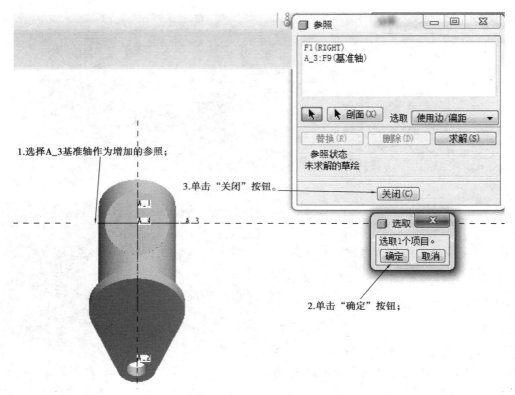

图 2-5-80　草绘界面

　　步骤2　绘制草图2。利用草图绘制图标 ○、◥、▬、◢，完成如图 2-5-81 所示的图形，单击草绘图视工具图标 ✔，退出草绘界面。

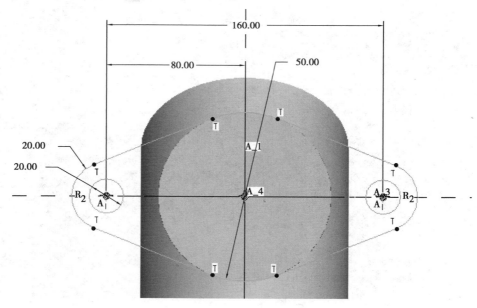

图 2-5-81　草图 2

步骤3 确定拉伸生成参数。移动鼠标单击拉伸体特征图标板图标 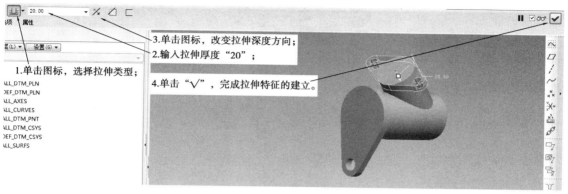,在后面的文本框中输入拉伸体的厚度"20",单击图标 ,改变拉伸深度的方向,单击拉伸体特征图标板图标 ,如图2-5-82所示。

图 2-5-82 输入拉伸参数

七、建立拉伸切除实体特征 1

步骤1 移动鼠标单击拉伸体特征图标板图标 ,或移动鼠标单击主功能菜单中的"插入"→"拉伸"命令,再移动鼠标依次单击 、放置 、定义... ,系统弹出"草绘"对话框。用鼠标选择基准平面"TOP"作为草绘平面,接受系统默认的基准平面"RIGHT"作为草绘参照面,如图2-5-83所示。单击"草绘"按钮,系统进入草绘界面。

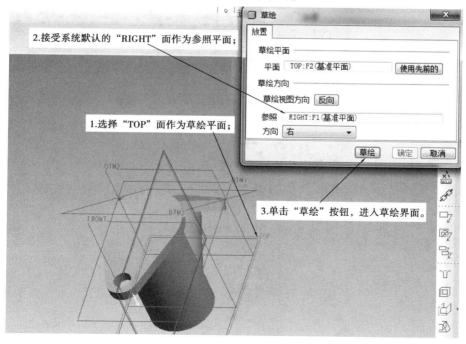

图 2-5-83 选择草绘平面

步骤2 绘制草图3。利用草图绘制图标 ○、⟳，完成直径为"90"的圆的绘制，如图 2-5-84所示，单击草绘图视工具图标 ✔，退出草绘界面。

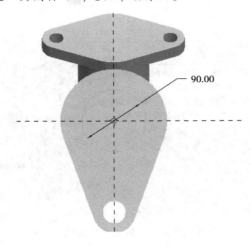

90.00

图 2-5-84 草图3

步骤3 移动鼠标单击拉伸体特征图标板图标 ⊥，在后面的文本框中输入拉伸体的厚度 "240"，单击后面的去除材料图标 ◿，单击拉伸体特征图标板图标 ✔，如图 2-5-85 所示。选择标准方向，如图 2-5-86 所示。

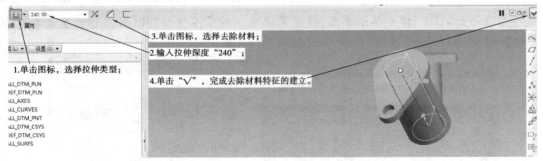

图 2-5-85 输入拉伸参数

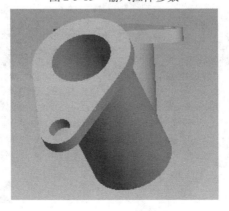

图 2-5-86 生成拉伸实体

八、建立拉伸切除特征 2

步骤 1 移动鼠标单击拉伸体特征图标板图标 ⬚，或移动鼠标单击主功能菜单中的"插入"→"拉伸"命令，再移动鼠标依次单击 ⬚、放置、定义…，系统弹出"草绘"对话框。用鼠标选择基准平面"DTM3"作为草绘平面，接受系统默认的基准平面"RIGHT"作为草绘参照面，如图 2-5-87 所示。单击"草绘"按钮，系统进入草绘界面。单击基准轴 A_3 作为增加的参照，再单击"确定"和"关闭"按钮，如图 2-5-88 所示。

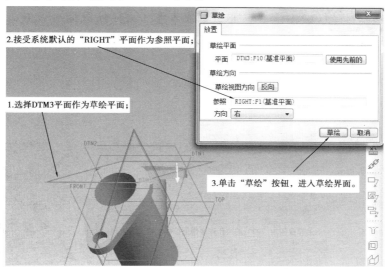

图 2-5-87 选择草绘平面

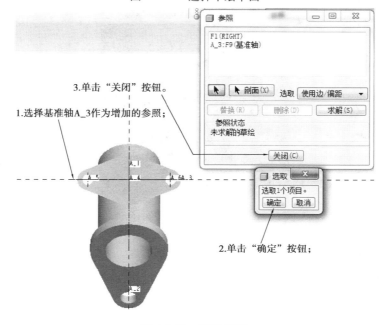

图 2-5-88 草绘界面

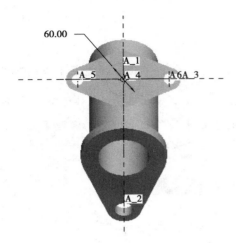

图 2-5-89　草图 1

步骤 2　绘制草图 1。利用草图绘制图标 ○、⟍，完成直径为"60"的圆的绘制,如图 2-5-89 所示,单击草绘图视工具图标 ✓,退出草绘界面。

步骤 3　确定拉伸选项。移动鼠标单击拉伸体特征图标板图标 ⬇,单击要拉伸至直径为"90"的内孔表面,单击图标 ◿,选择去除材料,如图 2-5-90 所示,单击拉伸体特征图标板图标 ✓,建立的拉伸切除特征,如图 2-5-91 所示。

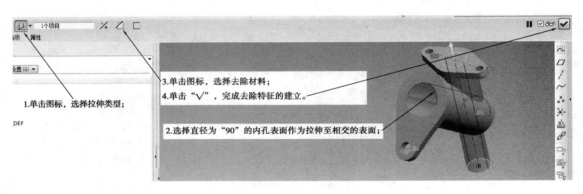

图 2-5-90　输入拉伸参数

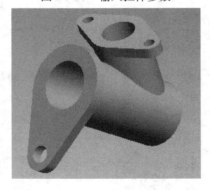

图 2-5-91　生成拉伸实体

 拓展练习

使用基准平面的创建方法,完成图 2-5-92 的绘制。

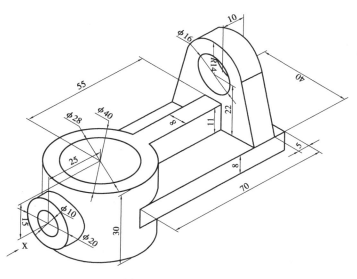

图 2-5-92　实体造型

任务 6　抽壳建"房子"

任务描述

用混合、拉伸切除、拉伸生成、抽壳等特征,完成如图 2-6-1 的"房子"的建立。

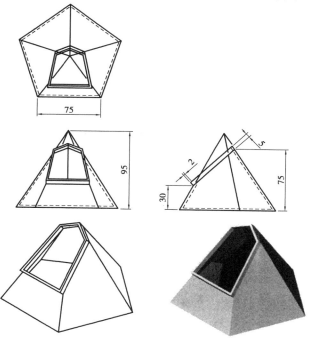

图 2-6-1　"房子"

任务实施

一、新建进入实体建模模块

步骤 选择"新建"→选择"零件"模块→输入公用名称"2-6-1"→将"使用缺省模块"的钩去掉→单击"确定",如图2-6-2所示,进入实体建模模块。

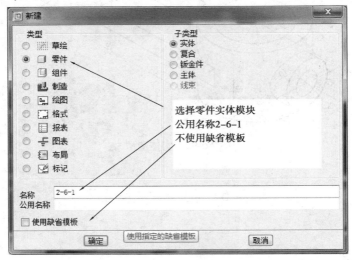

图 2-6-2 "新建"对话框

二、建立"房子"的实体1

步骤1 建立混合特征,移动鼠标单击主功能菜单中的"插入"→"混合"→"伸出项"命令,如图2-6-3所示。

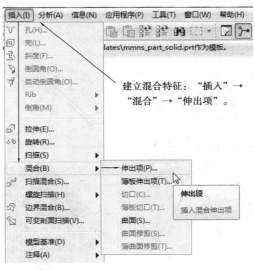

图 2-6-3 "伸出项"特征对话框

步骤2 进入混合实体截面草绘界面。①在弹出的对话框中依次单击"平行""规则截面""草绘截面",选择结束后单击"完成"按钮。②系统弹出"菜单管理器"对话框,选择"直的"后,单击"完成"按钮。③系统继续弹出"菜单管理器",用鼠标选择基准平面"TOP"作为草绘平面。④选择"正向"。⑤单击"缺省"按钮,如图 2-6-4 所示。

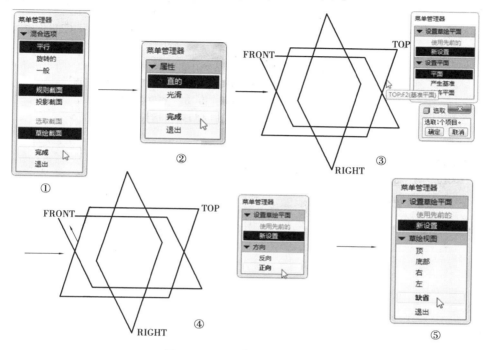

图 2-6-4 "混合"特征对话框

步骤3 进入草绘界面后,单击 按钮,绘制五边形截面草图。绘制完成后长按鼠标右键切换剖面,单击 ✖ 按钮,在五边形的中心打一个点,如图 2-6-5 所示。完成后打"√",在弹出的对话框中输入深度为"95",完成后打"√",退出草绘界面。完成后得到实体 1,如图 2-6-6 所示。

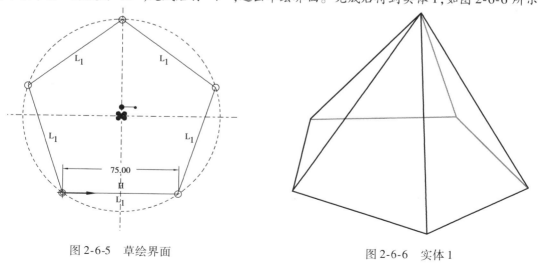

图 2-6-5 草绘界面

图 2-6-6 实体 1

三、切割"房子"

步骤 1 鼠标左键单击视图工具图标 $\boxed{\text{🔲}}$ ，或者移动鼠标单击主功能菜单中的"插入"→"拉伸"命令，在弹出的拉伸对话框中依次单击 $\boxed{\square}$ 、$\boxed{\text{放置}}$ 、$\boxed{\text{定义...}}$ ，系统弹出"草绘"对话框。用鼠标选择基准平面"FRONT"作为草绘平面，接受系统默认的基准平面"RIGHT"作为草绘参照面，如图 2-6-7 所示。单击"草绘"按钮，进入切割"房子"的草绘界面。

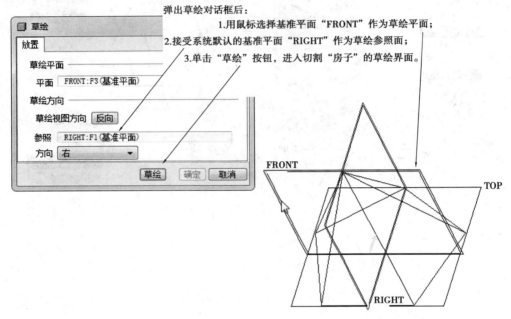

弹出草绘对话框后：
1. 用鼠标选择基准平面"FRONT"作为草绘平面；
2. 接受系统默认的基准平面"RIGHT"作为草绘参照面；
3. 单击"草绘"按钮，进入切割"房子"的草绘界面。

图 2-6-7 "草绘"对话框

步骤 2 绘制第二个截面草图。依次单击草绘视图工具图标 $\boxed{\diagdown}$ 、$\boxed{\square}$ 、$\boxed{\text{⊕}}$ 、$\boxed{\mapsto}$ ，在 FRONT 面上完成截面草图的绘制，如图 2-6-8 所示。完成后单击草绘视图工具图标 $\boxed{\checkmark}$ ，退出草绘界面。

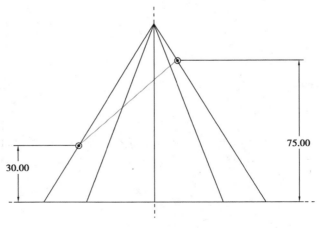

图 2-6-8 截面草图对话框

步骤3　确定拉伸生成参数。移动鼠标单击拉伸体特征图标 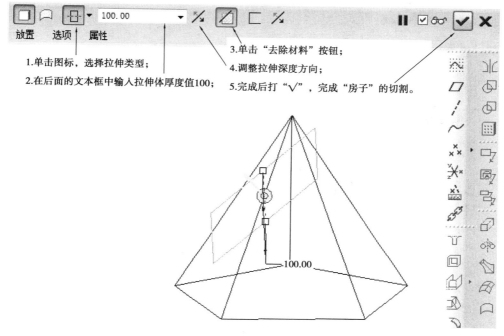，在后面的文本框中输入拉伸体厚度值"100"，然后单击拉伸体特征图标 ✔，选择适当的显示类型，如图 2-6-9 所示。完成"房子"的切割，如图 2-6-10 所示。

1.单击图标，选择拉伸类型；

2.在后面的文本框中输入拉伸体厚度值100；

3.单击"去除材料"按钮；

4.调整拉伸深度方向；

5.完成后打"√"，完成"房子"的切割。

100.00

图 2-6-9　确定拉伸生成参数

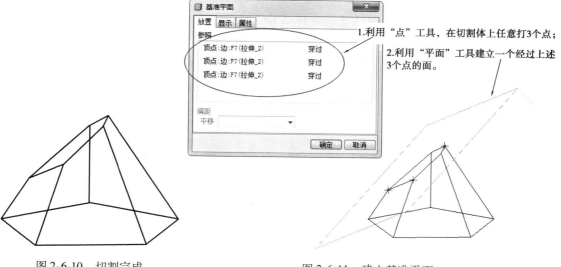

1.利用"点"工具，在切割体上任意打3个点；

2.利用"平面"工具建立一个经过上述3个点的面。

图 2-6-10　切割完成

图 2-6-11　建立基准平面

四、建立"房子"的开口部分

步骤1　建立基准平面。鼠标左键单击视图工具图标 及 ，建立基准平面，如图 2-6-11所示。

步骤2　鼠标左键单击视图工具图标 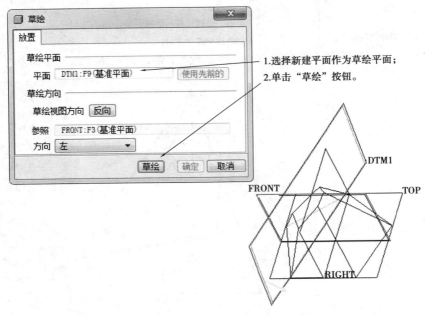，或者移动鼠标单击主功能菜单中的"插入"→"拉伸"命令，在弹出的拉伸对话框中依次单击 □、放置、定义…，系统弹出"草绘"对话框。用鼠标选择"房子"切割体的上表面作为草绘平面，如图2-6-12所示。单击"草绘"按钮，进入拉伸体截面的草绘界面。

图2-6-12　"草绘"对话框

步骤3　绘制截面草图。单击草绘视图工具图标 □，完成截面草图的绘制，如图2-6-13所示。完成后单击草绘视图工具图标 ✔，退出草绘界面。

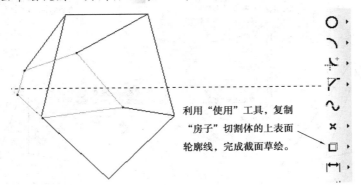

图2-6-13　绘制截面草图

步骤4　确定拉伸生成参数。移动鼠标单击拉伸体特征图标 ⊥，输入拉伸体厚度值"5"，然后单击拉伸体特征图标 ✔，选择适当的显示类型，完成后打"√"，完成"开口"实体的建立，如图2-6-14所示。

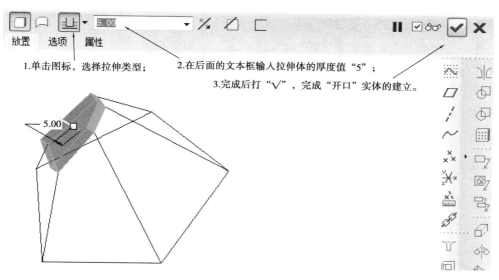

1.单击图标，选择拉伸类型；　2.在后面的文本框输入拉伸体的厚度值"5"；

3.完成后打"√"，完成"开口"实体的建立。

图 2-6-14　确定拉伸生成参数

五、抽壳

步骤　鼠标左键单击视图工具图标 ▢ ，系统弹出对话框，在文本框中输入抽壳厚度值"2"，调整抽壳方向，单击"开口"实体的上表面，完成后打"√"，完成抽壳，如图 2-6-15 所示。

1.在文本框中输入抽壳厚度值2；　2.调整抽壳方向；

3.单击"开口"实体的上表面；　4.完成后打"√"。

图 2-6-15　"抽壳"对话框

加油站：

抽壳是把实体中心挖空的一种建模方法，抽壳的厚度可以是相同的，也可以是不同的。抽壳特征一般放在圆角特征之后进行。

如何抽壳，方法有二：

①鼠标左键单击视图工具图标 回 。

②移动鼠标单击主功能菜单中的"插入"→"壳",如图 2-6-16 所示。

注意：如果要移走多个面，应按下"Ctrl"键，然后依次单击要移走的面，如图 2-6-17 所示。

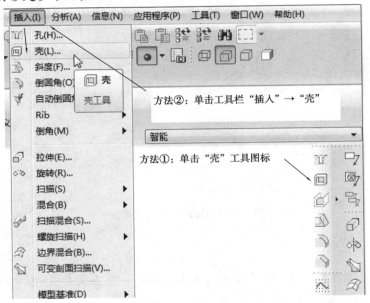

图 2-6-16 "抽壳"特征选取

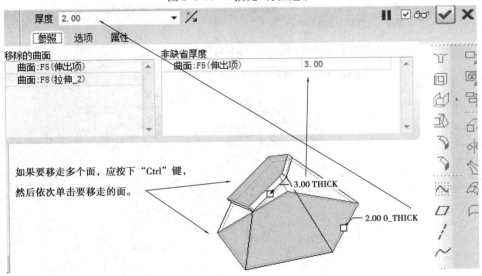

图 2-6-17 设定抽壳厚度

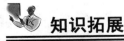 **知识拓展**

不同厚度抽壳的方法：在"参照"面板中可对指定的抽壳面设定厚度，以产生不同厚度的抽壳特征，如图 2-6-17 所示。

 **拓展练习**

利用抽壳特征,完成图 2-6-18 及图 2-6-19 的实体绘制。

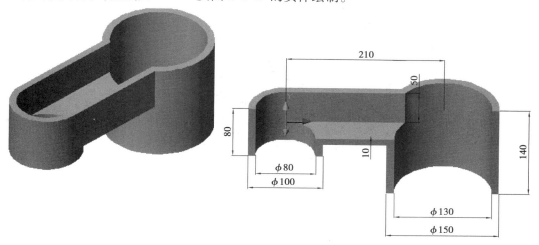

图 2-6-18 练习 1

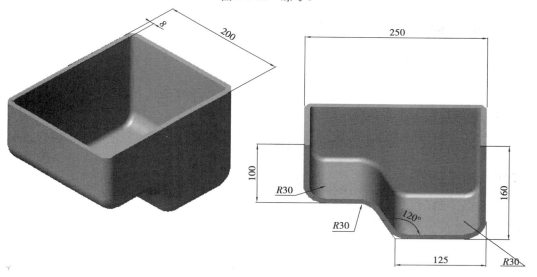

图 2-6-19 练习 2

任务 7　阵列排孔

任务描述

用阵列特征,建立完成如图 2-7-1 所示的排孔零件的排孔阵列。

143

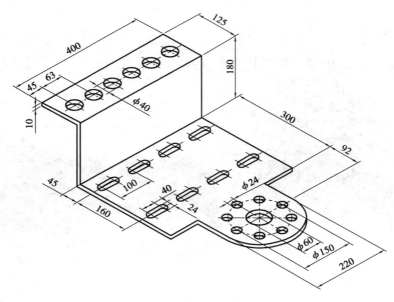

图 2-7-1　排孔零件

 任务实施

一、新建进入实体建模模块

步骤　选择"新建"→选择"零件"模块→输入公用名称"2-7-1"→将"使用缺省模块"的钩去掉→单击"确定",如图 2-7-2 所示,进入实体建模模块。

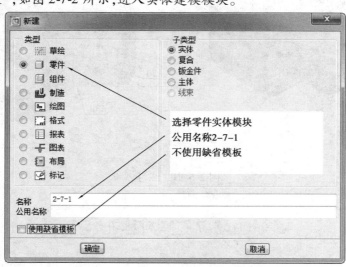

图 2-7-2　"新建"对话框

二、建立排孔零件的实体 1

步骤 1　建立拉伸特征,鼠标左键单击视图工具图标 ,或者移动鼠标单击主功能菜单中的"插入"→"拉伸"命令,如图 2-7-3 所示。

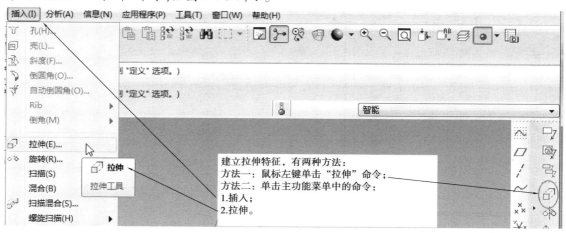

图 2-7-3　建立拉伸特征

步骤 2　进入拉伸体截面草绘界面,在弹出的拉伸对话框中依次单击 □ 、 放置 、

定义... ,系统弹出"草绘"对话框,用鼠标选择基准平面"FRONT"作为草绘平面,接受系统默认的基准平面"RIGHT"作为草绘参照面,单击"草绘"按钮,如图 2-7-4 所示。

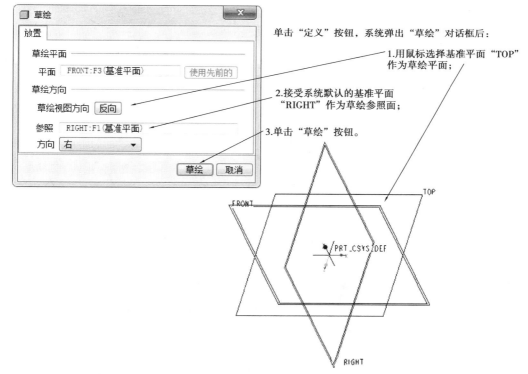

图 2-7-4　截面草绘截面

步骤 3　进入草绘界面后,绘制第一个截面草图,如图 2-7-5 所示。完成后打"√",退出草绘界面。

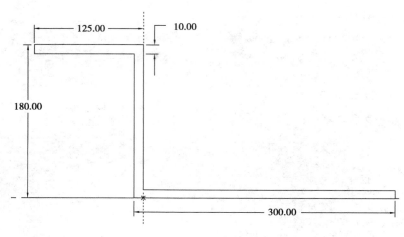

图 2-7-5　绘制第一个截面草图

步骤 4　确定拉伸生成参数。移动鼠标单击拉伸体特征图标 ，在后面的文本框中输入拉伸体厚度值"400"，默认实体的拉伸方向，然后单击拉伸体特征图标 ，选择适当的显示类型，完成排孔零件实体拉伸 1 的建立，如图 2-7-6 所示。

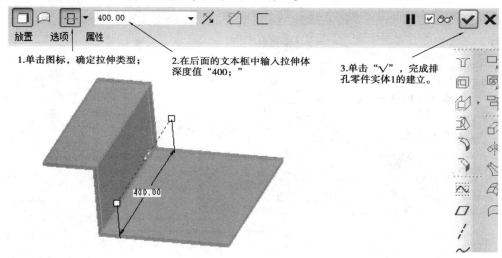

图 2-7-6　确定拉伸生成参数

三、建立排孔零件的实体 2

步骤 1　鼠标左键单击视图工具图标 ，或者移动鼠标单击主功能菜单中的"插入"→"拉伸"命令，在弹出的拉伸对话框中依次单击 、放置、定义…，系统弹出"草绘"对话框。用鼠标选择"TOP"作为草绘平面，接受系统默认的基准平面"FRONT"作为草绘参照面，如图 2-7-7 所示。单击"草绘"按钮，进入拉伸体截面的草绘界面。

步骤 2　进入草绘界面后，利用 、 、 、 及 工具绘制第二个截面草图，如图 2-7-8 所示。完成后打"√"，退出草绘界面。

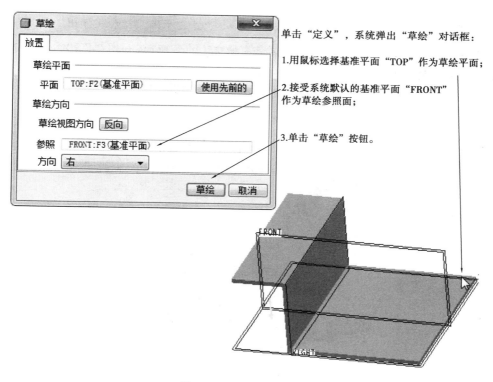

单击"定义"，系统弹出"草绘"对话框：

1.用鼠标选择基准平面"TOP"作为草绘平面；

2.接受系统默认的基准平面"FRONT"作为草绘参照面；

3.单击"草绘"按钮。

图 2-7-7　"草绘"对话框

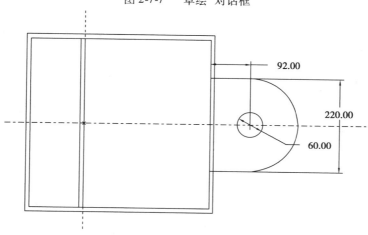

图 2-7-8　绘制第二个截面草图

步骤 3　确定拉伸生成参数。移动鼠标单击拉伸体特征图标 ⊥⊥，在后面的文本框中输入拉伸体厚度值"10"，默认实体的拉伸方向，然后单击拉伸体特征图标 ✔，选择适当的显示类型，完成排孔零件实体 2 的建立，如图 2-7-9 所示。

四、建立排孔零件的实体 3

步骤 1　鼠标左键单击视图工具图标 ⬠，或者移动鼠标单击主功能菜单中的"插入"→

"拉伸"命令,在弹出的拉伸对话框中依次单击 □、放置、定义…,系统弹出"草绘"对话框。用鼠标选择零件的上表面作为草绘平面,接受系统默认的参照面,如图 2-7-10 所示。单击"草绘"按钮,进入拉伸体截面的草绘界面。

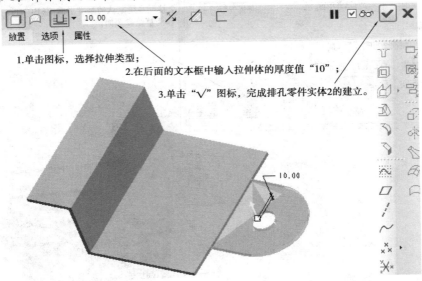

1.单击图标,选择拉伸类型;
2.在后面的文本框中输入拉伸体的厚度值"10";
3.单击"√"图标,完成排孔零件实体2的建立。

图 2-7-9 确定拉伸生成参数

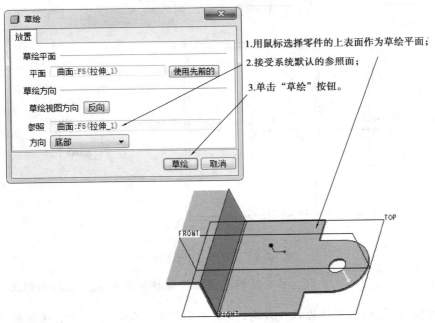

1.用鼠标选择零件的上表面作为草绘平面;
2.接受系统默认的参照面;
3.单击"草绘"按钮。

图 2-7-10 "草绘"对话框

步骤2 绘制第二个截面草图。依次单击草绘视图工具图标 □、┊、○、↦,在零件的上表面完成截面草图 2 的绘制,如图 2-7-11 所示。完成后单击草绘视图工具图标 ✔,退出草绘界面。

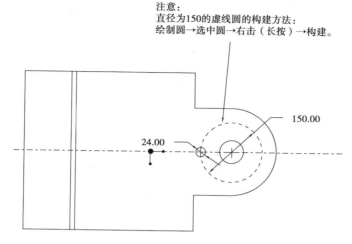

注意：
直径为150的虚线圆的构建方法：
绘制圆→选中圆→右击（长按）→构建。

150.00

24.00

图 2-7-11　绘制第二个截面草图

步骤3　确定拉伸生成参数。移动鼠标单击拉伸体特征图标 ⊥⊥，在后面的文本框中输入拉伸体厚度值"15"，然后单击拉伸体特征图标 ✔，选择适当的显示类型，如图 2-7-12 所示，即完成排孔零件实体 3 的建立。

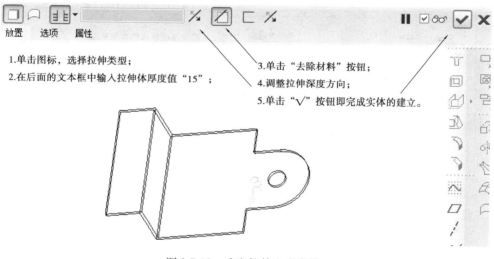

1.单击图标，选择拉伸类型；
2.在后面的文本框中输入拉伸体厚度值"15"；
3.单击"去除材料"按钮；
4.调整拉伸深度方向；
5.单击"√"按钮即完成实体的建立。

图 2-7-12　确定拉伸生成参数

五、阵列圆孔

步骤1　单击选中需要阵列的直径为"24"的圆，激活阵列命令。
步骤2　在弹出的对话框中设置阵列的相关参数，如图 2-7-13 所示，完成圆孔的阵列。

六、建立排孔零件的实体4

步骤1　鼠标左键单击视图工具图标 ⬚，或者移动鼠标单击主功能菜单中的"插入"→
"拉伸"命令，在弹出的拉伸对话框中依次单击 ⬚、 放置 、 定义... ，系统弹出"草绘"对话框。

用鼠标选择排孔零件的上表面作为草绘平面,接受系统默认的参照平面,如图 2-7-14 所示。单击"草绘"按钮,进入拉伸体截面的草绘界面。

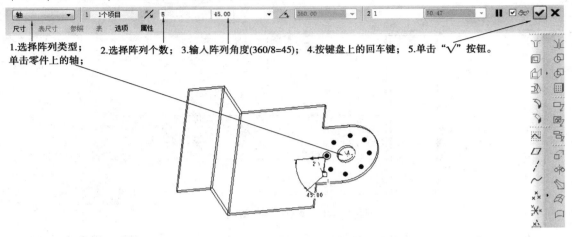

1.选择阵列类型; 单击零件上的轴; 2.选择阵列个数; 3.输入阵列角度(360/8=45); 4.按键盘上的回车键; 5.单击"√"按钮。

图 2-7-13 阵列圆孔

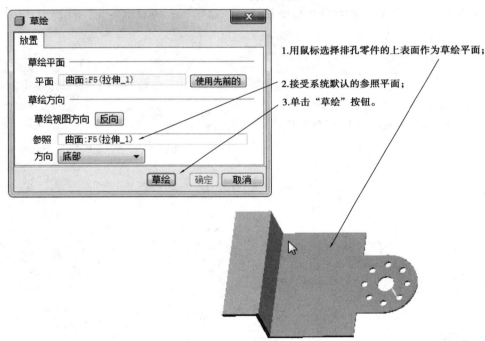

1.用鼠标选择排孔零件的上表面作为草绘平面;

2.接受系统默认的参照平面;

3.单击"草绘"按钮。

图 2-7-14 "草绘"对话框

步骤 2 绘制截面草图。单击草绘视图工具图标 □、○ 及 I↔I 工具,完成截面草图的绘制,如图 2-7-15 所示。完成后单击草绘视图工具图标 ✔,退出草绘界面。

步骤 3 确定拉伸生成参数。移动鼠标单击拉伸体特征图标 ⬓,输入拉伸体厚度值"15",单击"去除材料"按钮,调整拉伸深度方向,然后单击图标 ✔,选择适当的显示类型,完成后打"√"即完成实体的建立,如图 2-7-16 所示。

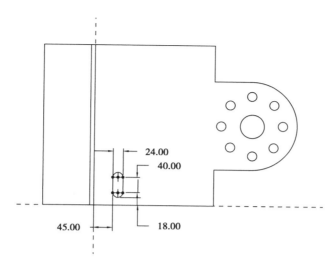

图 2-7-15　绘制截面草图

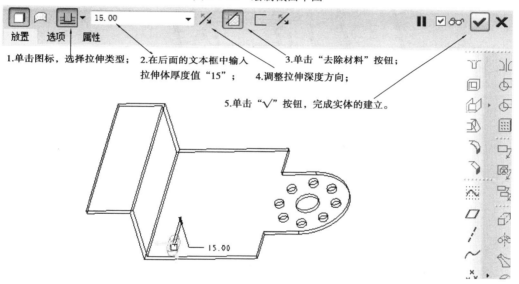

图 2-7-16　确定拉伸生成参数

七、阵列实体 4

步骤 1　单击选中需要阵列的实体 4,激活阵列命令。

步骤 2　在弹出的对话框中设置阵列的相关参数,如图 2-7-17 所示,完成实体 4 的阵列,如图 2-7-18 所示。

八、建立排孔零件的实体 5

步骤 1　鼠标左键单击视图工具图标 ⬚,或者移动鼠标单击主功能菜单中的"插入"→"拉伸"命令,在弹出的拉伸对话框中依次单击 ⬚、放置、定义…,系统弹出"草绘"对话框。用鼠标选择排孔零件的上表面作为草绘平面,接受系统默认的参照平面,如图 2-7-19 所示。

151

单击"草绘"按钮,进入拉伸体截面的草绘界面。

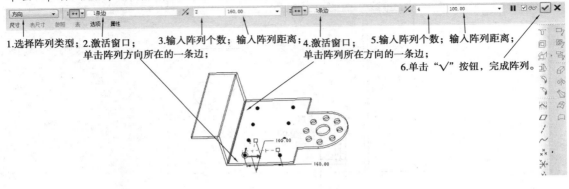

图 2-7-17 阵列实体 4

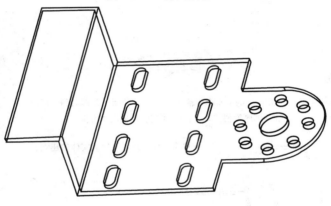

图 2-7-18 效果图

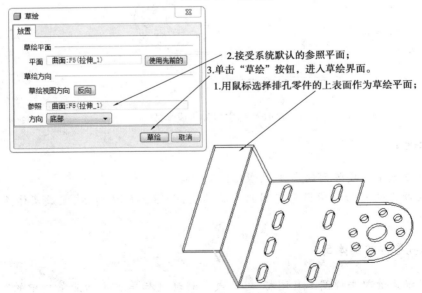

图 2-7-19 "草绘"对话框

步骤 2 绘制截面草图。单击草绘视图工具图标 ○ 及 ↔ 工具,完成截面草图的绘制,如图 2-7-20 所示。完成后单击草绘视图工具图标✔，退出草绘界面。

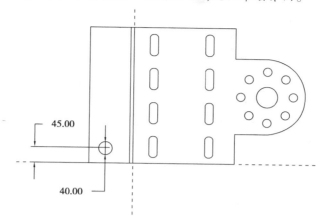

图 2-7-20　绘制截面草图

步骤 3　确定拉伸生成参数。移动鼠标单击拉伸体特征图标⊥，输入拉伸体厚度值"15"，单击"去除材料"按钮，调整拉伸深度方向，然后单击图标✔，选择适当的显示类型，完成后打"√"，如图 2-7-21 所示，完成实体的建立，如图 2-7-22 所示。

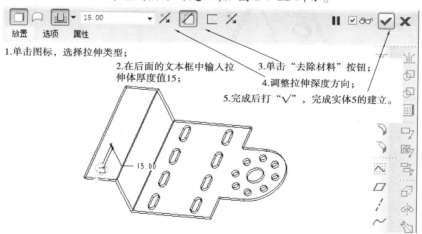

图 2-7-21　确定拉伸生成参数

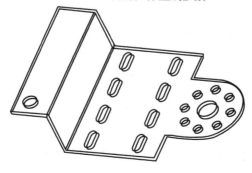

图 2-7-22　效果图

153

九、阵列实体 5

步骤 1　单击选中需要阵列的实体 5,激活阵列命令。

步骤 2　在弹出的对话框中设置阵列的相关参数,如图 2-7-23 所示,完成实体 5 的阵列,如图 2-7-24 所示。

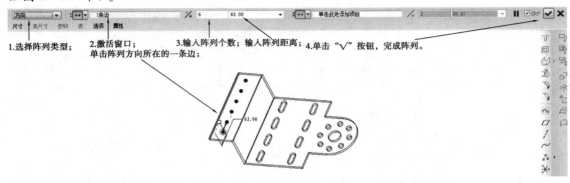

1.选择阵列类型;　2.激活窗口;　3.输入阵列个数;输入阵列距离;　4.单击"√"按钮,完成阵列。
单击阵列方向所在的一条边;

图 2-7-23　阵列实体 5

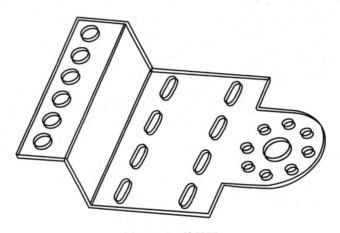

图 2-7-24　效果图

加油站

阵列命令可以根据一个特征,在一次操作中复制出多个完全相同的特征。这里主要介绍下述几种类型。

①单方向阵列、多方向阵列、环形阵列,如图 2-7-25 所示。

②尺寸驱动阵列如图 2-7-26、图 2-7-27 所示。

③沿曲线阵列、填充阵列、表阵列如图 2-7-28 所示。

④单方向、多方式阵列如图 2-7-29 所示。

⑤表的阵列。需要变更的尺寸(表尺寸)如图 2-7-30 所示。

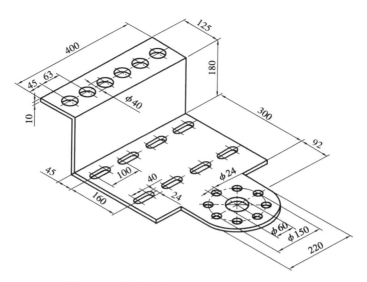

图 2-7-25　单方向阵列、多方向阵列、环形阵列

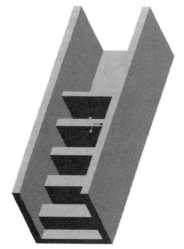

图 2-7-26　尺寸驱动阵列 1

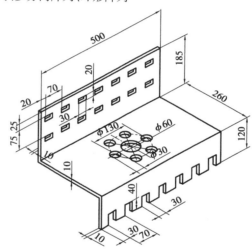

图 2-7-27　尺寸驱动阵列 2

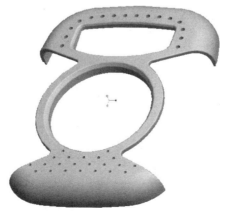

图 2-7-28　沿曲线阵列、填充阵列、表阵列

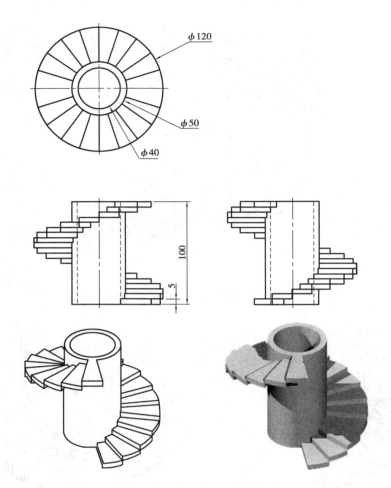

图 2-7-29   单方向、多方式阵列

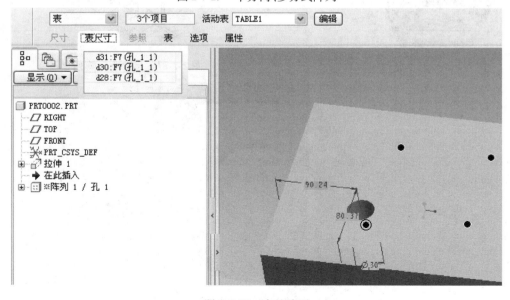

图 2-7-30   表的阵列

列表数据如下

! i dx	d31 (90.24)	d30 (80.37)	d28 (30.00)
1	100.00	200.00	30.00
2	200.00	100.00	50.00
3	200.00	200.00	20.00

完成后如图 2-7-31 所示。

图 2-7-31　效果图

 知识拓展

"复制"命令可以选定特征为母本生成一个与其完全相同或相似的另外一个特征,是特征操作中的常用命令。复制特征时,可以改变如参照、尺寸和放置位置等内容。

这里主要介绍平移复制和旋转复制。

1. 平移复制

平移复制对话框如图 2-7-32 所示。

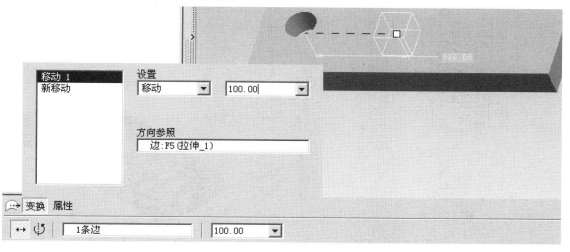

图 2-7-32　平移复制

2. 旋转复制

旋转复制对话框如图 2-7-33 所示。

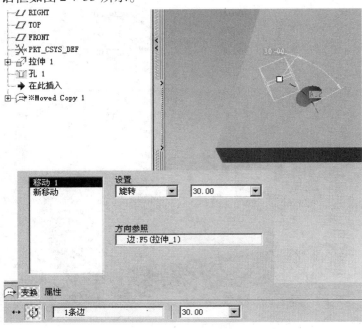

图 2-7-33　旋转复制

 拓展练习

利用拉伸、拔模、阵列等特征,完成如图 2-7-34、图 2-7-35 所示的实体绘制。

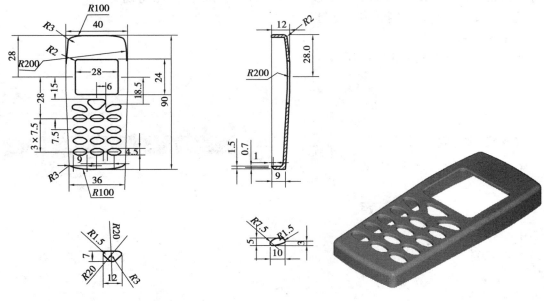

图 2-7-34　图纸　　　　　　　　　　　图 2-7-35　效果图

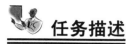

任务8　弹簧的建立

任务描述

用螺旋扫描特征,建立完成如图2-8-1所示的弹簧。

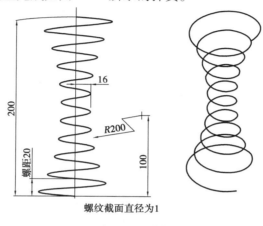

螺纹截面直径为1

图2-8-1　弹簧

任务实施

一、新建进入实体建模模块

步骤　选择"新建"→选择"零件"模块→输入公用名称"2-8-1"→将"使用缺省模板"的钩去掉→单击"确定",如图2-8-2所示,进入实体建模模块。

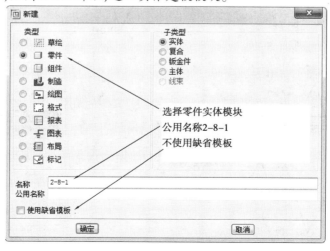

图2-8-2　"新建"对话框

二、建立螺旋扫描

步骤1　建立螺旋扫描特征。移动鼠标单击主功能菜单中的"插入"→"螺旋扫描"→"伸出项"命令,如图 2-8-3 所示。

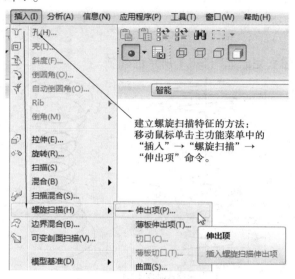

图 2-8-3　建立螺旋扫描特征

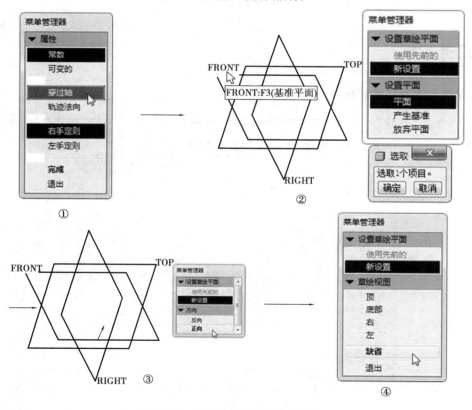

图 2-8-4　进入螺旋扫描截面草绘界面

步骤2　进入螺旋扫描截面草绘界面。①在弹出的对话框中依次单击"常数""穿过轴""右手定则",选择结束后单击"完成"按钮。②系统继续弹出"菜单管理器",用鼠标选择基准平面"FRONT"作为草绘平面。③选择"正向"。④单击"缺省"按钮,如图2-8-4所示。

步骤3　进入草绘界面后,利用 ┆ 、⌒、↔、╅ 特征,绘制螺旋扫描轨迹,如图2-8-5所示。完成后打"√",在弹出的对话框中输入深度"95",完成后打"√",进入螺旋扫面截面的绘制。在界面中绘制直径为"1"的圆,如图2-8-6所示。完成后打"√",得到螺旋扫描实体,如图2-8-7所示。

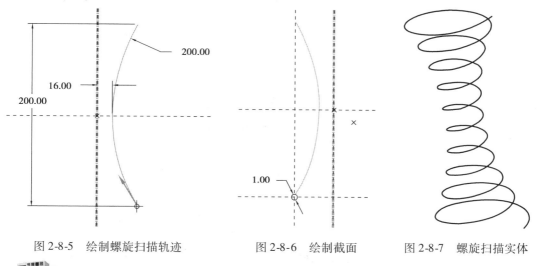

图2-8-5　绘制螺旋扫描轨迹　　　图2-8-6　绘制截面　　　图2-8-7　螺旋扫描实体

加油站:

螺纹的旋向问题:螺纹有左旋和右旋之分。顺时针旋转时旋入的螺纹称为右旋螺纹,反之,逆时针旋转时旋入的螺纹称为左旋螺纹。将螺纹或螺杆垂直于水平面,可以看到每一条螺纹都是斜的,如果右边高,则螺纹属右旋,如图2-8-8所示。

在PRO/E软件的使用中,螺纹的旋向可以在螺旋扫描的开始设置中通过穿过轴/轨迹法向,右手定则/左手定则的设置进行选择,如图2-8-9所示。

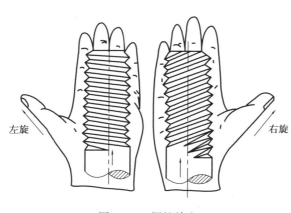

图2-8-8　螺纹旋向　　　　　　图2-8-9　设置属性

![知识拓展]

螺纹不仅有等螺距的,还有变螺距的,也就是非等螺距。

非等螺距扫描绘制弹簧是利用"插入"→"螺旋扫描"→"伸出项"来完成的,有下述几个步骤。

①打开 PRO/E 5.0 软件,单击视图菜单中的"插入"→"螺旋扫描"→"伸出项",选择"可变的""穿过轴""右手定则",如图 2-8-10 所示。

②选择草绘轨迹,绘制轨迹,将轨迹进行打断,单击"确定",如图 2-8-11 所示。

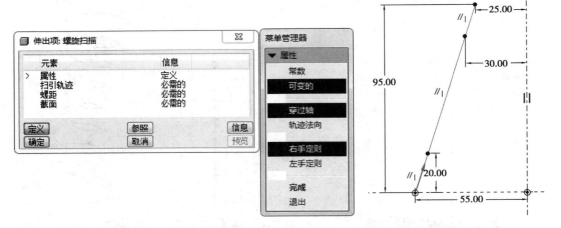

图 2-8-10　插入螺旋扫描　　　　　　　　　　图 2-8-11　绘制轨迹

③输入节距值,绘制可变螺距的截面草图,单击"完成"绘制截面,如图 2-8-12 所示。

④单击"确定"按钮,完成图 2-8-13 的绘制。

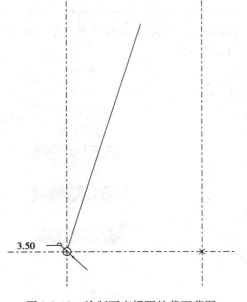

图 2-8-12　绘制可变螺距的截面草图　　　　　　　图 2-8-13　效果图

拓展练习

利用旋转、螺旋扫描等特征,完成图 2-8-14、图 2-8-15 的实体绘制。

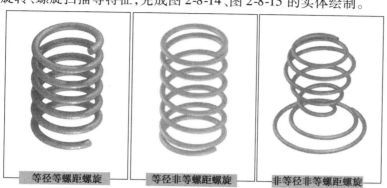

等径等螺距螺旋　　等径非等螺距螺旋　　非等径非等螺距螺旋

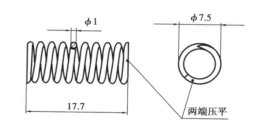

图 2-8-14　练习 1

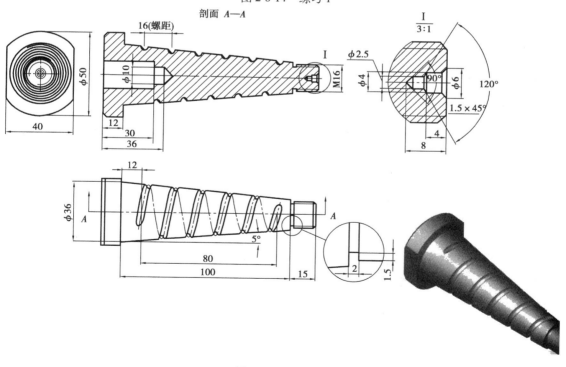

图 2-8-15　练习 2

任务 9 把手的建立

任务描述

用扫描混合特征,建立完成如图 2-9-1 所示的把手。

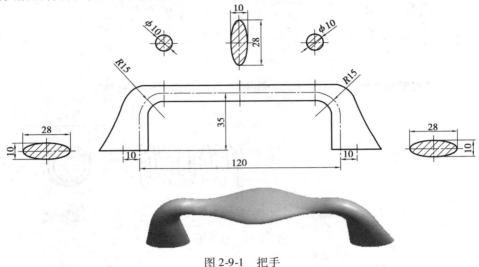

图 2-9-1 把手

任务实施

一、新建进入实体建模模块

步骤 选择"新建"→选择"零件"模块→输入公用名称"2-9-1"→将"使用缺省模板"的钩去掉→单击"确定",如图 2-9-2 所示,进入实体建模模块。

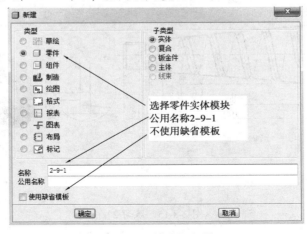

图 2-9-2 "新建"对话框

二、建立草绘——把手扫描混合特征的轨迹

步骤1　鼠标左键单击视图工具图标 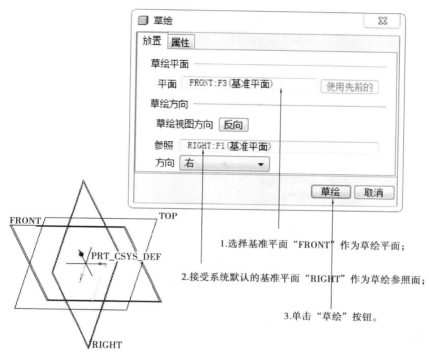，选择基准平面"FRONT"作为草绘平面，接受系统默认的基准平面"RIGHT"作为草绘参照面，如图2-9-3所示。单击"草绘"按钮，进入把手混合特征轨迹的草绘界面。

图 2-9-3　"草绘"对话框

步骤2　绘制草图。依次单击草绘视图工具图标 ┇ 、╲ 、╀ 、├─┤，在 FRONT 面上完成截面草图的绘制，如图2-9-4所示。完成后单击草绘视图工具图标 ✔，退出草绘界面。

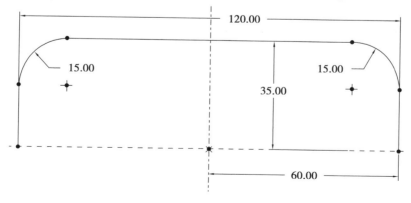

图 2-9-4　绘制草图

三、建立扫描混合特征

步骤1 移动鼠标单击主功能菜单中的"插入"→"扫描混合"命令，如图2-9-5所示。

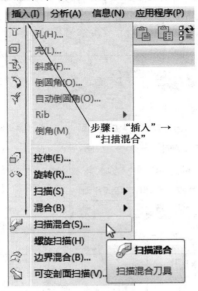

图2-9-5 插入扫描混合特征

步骤2 进入扫描混合实体截面草绘界面。①单击"创建实体"按钮。②单击"参照"按钮。③先激活轨迹下的选项，后单击所绘制的轨迹，如图2-9-6所示。

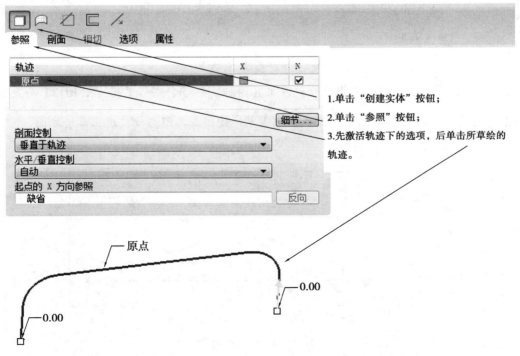

图2-9-6 "参照"对话框

步骤 3　绘制第一个截面。①单击"剖面"按钮。②单击剖面下的单元格,激活截面。③单击轨迹的左端点,激活"草绘"按钮。④单击"草绘"按钮,如图 2-9-7 所示。进入草绘界面后,单击 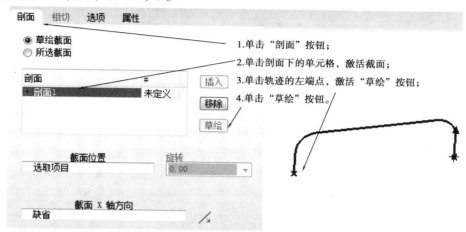⃝ 、|↔| 按钮,绘制椭圆截面草图,如图 2-9-8 所示。完成后打"√",退出草绘界面。完成后得到实体 1,如图 2-9-9 所示。

图 2-9-7　选取剖面 1

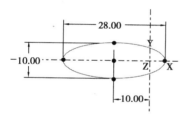

图 2-9-8　草绘截面 1

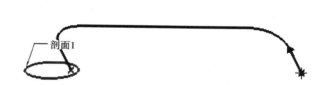

图 2-9-9　实体 1

步骤 4　绘制第二个截面。①单击"插入"按钮,同时选中剖面下的单元格,激活截面。②单击轨迹的左端点,激活"草绘"按钮。③单击"草绘"按钮,如图 2-9-10 所示。进入草绘界

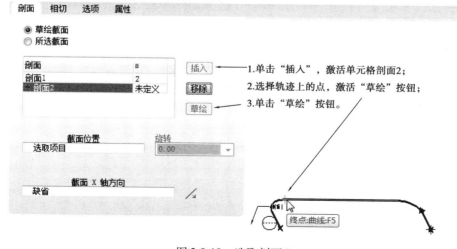

图 2-9-10　选取剖面 2

面后,单击 ⭕ 、↦ 按钮,绘制圆截面草图,如图 2-9-11 所示。完成后打"√",退出草绘界面。完成后得到实体 2,如图 2-9-12 所示。

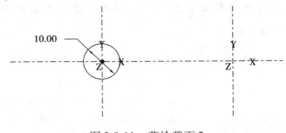

图 2-9-11　草绘截面 2

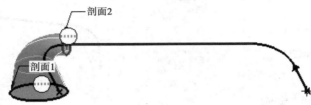

图 2-9-12　实体 2

步骤 5　绘制第三个截面。①单击"插入"按钮,同时选中剖面下的单元格,激活截面。②新建点。单击 ×× 按钮,系统将弹出对话框,同时选中轨迹线与 FRONT 平面,得到交点 PNT0,单击"确定"按钮,如图 2-9-13 所示。③单击轨迹上的 PNT0 点,激活"草绘"按钮。④单

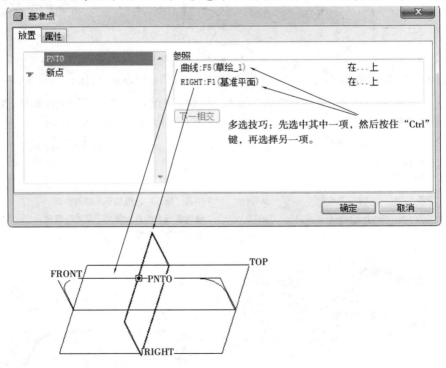

图 2-9-13　"打点"

击"草绘"按钮,如图 2-9-14 所示。进入系统界面后,单击 ⌀ 、|↔| 按钮,绘制椭圆截面,如图 2-9-15 所示,完成后打"√",得到实体 3,如图 2-9-16 所示。

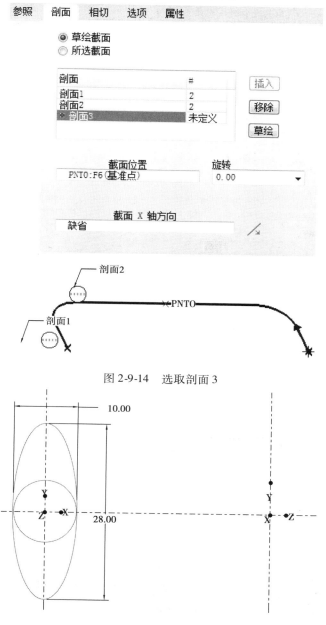

图 2-9-14　选取剖面 3

图 2-9-15　草绘截面 3

步骤 6　绘制第四个截面。①单击"插入"按钮,同时选中剖面下的单元格,激活截面。②单击轨迹的点,激活"草绘"按钮。③单击"草绘"按钮,如图 2-9-17 所示。进入草绘界面后,单击 ○ 、|↔| 按钮,绘制圆截面草图,如图 2-9-18 所示。完成后打"√",退出草绘界面。完成后得到实体 4,如图 2-9-19 所示。

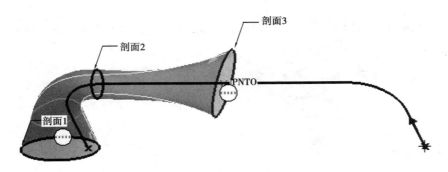

图 2-9-16　实体 3

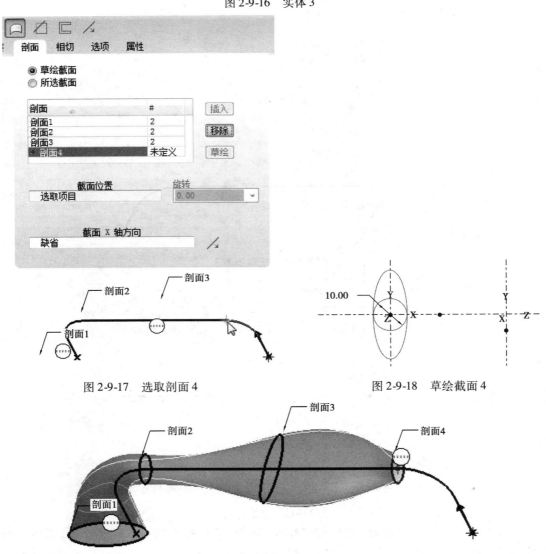

图 2-9-17　选取剖面 4

图 2-9-18　草绘截面 4

图 2-9-19　实体 4

　　步骤 7　绘制第五个截面。①单击"插入"按钮,同时选中剖面下的单元格,激活截面。②单击轨迹的点,激活"草绘"按钮。③单击"草绘"按钮,如图 2-9-20 所示。进入草绘界面后,

单击 〇、├┤ 按钮,绘制圆截面草图,如图 2-9-21 所示。完成后打"√",退出草绘界面。完成后得到实体 5,如图 2-9-22 所示。

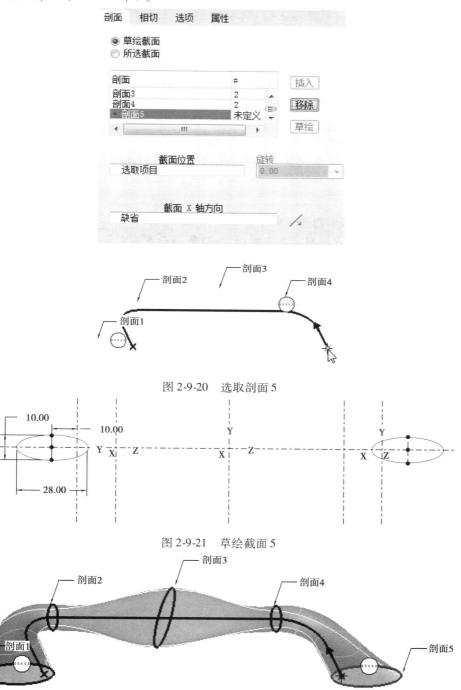

图 2-9-20 选取剖面 5

图 2-9-21 草绘截面 5

图 2-9-22 实体 5

加油站：

扫描混合具有扫描和混合两种造型方法的特征,基本方法：

①草绘一条曲线作为扫描混合的轨迹线。

②如果你所绘制的图形有多个截面,可以在轨迹线上创建基准点。

③打开扫描混合工具,选择轨迹线。

④选择"截面"选项板→勾选"草绘截面"→点选曲线的起点。

⑤单击"草绘"选项,进入草绘界面,绘制扫描混合的起始截面。

⑥退出草绘界面,选择曲线的终点,重复步骤⑤。

⑦退出草绘界面,还可以选择第2条的基准点,添加中间截面,方法同上所述。

⑧完成绘制。

提示：

①草绘截面时,要求截面图元数相等,同混合工具一样。

②扫描混合涉及起始点问题。在本例中,如果第一个点为有箭头的那个点,那绘图的方向如图 2-9-23 所示。

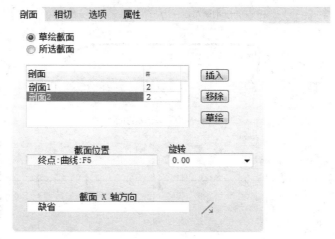

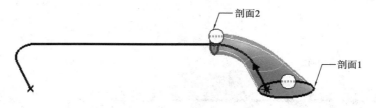

图 2-9-23　起始点选取问题

知识拓展

建立扫描混合特征时,如何做到截面图元数相等是关键,如下例。

①建立扫描轨迹,如图 2-9-24 所示。

②截面 1 为一正方形,如图 2-9-25 所示。

③截面 2 为一圆,如图 2-9-26 所示。

④截面 3 为一个点,扫描混合完成后如图 2-9-27 所示。

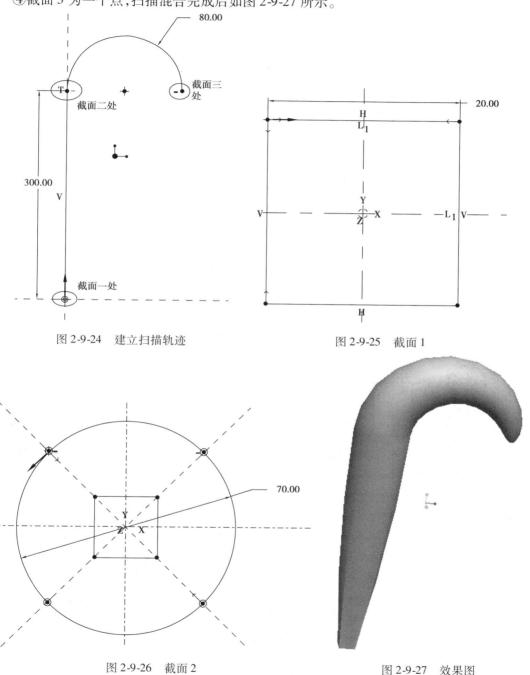

图 2-9-24　建立扫描轨迹

图 2-9-25　截面 1

图 2-9-26　截面 2

图 2-9-27　效果图

拓展练习

利用扫描混合特征,完成如图 2-9-28 及图 2-9-29 所示的实体绘制。

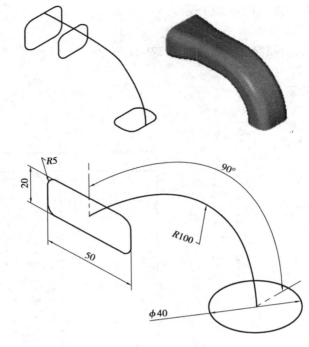

图 2-9-28　练习 1

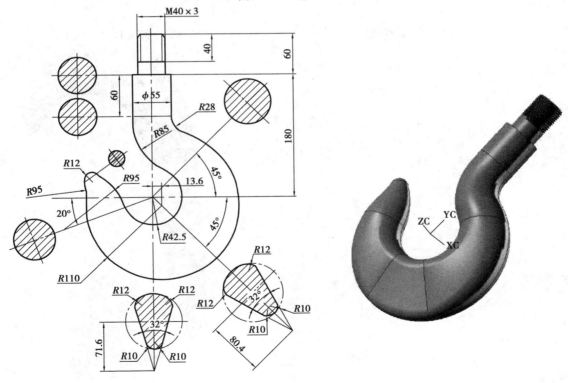

图 2-9-29　练习 2

模块三
曲面篇

任务1　鸟巢空间曲线图设计

任务描述

用草绘曲线、旋转、镜像等曲线创建方法构建如图 3-1-1 所示鸟巢的空间曲线。

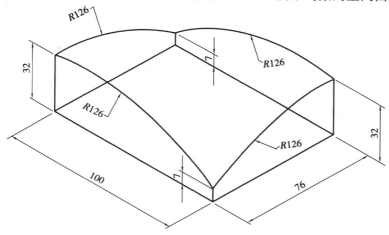

图 3-1-1　鸟巢空间曲线

任务实施

一、新建进入实体建模模块

步骤　选择"新建"→选择"零件"模块→输入公用名称"3-1-1"→将"使用缺省模板"的钩去掉→单击"确定",如图 3-1-2 所示。进入实体建模模块。

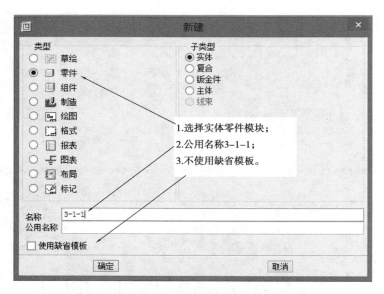

图 3-1-2 "新建"对话框

二、进入草绘模块

步骤 1 鼠标左键点选"草绘"命令,如图 3-1-3 所示。

图 3-1-3 "草绘"工具

步骤 2 在弹出的草绘对话框中选 FRONT 面作为绘图平面,其他默认,单击"确定",如图 3-1-4 所示,进入草绘模块。

图 3-1-4 "草绘"对话框

三、草绘第一条空间曲线

步骤 在 FRONT 面上绘制第一个截面草图,如图 3-1-5 所示,完成后打"√",退出草绘模块,重新回到实体建模界面,打开基准平面,在缺省视图看第一条空间曲线,如图 3-1-6 所示。

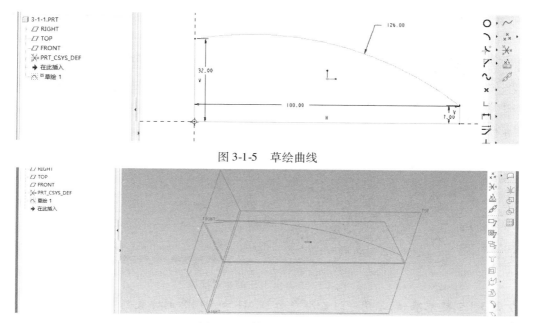

图 3-1-5　草绘曲线

图 3-1-6　第一条空间曲线

四、创建第二条空间曲线(第一条曲线的对面曲线)

创建第二条空间曲线的方法有很多,可以类似创建第一条空间曲线那样,直接草绘曲线,也可以用编辑命令来进行创建,下面以编辑命令中的旋转为例进行说明。

空间曲线的旋转需要一根旋转轴,所以在做旋转前需要建基准轴,此基准轴垂直于底部,位于图形的正中间。

要做基准轴就先要做基准面,所以在图形横、竖两个方向的正中间各建一个基准面,两个基准平面的交线就是基准轴的所在位置。

步骤 1　通过平移创建基准平面,操作步骤如图 3-1-7 所示。完成基准面 DTM1。注意输入距离 −76/2,说明创建的基准平面位于 76 的中间,负号表明移动方向向后。

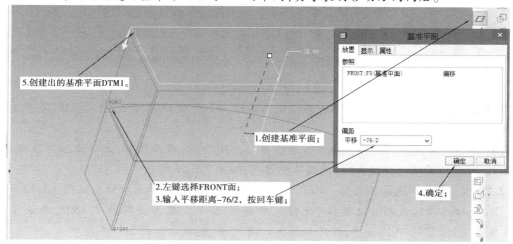

图 3-1-7　创建基准平面

177

步骤 2　用类似的方法创建基准平面 DTM2,如图 3-1-8 所示,完成另一方向基准平面的创建。

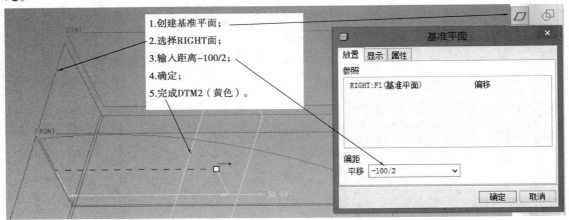

图 3-1-8　基准平面创建对话框

步骤 3　创建基准轴,采用穿过基准平面 DTM1 和 DTM2 的方式创建基准轴 A-1,具体操作如图 3-1-9 所示。

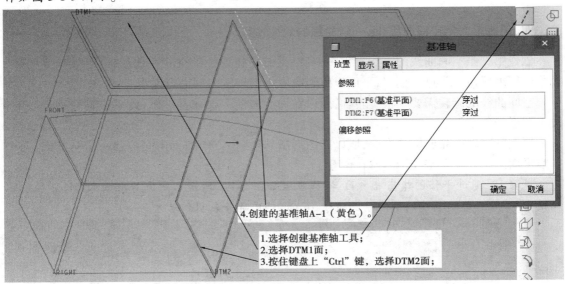

图 3-1-9　创建基准轴 A-1

步骤 4　通过"旋转"命令将第一条空间曲线绕 A-1 旋转 180°,得到空间曲线二,具体操作如下所述。

①选择空间曲线一,方法:鼠标左键点选整条空间曲线,移开鼠标,此时曲线为浅红色,如图 3-1-10 所示。再次选择该曲线,曲线呈现红色,如图 3-1-11 所示。

②"复制"曲线、"选择性粘贴"曲线,操作如图 3-1-12 所示,弹出对话框如图 3-1-13 所示。

③在选择性粘贴仪表盘处选择"旋转",旋转轴选 A-1,输入旋转角度 180°,在选项处将"隐藏原始几何"前的"√"去掉,操作如图 3-1-13 所示,完成后如图 3-1-14 所示。

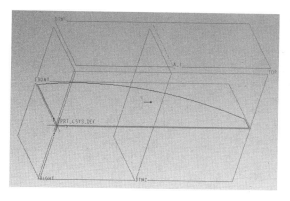

图 3-1-10　首次选择空间曲线

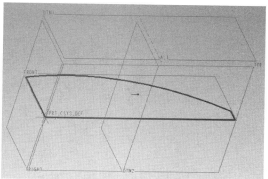

图 3-1-11　再次选择空间曲线

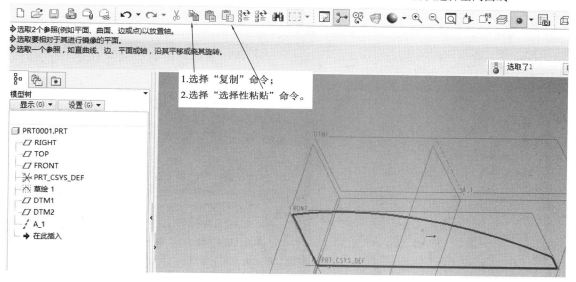

图 3-1-12　复制、粘贴曲线

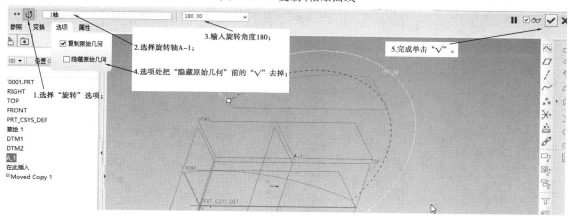

图 3-1-13　粘贴曲线选项

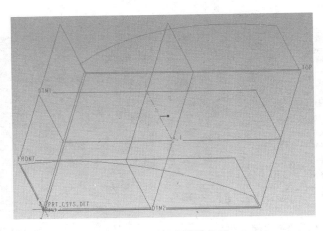

图 3-1-14　完成粘贴曲线

五、草绘第三条空间曲线(右侧空间曲线)

按照前面第三、第四步方法,草绘空间曲线三。在草绘曲线前需要先创建基准平面,步骤如下所述。

步骤 1　创建基准平面 DTM3,通过穿过两条轴发方法创建 DMT3,如图 3-1-15 所示。

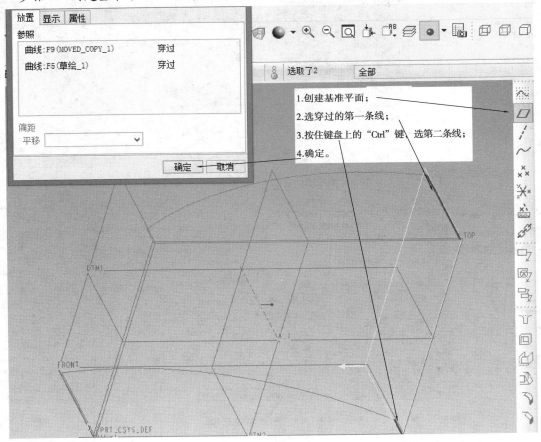

图 3-1-15　创建基准平面 DTM3

步骤2 草绘空间曲线三,在选择草绘平面时选择刚新创建的 DTM3,然后再进行草绘空间曲线的操作。为了不让线条重复,草绘时只画 R126 的圆弧及一段直线。圆弧左右端点采用"参照"的方法获得,"参照"方法见加油站。完成效果图如图 3-1-18 所示。

 加油站:

如何在草绘时添加"参照"图素。

①单击菜单栏"草绘"→"参照",如图 3-1-16 所示,在弹出的对话框中进行添加"参照"。

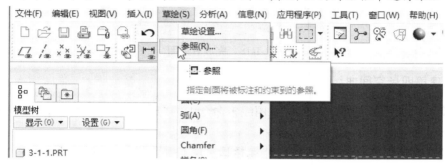

图 3-1-16 参照命令

②如图 3-1-17 所示,在弹出的对话框中进行添加参照图素操作,这一操作可以添加参照也可以删除参照,参照出来的图素就能方便地在草绘过程中捕捉到了。参照时,如果不容易选择点,可以转到空间视图来进行选择。

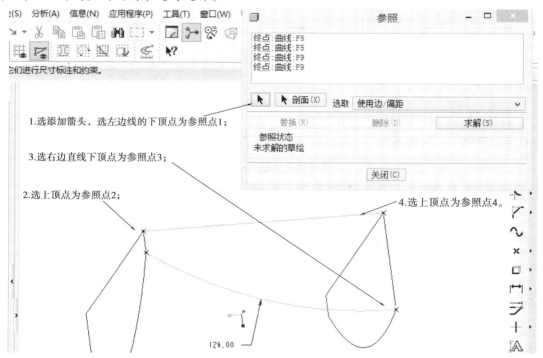

图 3-1-17 "参照"对话框

完成效果图如图 3-1-18 所示。

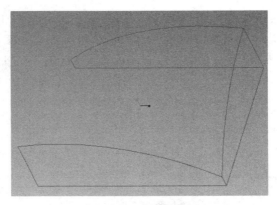

图 3-1-18　完成效果图

六、创建第四条空间曲线

第四条空间曲线的创建方法同样采用编辑命令中的"旋转"来进行创建,其方法步骤参照前面第四步里面的"旋转"命令来完成。

步骤 1　选择旋转曲线→"复制"→"选择性粘贴",具体操作如图 3-1-19 所示。

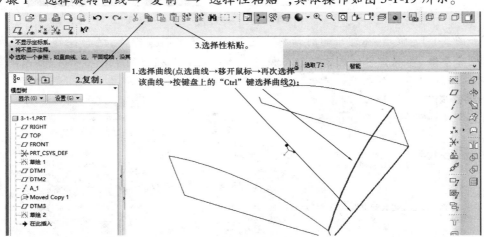

图 3-1-19　复制、粘贴命令

步骤 2　完成旋转相关设置,旋转角度 180°,不隐藏原始几何,如图 3-1-20 所示。

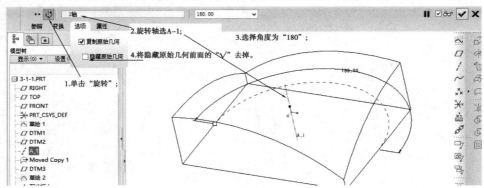

图 3-1-20　选择性粘贴命令

最后完成效果图如图 3-1-21 所示。

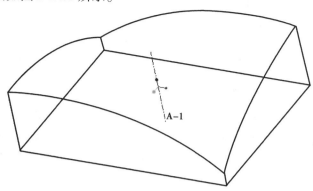

图 3-1-21　完成后效果图

 任务拓展

创建曲线的方法有很多,上面介绍的是较为常用的方法之一——"草绘"曲线,下面再介绍几种常用的创建曲线的方法。

一、经过点创建曲线

1. 创建样条曲线

步骤 1　自由创建一个四方体 $200 \times 100 \times 50$,单击"创建曲线"→"经过点"→完成,如图 3-1-22 所示。

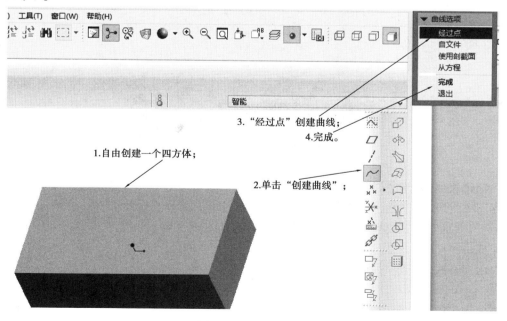

图 3-1-22　曲线创建

步骤 2　完成后弹出新的对话框,选择"样条"→选择"通过点",如图 3-1-23 所示。单击"完成"→单击"确定",完成效果图如图 3-1-24 所示。

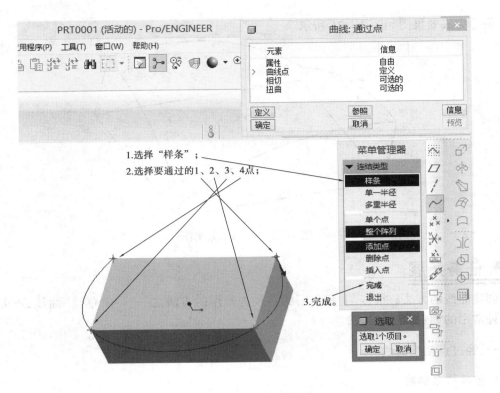

图 3-1-23　样条曲线创建

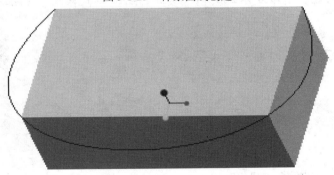

图 3-1-24　完成效果图

2. 创建直线,等半径过渡

在图 3-1-24 的基础上将样条曲线删除。重复上面步骤 1,在弹出的对话框中选择"单一半径"→选择要通过的点,选到第三个点时在弹出的对话框中输入折弯半径,如图 3-1-25 所示。输入完成后继续往下选点,直至完成,完成效果图如图 3-1-26 所示。

3. 创建直线,非等半径过渡

在图 3-1-26 的基础上将曲线删除。重复上面步骤 1,在弹出的对话框中选择"多重半径"→选择要通过的点,选到第三个点时在弹出的对话框中输入折弯半径,如图 3-1-27 所示。

继续选择要通过的下一个点,选择"新值",在弹出的对话框中输入折弯半径"10",打"√",如图 3-1-28 所示。然后再选择下一个要通过的点,选择"新值",在弹出的对话框中输入折弯半径"5",打"√",如此类推,直至完成,完成效果图如图 3-1-29 所示。

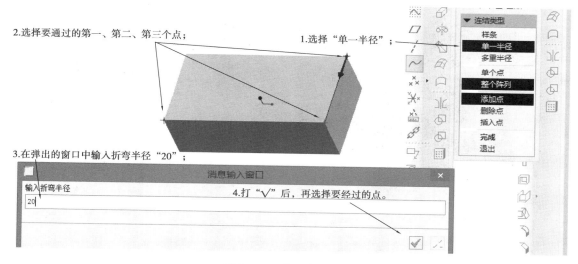

图 3-1-25 单一半径曲线

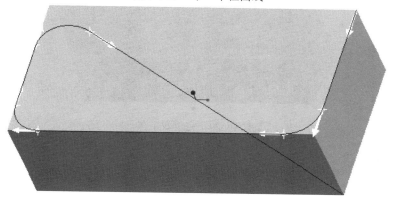

图 3-1-26 完成效果图

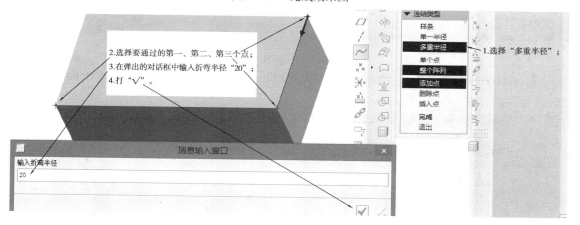

图 3-1-27 多重半径曲线

185

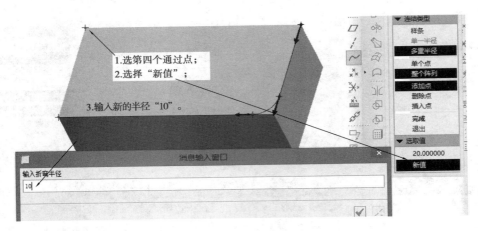

图 3-1-28　多重半径值设定

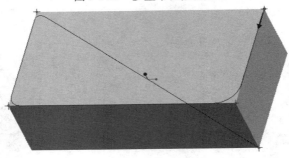

图 3-1-29　完成效果图

二、曲面求交做线

使用曲面拉伸命令，注意，在进入拉伸命令后，选择"曲面"选项，如图 3-1-30 所示。

图 3-1-30　拉伸曲面选项

先在 TOP 面画样条曲线，然后进行拉伸，完成后如图 3-1-31 所示。在 FRONT 面画样条曲线，进行两侧拉伸，完成后如图 3-1-32 所示。

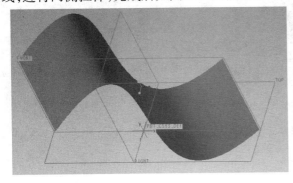

图 3-1-31　拉伸曲面一

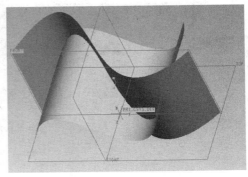

图 3-1-32　拉伸曲面二

　　选定曲面 1、2,选择菜单栏中"编辑"→"相交",如图 3-1-33 所示,完成后的空间曲线如图 3-1-34 所示。

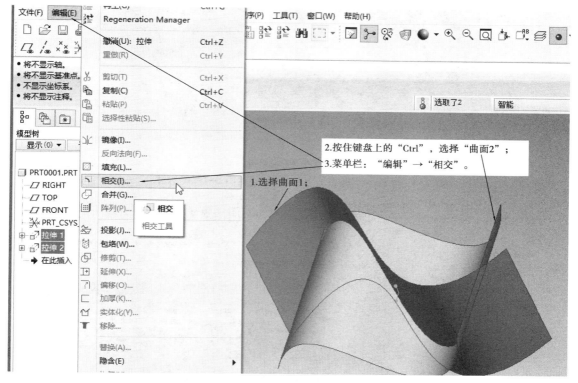

图 3-1-33　曲面相交

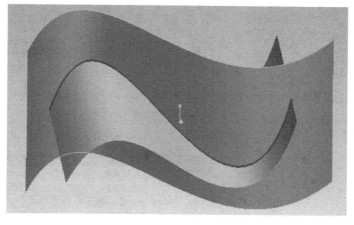

图 3-1-34　相交曲线效果

三、投影曲线

　　在 FRONT 面草绘一条样条曲线,双侧拉伸,完成一个面。在该面上方做一圆,如图 3-1-35 所示,将圆投影到曲面上。

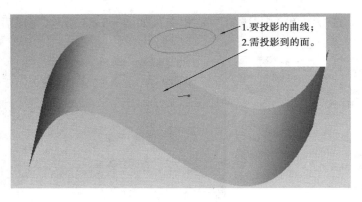

图 3-1-35　投影曲线

步骤 1　选择要投影的曲线→"编辑"→"投影"，如图 3-1-36 所示。

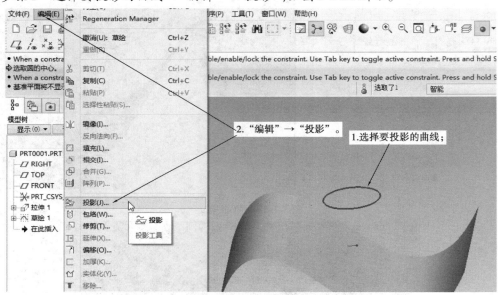

图 3-1-36　投影命令

步骤 2　选择投影曲面，完成投影。相关投影设置如图 3-1-37 所示。

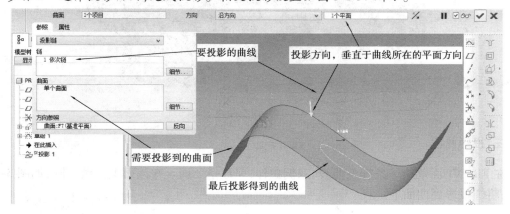

图 3-1-37　曲线投影选项

投影曲线是利用光学的原理,即光线沿着投影方向照射曲线,在投影面上形成曲线的影子,这个影子就是投影得到的曲线,该曲线的长度与原曲线的长度一般情况下都是不相同的。

四、包络曲线

包络曲线的构图原理如同将一根绳子绕在一个曲面上,在曲面上形成的这个曲线就是包络做出来的曲线。

如图 3-1-38 所示,将一根直线包络在一个圆柱上,完成后如图 3-1-39 所示。方法:选择要投影的曲线→"编辑"→"投影",如图 3-1-40 所示。

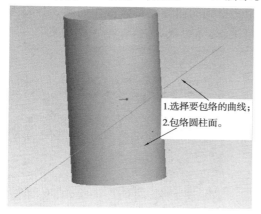

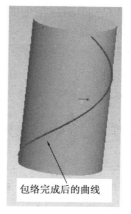

图 3-1-38　包络曲线

图 3-1-39　包络效果

步骤　选择要投影的曲线→"编辑"→"投影",如图 3-1-40 所示。

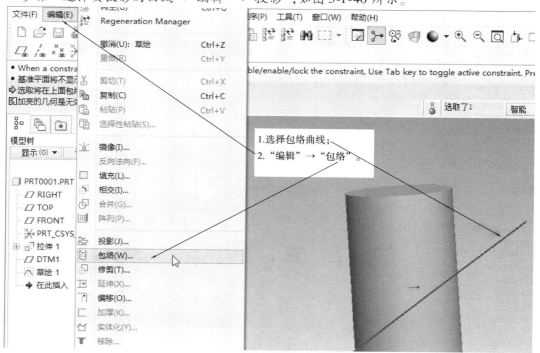

图 3-1-40　包络命令

五、曲线求交

两条曲线,分别位于两个相互垂直的平面上,通过"曲线相交"命令可得出一条新的曲线的方法。

在一个 $100 \times 100 \times 50$ 的长方体上,上面是一个直径为 40 的圆,正面是一个直径为 40 的半圆,位置均处于中间,如图 3-1-41 所示。通过曲线求交命令,得出空间曲线,完成后原来的空间曲线 1、2 都已经被隐藏,可以在模型树中重新找到,如图 3-1-42 所示。

该空间曲线是怎样获得的呢?其实相当于给上面的圆做了一个上下拉伸曲面,前面的半圆也是做了一个前后拉伸曲面,这两个曲面相交得到的曲线。具体操作如图 3-1-43 所示。

步骤　选择"曲线 1"→按键盘上的"Ctrl"键,选择曲线 2→"编辑"→"相交"。

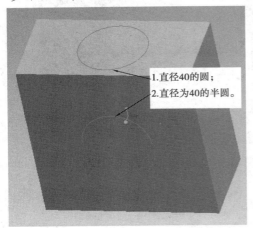

图 3-1-41　求交的两条曲线　　　　　　图 3-1-42　求交后效果图

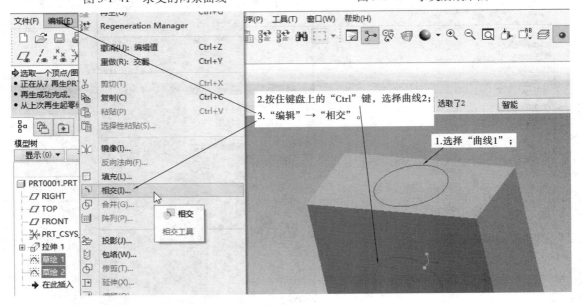

图 3-1-43　曲线相交命令

六、曲线偏移

曲线偏移是指将曲线或者曲面的边界线进行偏移,得到新的曲线的方法。

如图 3-1-44 所示,把曲面其中一条边界线进行偏移,得到新的曲线,如图 3-1-45 所示。

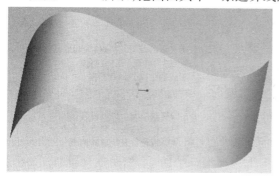

图 3-1-44　曲面效果图

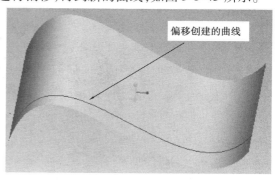

图 3-1-45　偏移曲线效果

步骤 1　选取曲面边界→移开鼠标→再次选取该曲线(此时曲线为粗红色)→"编辑"→"偏移",如图 3-1-46 所示。

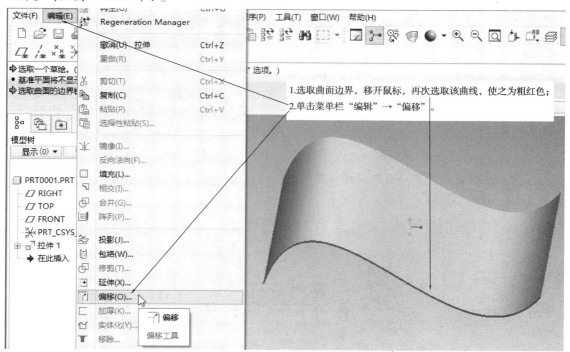

图 3-1-46　选取曲线

步骤 2　输入偏移位置、距离等相关参数,如图 3-1-47 所示。

七、曲线复制

曲线复制是指把实体或者曲面的边界复制出来,形成曲线的方法。

如图 3-1-48 所示,将曲面其中一条边界线进行复制,得到新的曲线,如图 3-1-49 所示。

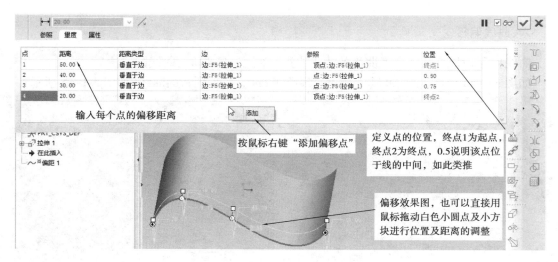

图 3-1-47　曲线偏移选项

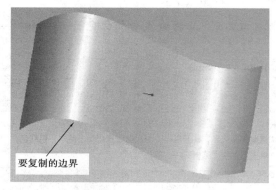

图 3-1-48　复制前

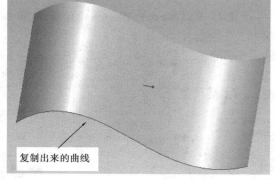

图 3-1-49　复制的曲线

步骤　选取曲面边界→移开鼠标→再次选取该曲线(此时曲线为粗红色)→"复制"→"粘贴"→完成,如图 3-1-50 所示。

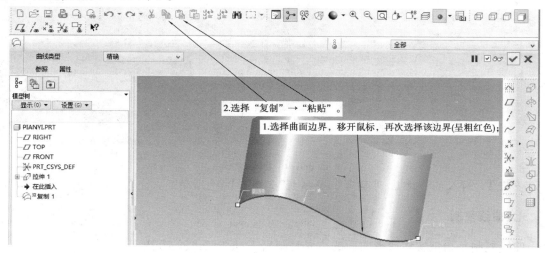

图 3-1-50　复制、粘贴命令

八、曲线修剪

对曲线进行修剪的工具有很多,可以是基准点,也可以是曲线或者平面。但其操作方法都大同小异,下面以使用基准点对曲线进行修剪为例给大家介绍曲线的修剪方法。

如图 3-1-51 所示,曲线是曲面上的任意一段曲线,在曲线的 1/2 位置处加一个点,如图 3-1-52所示。

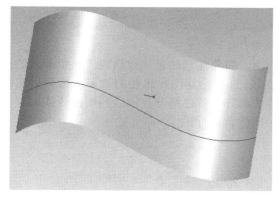

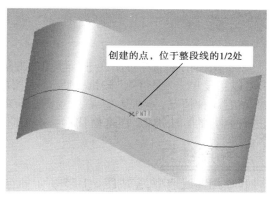

图 3-1-51　要修剪的曲线　　　　　　图 3-1-52　修剪后的曲线

步骤 1　单击"基准点"→选择"曲线"→输入比率"0.50"→单击"确定",如图 3-1-53 所示。

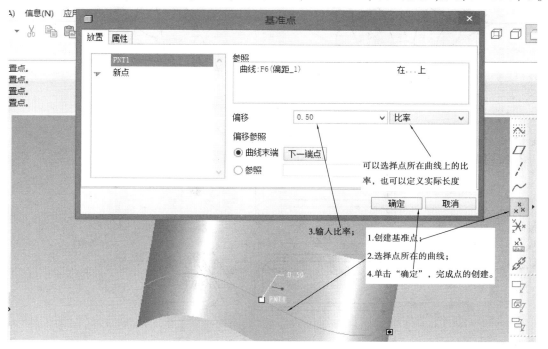

图 3-1-53　创建基准点

步骤 2　选择要修剪的曲线→单击"修剪"工具→选择要保留的边(黄色箭头表示要保留的边,修剪需要保留的边有 3 种选择,分别为点的左侧、右侧及双侧,双侧的意思是剪断,但不删除任何侧),如图 3-1-54 所示。

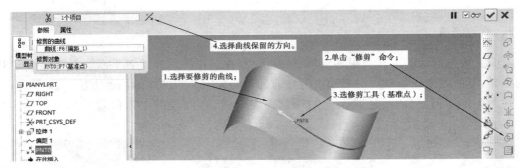

图 3-1-54　曲线修剪命令

以上是使用基准点对曲线进行修剪的方法介绍。需要注意的是修剪后曲线保留部分的选择，可以重复单击"保留侧"按钮，调整要保留的曲线，直至达到用户想要的效果。修剪后曲线的保留有 3 种情况，分别是左、右及双侧。所需要的部分由黄色部分显示。利用曲线或面对曲线进行修剪的方法类似，在这里就不一一介绍了，请读者自行操作。

 拓展练习

1. 使用曲线造型，完成图 3-1-55 所示的空间曲线造型。

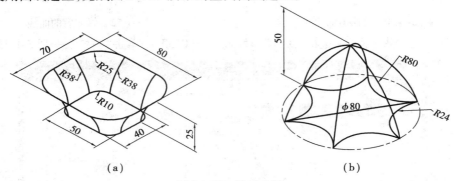

（a）　　　　　　　　　　　　　　　　（b）

图 3-1-55　练习 1 图

2. 使用曲线创建等命令，完成图 3-1-56 所示造型图。

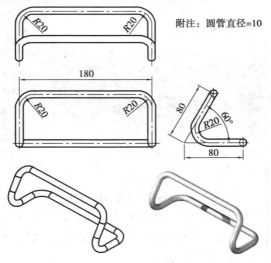

图 3-1-56　练习 2 图

任务 2　漏斗曲面设计

任务描述

利用填充曲面、旋转曲面、混合曲面等曲面的创建的方法构建如图 3-2-1 所示漏斗的曲面图。

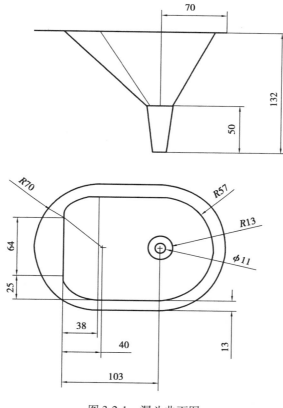

图 3-2-1　漏斗曲面图

任务实施

一、新建进入实体建模模块

步骤 1　选择"新建"→选择"零件"模块→输入公用名称"3-2-1"→将"使用缺省模板"的钩去掉→单击"确定",如图 3-2-2 所示。进入实体建模模块。

步骤 2　选择公制尺寸选项,单击"确定",进入实体建模模块,如图 3-2-3 所示。

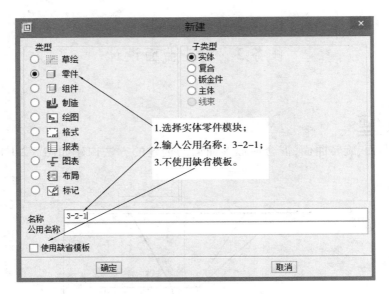

图 3-2-2　"新建"对话框

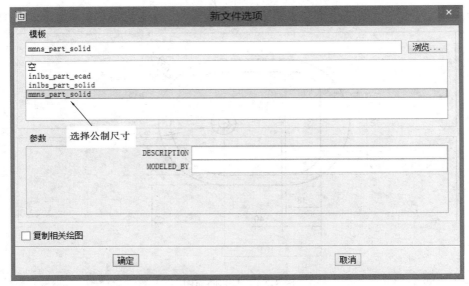

图 3-2-3　公制选项

二、创建最上面的平整面(填充曲面)

步骤 1　选取菜单栏中"编辑"命令→"填充",如图 3-2-4 所示。

步骤 2　进入"填充"界面后,在空白处按住鼠标右键,在弹出的对话框中选择"定义内部草绘",如图 3-2-5 所示。

步骤 3　在弹出的"草绘"设置对话框中,选择"TOP"面为草绘平面,其他选项默认,单击"确定",如图 3-2-6 所示。单击"草绘"后进入草绘模块。

步骤 4　进入草绘界面后,画出漏斗顶部轮廓图,如图 3-2-7 所示。完成后打"√",退出"草绘"模块,完成顶部填充曲面,如图 3-2-8 所示。

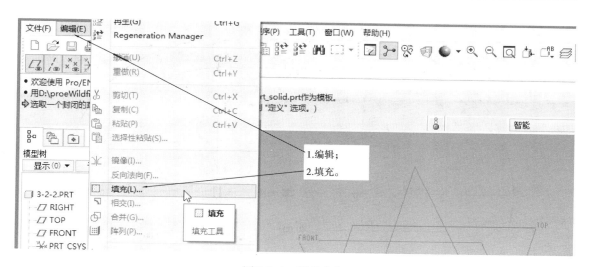

图 3-2-4　填充命令

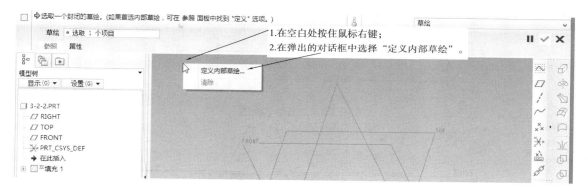

图 3-2-5　定义内部草绘

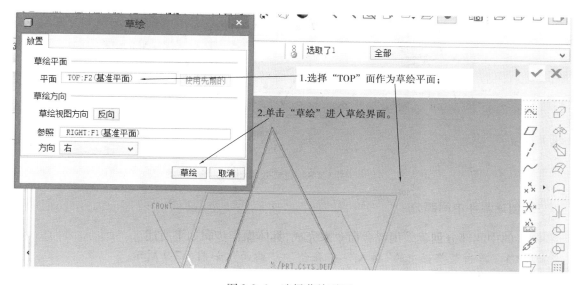

图 3-2-6　选择草绘平面

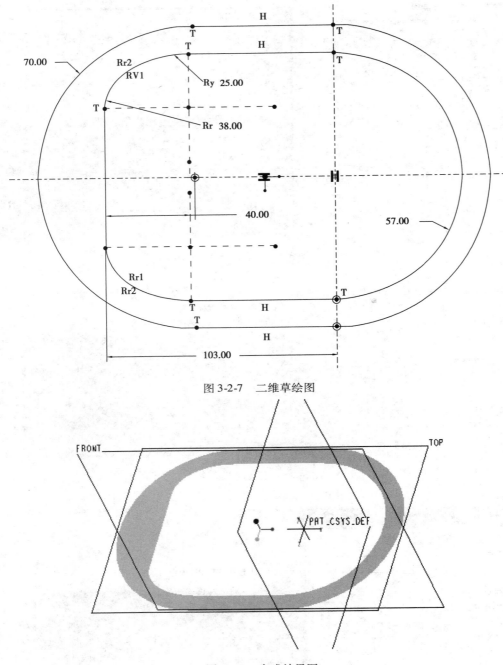

图 3-2-7 二维草绘图

图 3-2-8 完成效果图

三、创建漏斗中间部分

漏斗的中间部分创建采用混合命令来完成,具体操作步骤如下所述。

步骤 1 单击菜单栏中的"插入"→"混合"→"曲面",如图 3-2-9 所示。

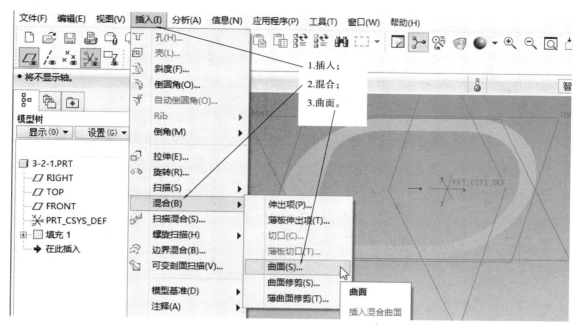

图 3-2-9　混合曲面命令

步骤 2　在弹出的菜单中,默认设置,单击"完成",如图 3-2-10 所示。在弹出的下一个菜单中,默认设置,单击"完成",如图 3-2-11 所示。

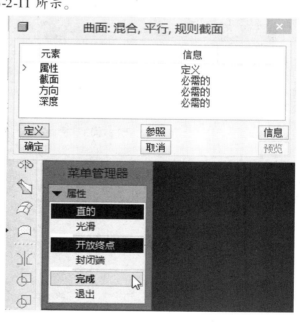

图 3-2-10　混合选项　　　　　　　　　　图 3-2-11　混合对话框

步骤 3　在弹出的菜单中,选择"TOP"为草绘平面,如图 3-2-12 所示。
步骤 4　在继续弹出的菜单中,选择默认方向为正向,如图 3-2-13 所示。
步骤 5　在继续弹出的菜单中,单击"缺省",系统默认草绘设置,如图 3-2-14 所示。
步骤 6　进入草绘模块,利用"使用"功能,将漏斗上面的内圈选择出来,如图 3-2-15 所示。

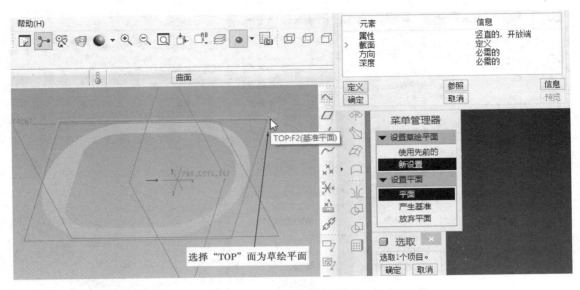

图 3-2-12　选择草绘平面

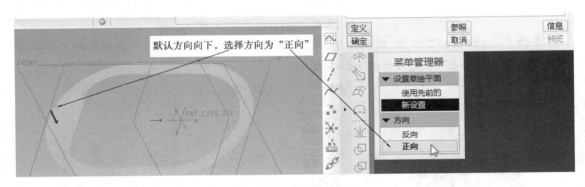

图 3-2-13　选择草绘方向

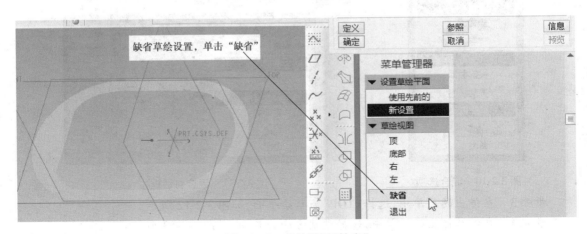

图 3-2-14　草绘视图"缺省"

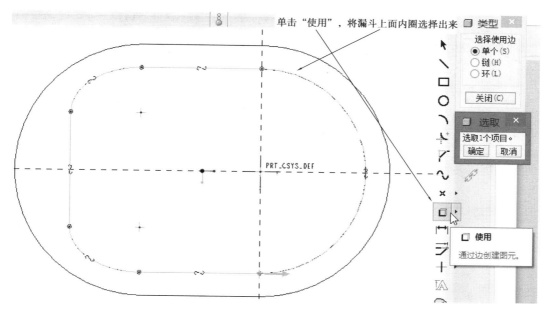

图 3-2-15　第一个混合截面

步骤7　完成第一截面后,在空白处单击鼠标右键,在弹出的对话框中,选择"切换剖面",如图 3-2-16 所示。

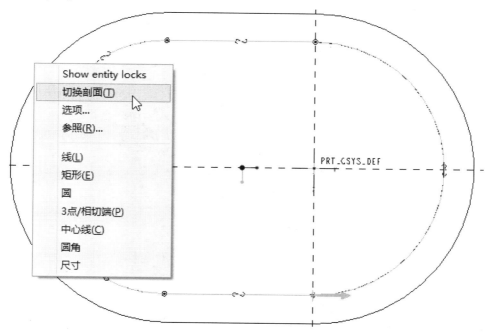

图 3-2-16　切换截面

步骤8　切换剖面后,作第二截面图。画圆 $R13$,加中心线,利用分割命令把圆分割成 6 段,与第一截面相对应,注意两个截面的起始点要一样,如图 3-2-16 所示。完成后打"√",退出草绘界面,如图 3-2-17 所示。

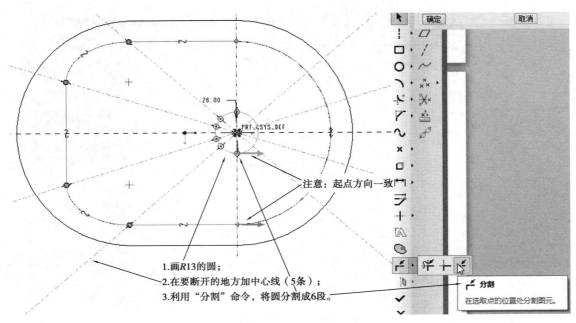

1.画R13的圆；
2.在要断开的地方加中心线（5条）；
3.利用"分割"命令，将圆分割成6段。

注意：起点方向一致

图 3-2-17　第二个混合截面

步骤9　如图 3-2-18 所示，在弹出的菜单中选择"盲孔"→"完成"。弹出如图 3-2-19 所示对话框，输入截面 2 的深度：132-50，按"回车"键，打"√"。确认完成后如图 3-2-20 所示。

图 3-2-18　定义深度方式

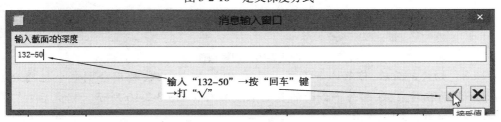

图 3-2-19　深度输入

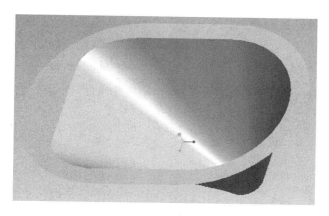

图 3-2-20　完成效果

四、创建漏斗底下部分

漏斗底下的部分是一个圆台形状,可以通过旋转命令来进行曲面创建,具体构图步骤如下所述。

步骤 1　单击工具栏中"旋转"命令,如图 3-2-21 所示。进入旋转界面,单击"创建曲面",在空白处按住鼠标右键,直至弹出对话框,选择"定义内部草绘",如图 3-2-22 所示。

图 3-2-21　旋转命令

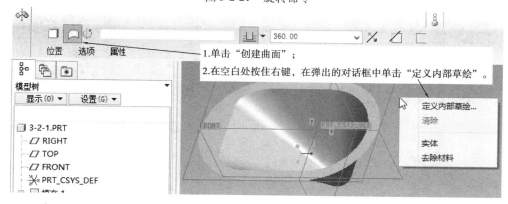

图 3-2-22　旋转曲面

步骤2　在弹出的对话框中,选择"FRONT"面为草绘平面,其他默认,完成后单击"草绘",如图3-2-23所示。

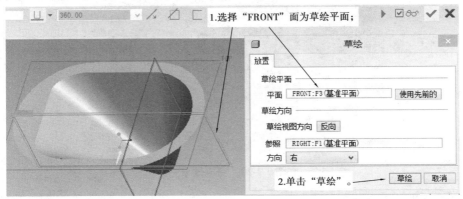

图 3-2-23　草绘截面选择

步骤3　进入草绘模块后,画旋转的截面线:先添加 R13 的圆为参照,画斜线→画中心线→修改尺寸,如图3-2-24所示。完成后打"√"退出草绘,回到旋转命令界面。输入旋转角度为"360°",如图3-2-25所示。完成后打"√",最终完成漏斗的设计如图3-2-26所示。

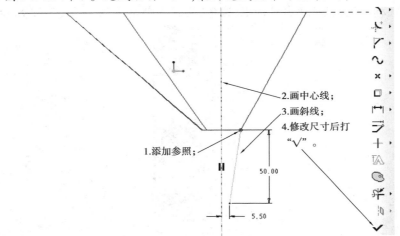

图 3-2-24　旋转截面图

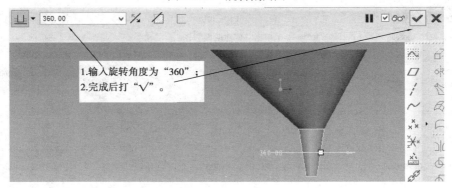

图 3-2-25　旋转角度

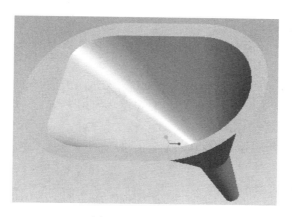

图 3-2-26　完成效果

 任务拓展

创建曲面的方法有很多,构建漏斗的曲面图用到了填充曲面、混合曲面及旋转曲面。一般情况下,创建实体的方法都适合于曲面的创建。下面再介绍几种常用创建曲线的方法。

一、拉伸曲面

例:创建一个 $200 \times 100 \times 50$,四周倒角半径为 $R10$ 的长方体曲面。

步骤1　新建一个实体建模模块,进入拉伸命令。注意选择"创建曲面"选项,如图3-2-27所示。

图 3-2-27　拉伸曲面选项

步骤2　选择"TOP"面为草绘平面,绘制如图 3-2-28 所示截面,完成后打"√"退出草绘,如图 3-2-28 所示。

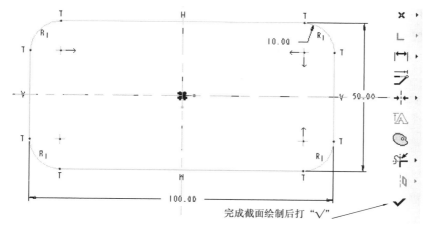

图 3-2-28　二维截面图

注意：拉伸曲面的截面图可以是封闭的也可以是开放的，不像拉伸实体那样要求截面封闭。封闭端表示拉伸后前后面封闭，否则不封闭。但是要在拉伸截面为封闭的情况下才有"封闭端"这个选项。

步骤3　在旋转选项中，输入拉伸深度为"50"，在选项处封闭端前面打上"√"。表示拉伸前后面封闭，如图 3-2-29 所示，完成后效果如图 3-2-30 所示。如果选项处封闭端前面的"√"不勾，则上下面不封闭，如图 3-2-31 所示。

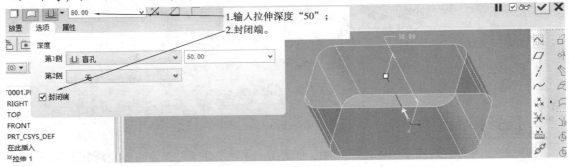

图 3-2-29　曲面拉伸选项

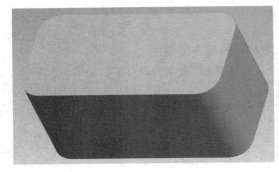

图 3-2-30　封闭端

图 3-2-31　非封闭端

二、扫描曲面

例：创建一段弯管曲面，扫描轨迹线为样条曲线，扫描截面为 R10 的半圆。其方法与实体的扫描很相似。

步骤1　在菜单栏中选择"插入"→"扫描"→"曲面"，如图 3-2-32 所示。

步骤2　在弹出的菜单中选择"草绘轨迹"，如图 3-2-33 所示。然后弹出下一菜单，选择"FRONT"为轨迹线的草绘平面，如图 3-2-34 所示。再默认缺省设置，直至进入草绘界面。

草绘轨迹：表示现在画轨迹线。选取轨迹：表示图中已经有轨迹线了，现在要选取它作为扫描轨迹线。

步骤3　进入草绘界面后，草绘轨迹线，如图 3-2-35 所示。完成后打"√"，退出草绘轨迹界面。

步骤4　在弹出的菜单栏中，选择"开放终点"→单击"完成"，如图 3-2-36 所示。进入绘制扫描截面界面，绘制截面如图 3-2-37 所示，完成后打"√"，退出草绘界面，完成效果图如图 3-2-38 所示。

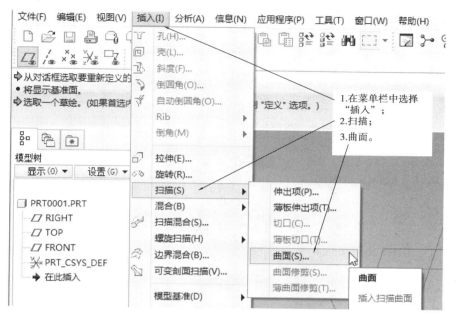

图 3-2-32　扫描曲面命令

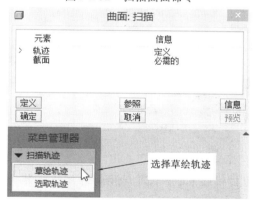

图 3-2-33　定义扫描轨迹

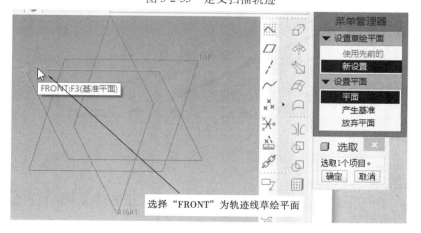

图 3-2-34　选择草绘平面

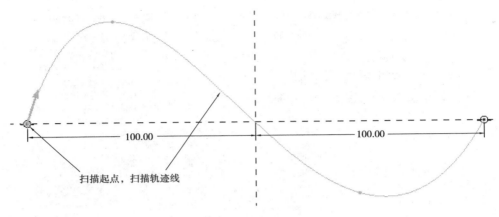

图 3-2-35　草绘轨迹线

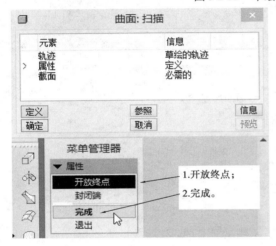

图 3-2-36　定义属性

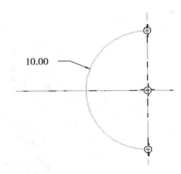

图 3-2-37　扫描截面线

注意：开放终点操作为扫描起点，终点不封闭。封闭端操作为扫描起点及终点都是封闭的，但此时要求扫描截面也是封闭的，与拉伸曲面相类似。

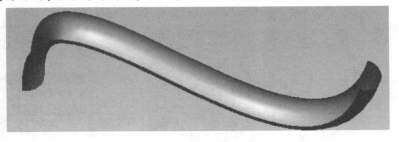

图 3-2-38　完成效果图

 拓展练习

1.综合运用前面所学，构建如图 3-2-39 所示图（提示：顶部可以采用扫描曲面，去除材料完成）。

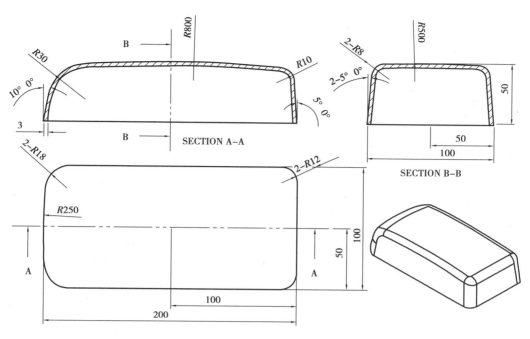

图 3-2-39　练习 1

2. 运用拉伸、选择等命令完成如图 3-2-40 所示曲面造型。

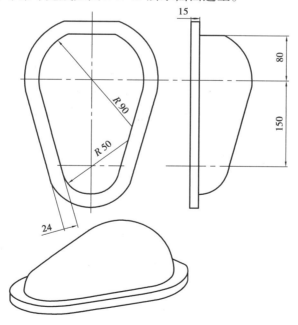

图 3-2-40　练习 2

任务 3　拱桥曲面设计

任务描述

利用边界混合命令完成拱桥曲面的创建如图 3-3-1 所示。

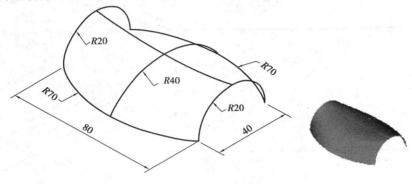

图 3-3-1　拱桥曲面图

任务实施

一、新建进入实体建模模块

步骤 1　选择"新建"→选"零件"模块→输入公用名称"3-3-1"→将"使用缺省模板"的钩去掉→单击"确定",如图 3-3-2 所示。进入实体建模模块。

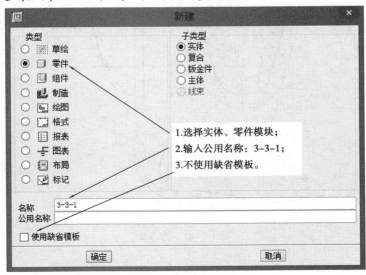

图 3-3-2　"新建"对话框

步骤2　选择公制尺寸选项,单击"确定",进入实体建模模块,如图3-3-3所示。

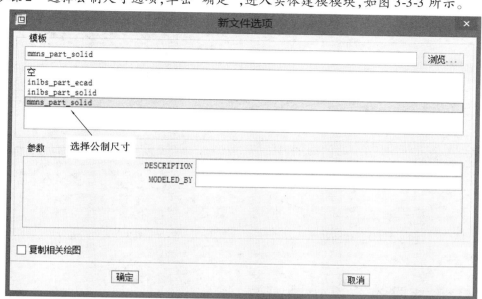

图3-3-3　公制选项

二、创建拱桥轮廓曲线

1. 创建底部 R70 两条曲线

步骤1　选取工具栏"草绘",在弹出的窗口中选择"TOP"面为草绘平面,其余默认,如图3-3-4所示。

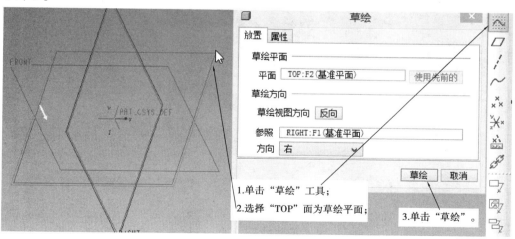

图3-3-4　草绘曲线

步骤2　进入"草绘"界面后,绘制底部R70两条曲线,如图3-2-5所示。完成后打"√",退出草绘界面,完成曲线绘制,如图3-3-6所示。

2. 创建顶部第一条 R20 曲线

步骤1　创建R20圆弧,选取工具栏"草绘",再选取工具栏"基准平面"。在弹出的窗口中选两个顶点及"RIGHT"为创建基准平面的参照平面(注意按住键盘上的"Ctrl"键),单击

"确定"→"草绘",如图 3-3-7 所示。

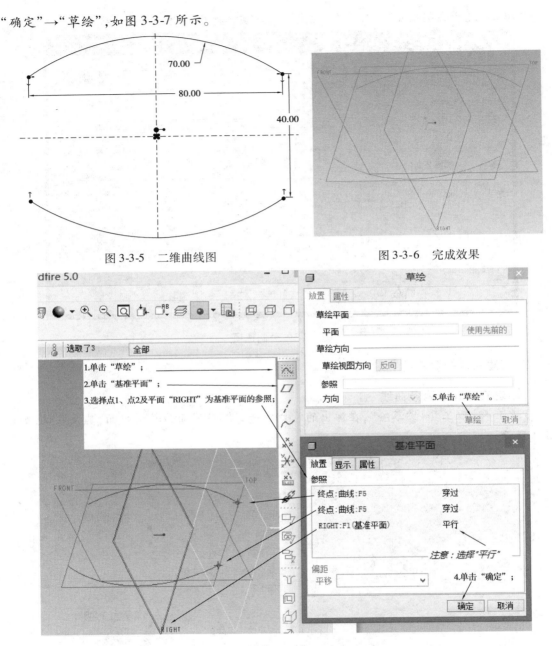

图 3-3-5 二维曲线图   图 3-3-6 完成效果

图 3-3-7 创建内部基准平面

注意: 以上是在创建"草绘"的情况下创建基准平面,故要先单击"草绘",再单击"基准平面"。此时创建的基准平面属于内部基准平面,其隶属于本次"草绘"。在创建基准平面的界面下,采用穿过两个顶点及平行于"RIGHT"面的方法创建基准平面 DTM1。该平面用于放置 R20 的曲线,完成后该基准平面自动隐藏,在模型树中可以看到。

步骤2 进入草绘界面后,"参照"两个顶点,绘制 R20 曲线如图 3-2-8 所示,完成后如图 3-3-9 所示。

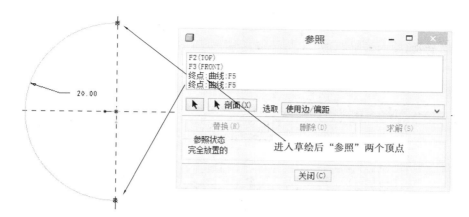

图 3-3-8　选择参照点

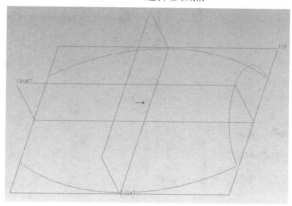

图 3-3-9　完成效果图

3．创建顶部第二条 R20 曲线

步骤 1　选择曲线 R20→移开鼠标→再次选择该曲线（粗红色）→在菜单栏选择"复制"→"选择性粘贴"，如图 3-3-10 所示。

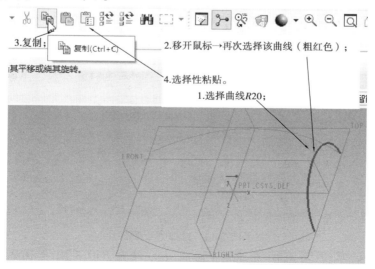

图 3-3-10　复制、选择性粘贴

步骤 2　进入"选择性粘贴"界面后,选择"RIGHT"面为方向参照面,拖动白色小方块向左,表示向左移动,输入移动距离"80",按回车键,如图 3-3-11 所示。将"隐藏原始几何"前面"√"去掉,如图 3-3-12 所示。最后完成效果如图 3-3-13 所示。

图 3-3-11　粘贴变换

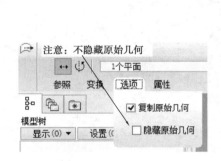

图 3-3-12　粘贴选项

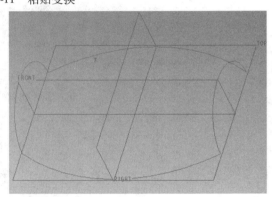

图 3-3-13　完成效果

4. 创建顶部 R40 曲线

步骤 1　选取工具栏中"草绘"命令,在弹出的窗口中选择"RIGHT"为草绘平面,其余默认,如图 3-3-14 所示。

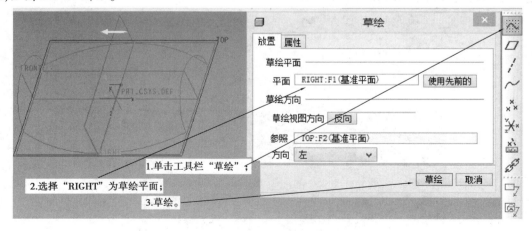

图 3-3-14　选择草绘平面

步骤 2　进入"草绘"界面后,参照上下两段曲线,绘制 R40 圆弧,如图 3-2-15 所示。完成后打"√",退出草绘界面,完成曲线绘制,如图 3-3-16 所示。

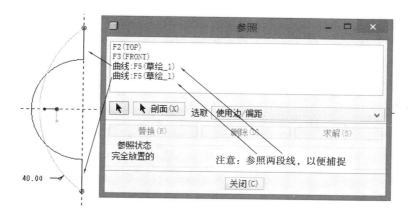

图 3-3-15　选择参照曲线

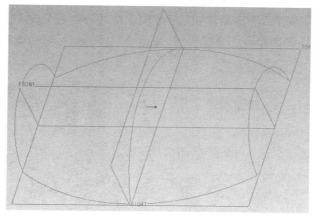

图 3-3-16　完成效果

三、创建拱桥曲面

拱桥曲面的创建采用边界混合令来完成,具体操作步骤如下所述。

步骤1　单击工具栏中"边界混合"命令,如图 3-3-17 所示。

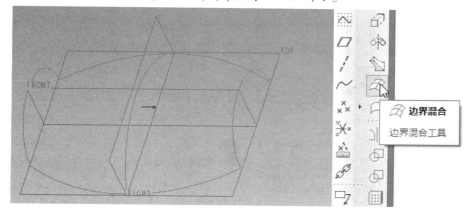

图 3-3-17　边界混合命令

步骤2　在弹出的边界混合选项中,单击"曲线",打开"曲线"选项。选取第一方向的第1条直线,按住键盘上的"Ctrl"键选择第2条曲线,如图3-3-18所示。

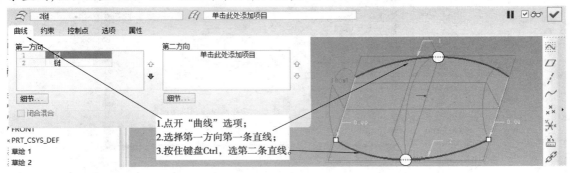

图 3-3-18　选择第一方向线

步骤3　单击"第二方向"下方的方框(此时该方框呈粉红色),选取第二方向的第1条直线,按住键盘上的"Ctrl"键选择第2、第3条直线,如图3-3-19所示,完成后如图3-3-20所示。

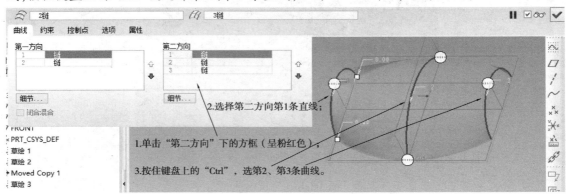

图 3-2-19　选择第二方向线

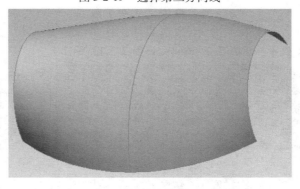

图 3-3-20　完成效果图

注意:①第一方向的线与第二方向的线可以调转,也就是说第一方向可以选择竖向的3条线,第二方向选择横向的2条线。

②同一方向几条线的选择顺序关系不大,利用第一方向的第1条线可以选择右边那条,第2条再选择左边那条。

任务拓展

采用边界混合命令构建曲面时,可以有两个方向的曲线,也可以只有一个方向的曲线。当某一个方向的某一条曲线是由多段线组成时,要在该线段"链"的细节中来进行操作,如图3-3-21所示。可以在"标准"选项中进行加减线段,也可以在"基于准则"中来进行操作。

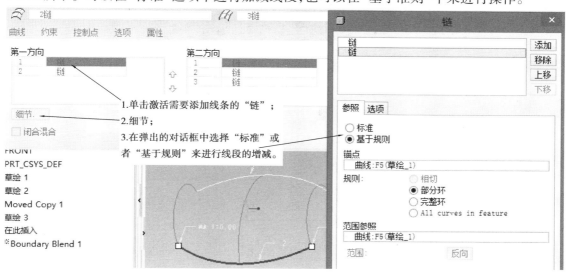

图 3-3-21　曲线"链"选择选项

另外,在做边界混合时,如果有需要制订点进行混合,可以在"选项"中来调整,下面以例题来进行说明。

例:创建如图 3-3-22 所示曲面。

步骤 1　在 TOP 面创建一个 100×50 的椭圆,如图 3-2-22 所示。

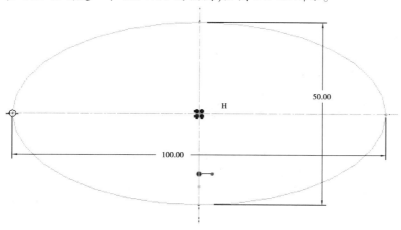

图 3-3-22　二维截面1

步骤 2　将 TOP 面往上偏移"50",创建一个基准平面 DTM1,如图 3-3-23 所示。并在 DTM1 面绘制一个 50×50 的正方形,将正方形左右两端打断,如图 3-3-24 所示。

步骤 3　将 DTM1 面往上偏移"50",创建一个基准平面 DTM2,如图 3-3-25 所示。并在

DTM2 面绘制一个 100×50 的椭圆,如图 3-3-26 所示。

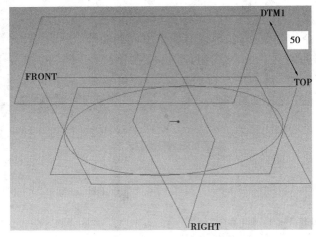

图 3-3-23　完成效果

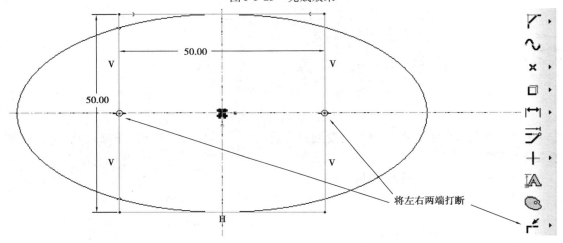

图 3-3-24　二维截面 2

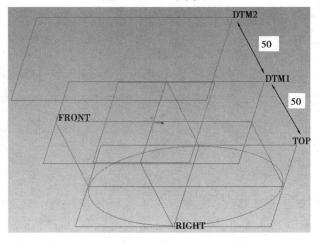

图 3-3-25　创建基准平面

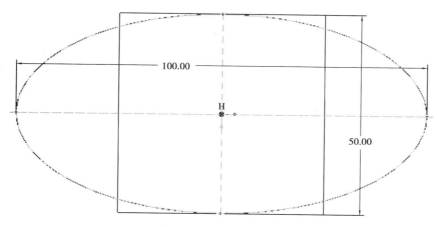

图 3-3-26　二维截面 3

步骤 4　单击工具栏中的"边界混合",选椭圆、正方形、椭圆为第一方向的 3 条直线,如图 3-3-27 所示。

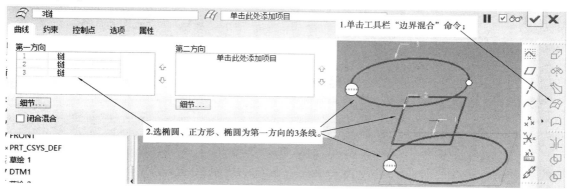

图 3-3-27　边界混合曲线

步骤 5　单击"控制点",打开控制点面板,单击"链 1 控制点",鼠标在图中选择第一个控制点(椭圆左边的红色点),如图 3-3-28 所示。选择完第一个点后,红点自动跳到第二、第三个对应点,鼠标在图中依次选择第二、第三个控制点,如图 3-3-29 所示。

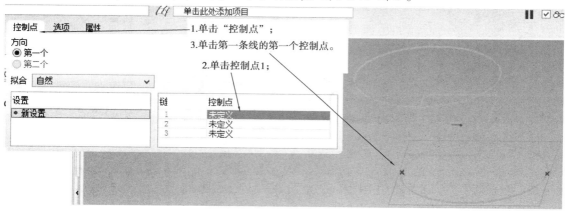

图 3-3-28　定义第一个控制点

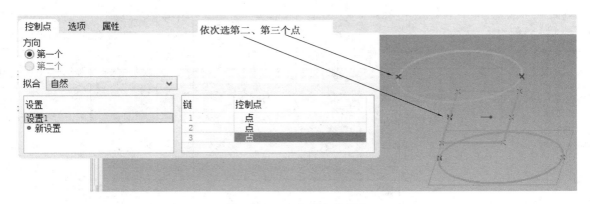

图 3-3-29　定义其余控制点

步骤 6　完成设置 1（左边控制点）后，红点会自动跳到另外一侧（设置 2），依次点击控制点一、二、三，完成控制点的设置，如图 3-3-30 所示。

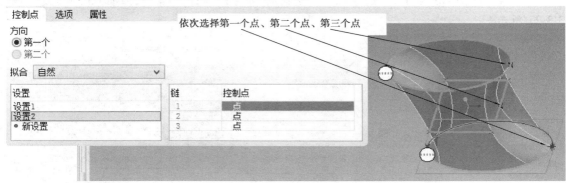

图 3-3-30　完成控制点设置

 拓展练习

1. 运用边界混合命令完成图 3-3-31 所示曲面造型。

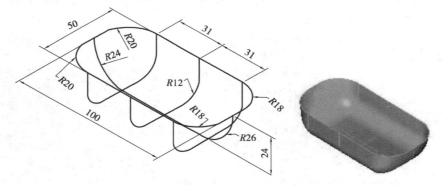

图 3-3-31　练习 1

2. 综合运用前面所学，构建图 3-3-32 及图 3-3-33 所示曲面。

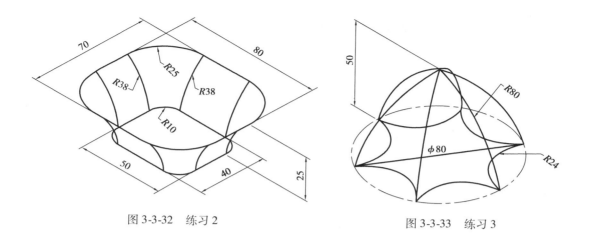

图 3-3-32　练习 2　　　　　　　　　　图 3-3-33　练习 3

任务 4　帐篷造型设计

任务描述

利用曲面命令完成拱帐篷的创建如图 3-4-1 所示。

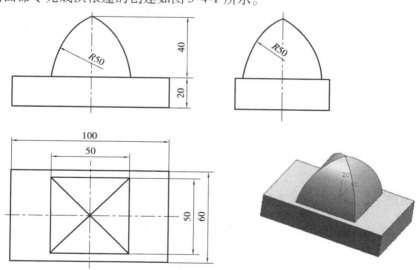

图 3-4-1　帐篷曲面图

任务实施

一、新建进入实体建模模块

步骤 1　选择"新建"→选择"零件"模块→输入公用名称"3-4-1"→将"使用缺省模板"的勾去掉→单击"确定",如图 3-4-2 所示。进入实体建模模块。

221

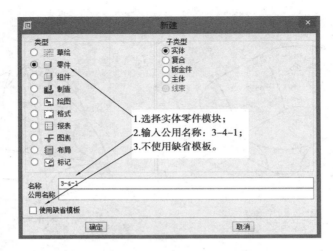

图 3-4-2 "新建"对话框

步骤 2 选择公制尺寸选项,单击"确定",进入实体建模模块,如图 3-4-3 所示。

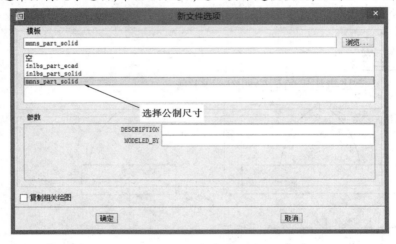

图 3-4-3 公制选项

二、创建底部 $100 \times 60 \times 20$ 长方体

步骤 1 选取工具栏中的"拉伸"命令,如图 3-4-4 所示,在图中空白处按住鼠标右键,直至弹出对话框,左键选择"定义内部草绘",如图 3-4-5 所示。

图 3-4-4 拉伸命令

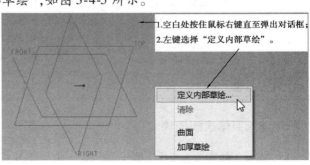

图 3-4-5 定义内部草绘

步骤2 在弹出的草绘设置对话框中,选择"TOP"面为草绘平面→单击"草绘",如图3-4-6所示。

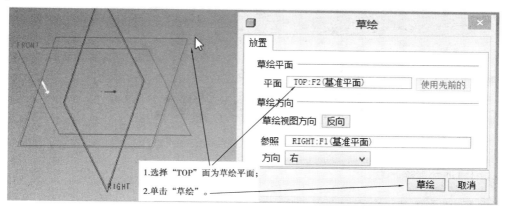

图3-4-6 选择草绘平面

步骤3 进入草绘界面后,绘制 100×60 长方形,如图3-4-7所示,完成后打"√"退出草绘。

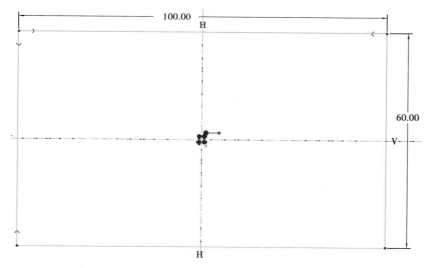

图3-4-7 绘制二维截面

步骤4 退出草绘界面,回到拉伸界面,输入拉伸深度为"20",完成后打"√",如图3-4-8所示。最终完成 $100 \times 60 \times 20$ 长方形如图3-4-9所示。

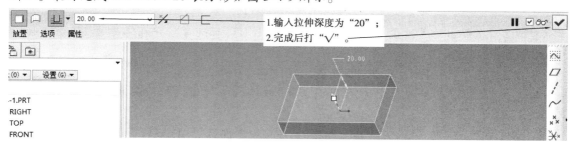

图3-4-8 定义拉伸深度

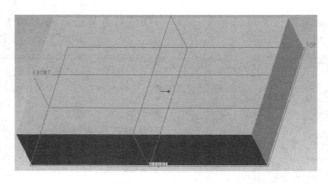

图 3-4-9　完成效果

三、创建顶部帐篷形状

步骤 1　选取工具栏中的"拉伸"选项,如图 3-4-10 所示,进入拉伸界面后,选择"曲面"选项,在图中空白处按住鼠标右键,直至弹出对话框,左键选择"定义内部草绘",如图 3-4-11 所示。

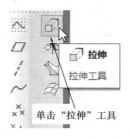

图 3-4-10　拉伸命令

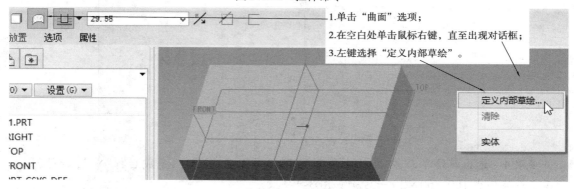

图 3-4-11　拉伸选项

步骤 2　在弹出的草绘设置对话框中,选择"RIGHT"面为草绘平面→单击"草绘",如图 3-4-12所示。

步骤 3　进入草绘界面后,绘制截面图,如图 3-4-13 所示,完成后打"√"退出草绘。

步骤 4　退出草绘界面后,在拉伸界面选择"双侧拉伸",输入拉伸深度为"100"(此深度只要大于 50 即可),如图 3-4-14 所示。

创建另一个方向的顶棚,方法与上面相同,在草绘平面选择"FRONT"面,拉伸深度同样为"100"(大于 50 即可),完成后如图 3-4-15 所示。

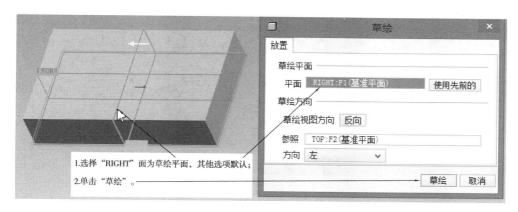

图 3-4-12　选择草绘平面

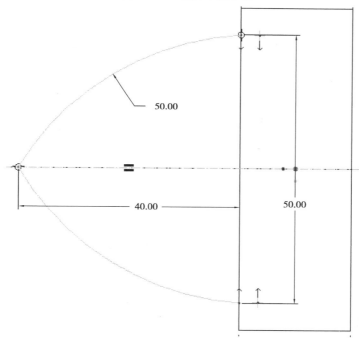

图 3-4-13　草绘二维截面

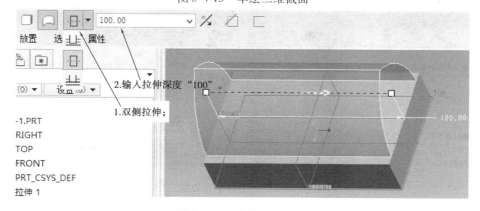

图 3-4-14　定义拉伸深度

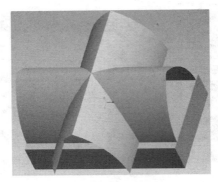

图 3-4-15　完成拉伸效果

步骤 5　完成两个曲面的创建后,进行曲面合并。选择第一个曲面→移开鼠标→再次选择该曲面(此时该曲面呈现粉红色)→按住键盘上的"Ctrl"键选择第二个曲面,此时两个曲面都呈粉红色。单击工具栏"合并"工具,如图 3-4-16 所示。

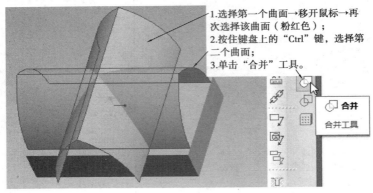

图 3-4-16　曲面合并

步骤 6　进入曲面合并界面后,观察曲面保留侧是否正确,如果正确则打"√",如图 3-4-17 所示。

注意:曲面的合并命令带有修剪功能,可以实现合并后将不要的部分减掉。本帐篷的造型曲面应该是保留曲面的内侧,如图 3-4-17 所示,图中,箭头指向是要保留的部分,此时该部分曲面呈网格状。

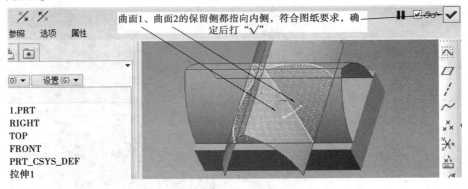

图 3-4-17　选择合并方向

加油站：

以帐篷顶部曲面为例分析曲面合并的修剪问题。

如图 3-4-18 所示,箭头所指的两个图标分别是第一曲面保留侧选择按钮、第二曲面保留侧选择按钮。单击按钮可以选择曲面相交部分的不同侧,保留的部分在图中以网格的形状显示出来。在图 3-4-18 中,箭头所示第一曲面选择要保留的侧为相交部分,第二曲面选择要保留的侧为不相交的部分,完成后效果图如图 3-4-19 所示。

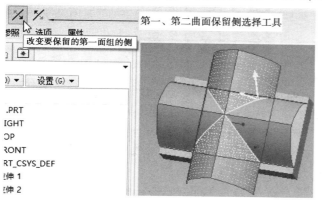

图 3-4-18　合并方向选择类型

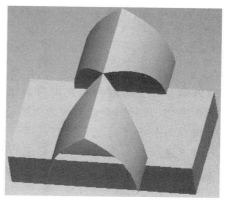

图 3-4-19　完成效果

步骤 7　合并完成后,选择帐篷顶(整个呈粉红色),单击菜单栏中的"编辑"→"实体化",如图 3-4-20 所示。

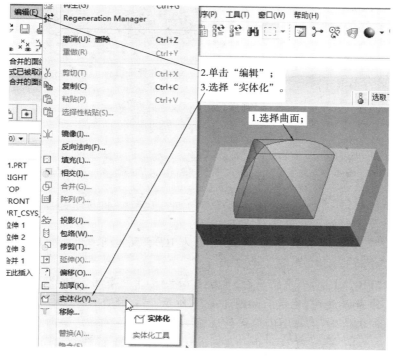

图 3-4-20　实体化命令

步骤8 进入"实体化"界面后,选择第一个选项,把曲面包围的空间变成实体,如图3-4-21所示。

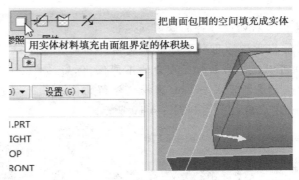

图 3-4-21 生成实体方向

注意:"用实体材料填充由曲面组界定的体积块"的意思是说,用实体材料去填充一个封闭的曲面组,此封闭曲面组可以是曲面组与实体的表面构成封闭,图3-4-21就是这种情况,帐篷的顶部与长方体的上表面形成了一个封闭的曲面后,故可用实体化将其进行材料填充。另一种情况是曲面自身构成一个封闭的曲面组,也可以用此方法进行实体化,填充材料。

步骤9 确定完成打"√",最终完成效果如图3-4-22所示。

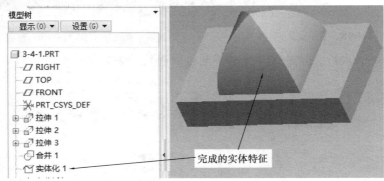

图 3-4-22 完成效果

加油站:

曲面实体化的情况说明如下所述。

1. 实体化去除材料

下面以一个简单的例子来说明这点。

步骤1 以"TOP"面为草绘平面,草绘截面为100×50的长方形,拉伸深度为"30",构建一个100×50×30的长方体,如图3-4-23所示。

步骤2 以"FRONT"面为草绘平面,草绘截面为R15的半圆,圆心位于长方体最顶部,如图3-4-24所示,作360°旋转,完成后如图3-4-25所示。

步骤3 进行实体化:选择刚刚完成的球面→单击菜单栏中的"编辑"→"实体化"→旋转去除材料,如图3-4-26所示,实体图中箭头所指方向为要去除材料的方向,单击箭头可以改变方向,图中方向表示要删除球内部的材料。完成效果如图3-4-27所示。

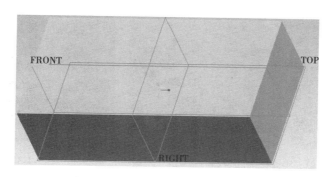

图 3-4-23 长方体

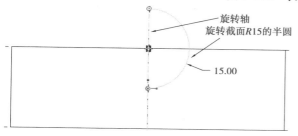

图 3-4-24 旋转截面

图 3-4-25 完成旋转的曲面

图 3-4-26 实体化去除材料

图 3-4-27 完成效果

注意:采用实体化去除材料,其曲面组有下述两种情况才能符合要求。

①要删除材料的曲面组可以不封闭,但是要超出实体的边界,如图 3-4-28 所示为长方体实体,给图 3-4-29 作一个截面,此截面超出实体边界,给图 3-4-30 作实体化去除材料,删除面组上面的材料,最终效果图如 3-4-31 所示。

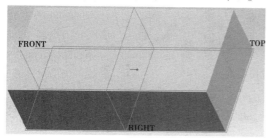

图 3-4-28 长方体

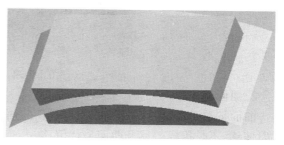

图 3-4-29 去除材料的曲面

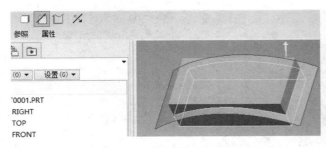 

图 3-4-30　实体化去除材料　　　　　　　图 3-4-31　完成效果

②如果不超出实体边界的曲面组,但又要作实体化去除材料,那么其面组自身就要封闭,在图 3-4-30 中,如果整个球面是嵌在长方体内的,也可以实现去除材料。

另外,实体化去除材料的侧有两个方向,单击黄色箭头可以变换方向,以达到用户需要的效果。

 任务拓展

通过曲面来构建实体的一般思路是构建空间曲线→构建曲面→通过曲面编辑,最终做成实体。在构建空间曲线时,有时需要借助基准点来辅助设计,或者借助基准平面来帮助。曲面的编辑其实也是曲面的创建,方法有很多,前面的例子主要讲述了曲面的合并及实体化,下面再给大家介绍几种常用的曲面编辑的方法。

1. 曲面复制

将实体的表面或者曲面复制出来,作为新的曲面的方法。

步骤　任意作一拉伸曲面,如图 3-4-32 所示。选择该曲面(粗红色),在工具栏中单击"复制"→"粘贴",选择预览后会看到红色的曲面为网格状,完成后如图 3-4-33 所示。

图 3-4-32　拉伸曲面

2. 曲面偏移

曲面偏移是将曲面偏移出去而构建新曲面的一种方法,其有 4 种情况,分别是标准偏移、拔模偏移、不带拔模偏移及曲面替代偏移。

1)标准偏移

步骤 1　拉伸曲面:以"FRONT"为草绘平面,截面为一个半径为"40"、弧度为"60"的圆弧,如图 3-4-34 所示,拉伸深度为"30",完成后如图 3-4-35 所示。

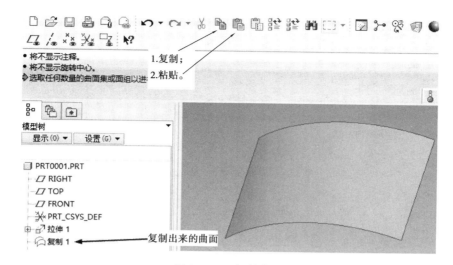

图 3-4-33 复制曲面

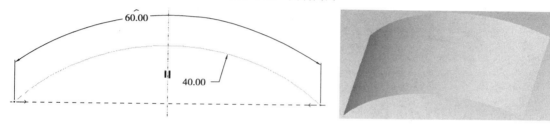

图 3-4-34 草绘截面

图 3-4-35 完成曲面

步骤 2 选择该曲面,在菜单栏中选择"编辑"→"偏移",如图 3-4-36 所示。

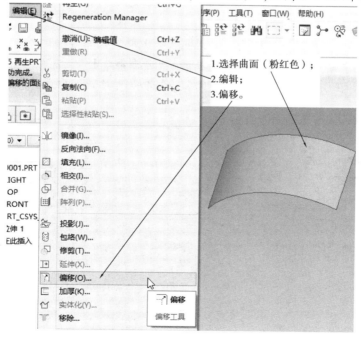

图 3-4-36 曲面偏移

步骤3　进入偏移界面后,选择第一种偏移方式(标准偏移),输入偏移距离"4",如图 3-4-37所示,确定则打"√",完成效果如图 3-3-38 所示。

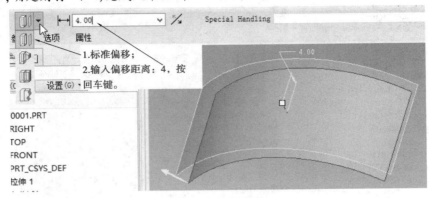

图 3-4-37　标准偏移

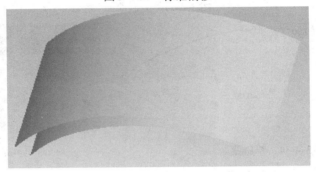

图 3-4-38　完成效果

2)拔模偏移

现以作"标准拔模"创建的曲面为例来说明拔模偏移的操作方法。

步骤1　重复步骤1、步骤2,进入偏移界面后,选择第二种"具有拔模特征"的偏移方式, 如图 3-4-39 所示。在图中空白处按住鼠标右键,在弹出的对话框中选择"定义内部草绘",如 图 3-4-40 所示。

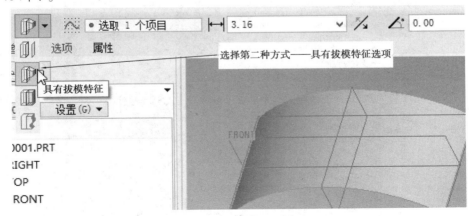

图 3-4-39　拔模偏移

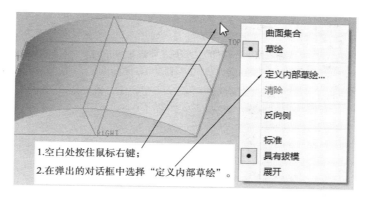

图 3-4-40　定义内部草绘

步骤 2　在弹出的草绘设置对话框中,选择"TOP"面为草绘平面,其余默认,单击"草绘",如图 3-4-41 所示。进入草绘界面后,在其中心绘制 R15 的圆,如图 3-4-42 所示。

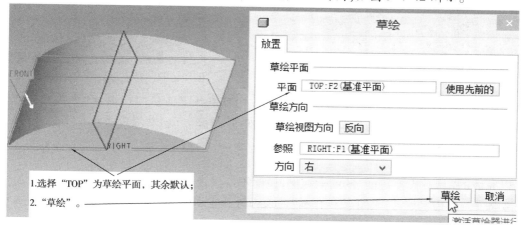

图 3-4-41　选择草绘平面

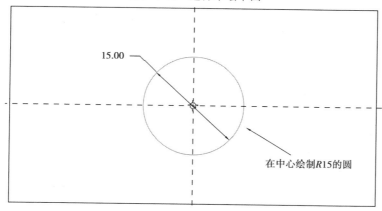

图 3-4-42　绘制二维截面

步骤 3　完成草绘后回到偏移界面,转到"FRONT"面,输入偏移距离"3",拔模角度为"45",如图 3-4-43 所示。完成后打"√",如图 3-4-44 所示。

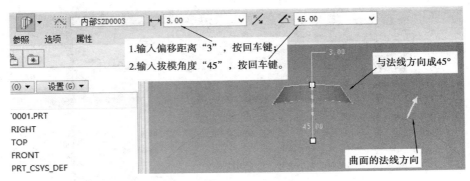

图 3-4-43　拔模偏移选项

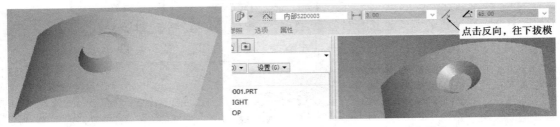

图 3-4-44　完成效果

图 3-4-45　反向偏移

　　注意：偏移的距离可以接受负值，也就是说方向可以往下偏移，图 3-4-43 中偏移距离输入"－3"，然后回车，或者单击偏移距离后面的"反方向"按钮，可以看到曲面是往下偏移的，如图 3-4-45 所示，但拔模角度不接受负值。

　　3）不带拔模偏移

　　以完成的"具有拔模特征"的曲面为例，说明不带拔模偏移的操作方法。

　　步骤 1　对已完成的"具有拔模特征"的曲面进行重新定义，如图 3-4-46 所示。进入偏移界面后，选择第三种偏移方式，如图 3-4-47 所示。

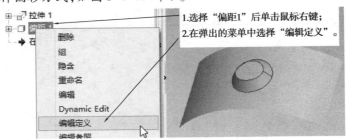

图 3-4-46　编辑定义偏距特征

图 3-4-47　不带拔模斜度偏移

步骤2 完成后打"√",如图 3-4-48 所示。同样,不带拔模特征的偏移方向也有两种,单击偏移距离后面的方向按钮,则往下偏移,如图 3-4-49 所示。

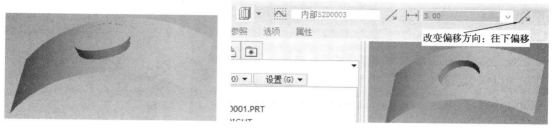

图 3-4-48 完成效果   图 3-4-49 反向偏移

注意:这种偏移方式与具有拔模特征的偏移方式很相似,可以统称为局部拔模,只是一种带有拔模特征,一种没有拔模效果。

4)曲面替代偏移

现以作标准偏移前创建的曲面为例,说明曲面替代偏移的操作方法及应用。

步骤1 重复标准偏移的步骤1,完成创建曲面。以"FRONT"面为草绘平面,作出"拉伸"特征,拉伸截面为 30×10 的长方形,如图 3-4-50 所示,拉伸深度为 15,双侧拉伸。完成效果如图 3-4-51 所示。

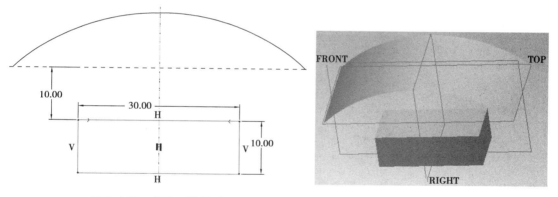

图 3-4-50 草绘二维截面   图 3-4-51 完成效果

步骤2 选择实体的上表面(粉红色)→选择菜单栏中的"编辑"→"偏移",如图 3-4-52 所示。

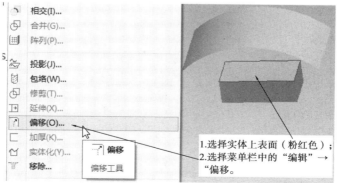

图 3-4-52 偏移命令

235

步骤 3　进入偏移界面后,选择第四种偏移方式(曲面替代),选择要替代的曲面,如图3-4-53所示。确定后打"√",最终完成效果如图3-4-54所示。

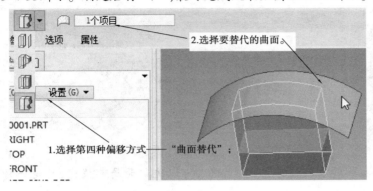

图 3-4-53　选择替代曲面

图 3-4-54　完成效果

3. 曲面修剪

曲面修剪是将已知曲面的某一部分修剪后去掉,为曲面编辑的一种方式。修剪曲面的方法有很多,可以用拉伸、旋转、扫描、混合等传统的创建曲面的方式来实现曲面的修剪,也可以用曲线、曲面、基准平面等其他工具来进行修剪。下面将进行说明。

1)拉伸方式修剪曲面

步骤 1　按前面所述曲面标准偏移的操作步骤1的方法创建曲面,如图3-4-55所示。

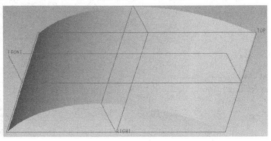

图 3-4-55　拉伸曲面

步骤 2　以"TOP"面为草绘平面,作拉伸曲面,截面为一R15的圆,如图3-4-56所示。完成后打"√",退出草绘界面,回到拉伸界面,如图3-4-57所示。

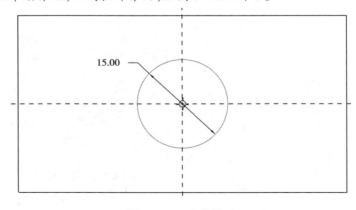

图 3-4-56　草绘界面

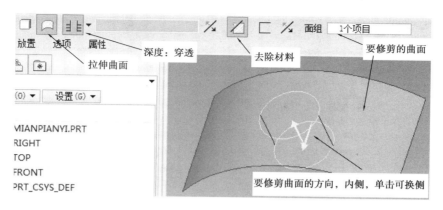

图 3-4-57　拉伸曲面修剪对话框

　　步骤 3　在拉伸界面选择"去除材料",选择要修剪的曲面,修剪方向向内,拉伸深度为"穿透",如图 3-4-57 所示,完成后打"√",退出拉伸,效果图如图 3-4-58 所示。

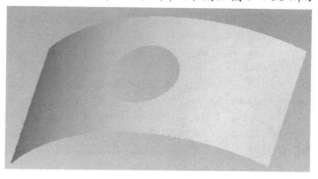

图 3-4-58　修剪效果

　　注意:采用拉伸命令修剪曲面时,要注意选择被修剪的曲面及要修剪的曲面侧。其方法与实体拉伸的"去材料"是很相像的。可采用"旋转""混合""扫描"等其他命令来进行曲面修剪的方法与"拉伸"的方法是一样的,这里就不再重复叙述了。

　　2)采用曲线来修剪曲面

　　步骤 1　按前面曲面标准偏移的操作步骤 1 的方法创建曲面,如图 3-4-59 所示。在此曲面上创建一条曲面,采用偏移的方式创建曲线,一边的偏移距离为"5",另一边的偏移距离为"10",如图 3-4-60 所示,最终完成效果如图 3-4-61 所示。

图 3-4-59　拉伸曲面

　　步骤 2　选择要修剪的曲面,单击工具栏中的"修剪",如图 3-4-62 所示。

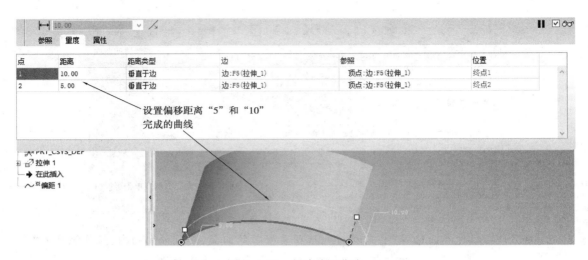

图 3-4-60　创建偏距曲线

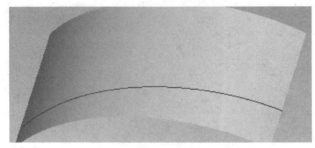

图 3-4-61　偏距曲线效果

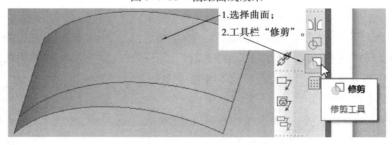

图 3-4-62　修剪命令

步骤 3　进入修剪界面后,选择修剪工具为刚刚创建的曲线选择要保留的曲面侧,如图 3-4-63 所示。确定后打"√",退出修剪界面,完成效果如图 3-4-64 所示。

注意: 曲面的保留侧有 3 种选择,分别是正向、反向和双侧,其意思是保留这一侧或者保留另一侧或者修剪后双侧都保留。单击图 3-4-63 中的"调整保留侧的工具"图标可以选择不同的保留侧。

3)采用基准平面来修剪曲面

步骤 1　按前面曲面标准偏移的操作步骤 1 的方法创建曲面,如图 3-4-65 所示。选择该曲面,单击工具栏中的"修剪",如图 3-4-66 所示。

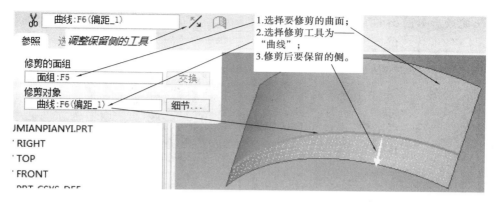

图 3-4-63　修剪选项

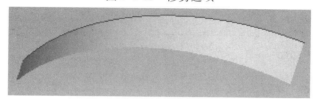

图 3-4-64　完成效果

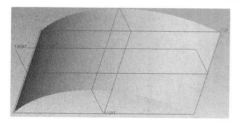

图 3-4-65　拉伸曲面

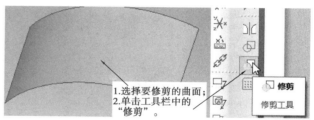

图 3-4-66　修剪命令

步骤 2　进入修剪界面后,选择修剪工具为"RIGHT",选择要保留的曲面侧,如图 3-4-67 所示。确定后打"√",退出修剪界面,完成效果如图 3-4-68 所示。

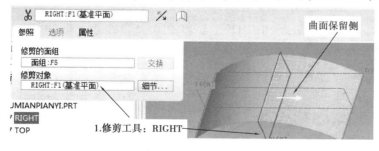

图 3-4-67　修剪选项

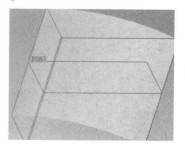

图 3-4-68　完成效果

4)采用"侧面投影"来修剪曲面

"侧面投影"的修剪方法是利用投影的原理来对曲面进行修剪的,如图 3-4-67 所示,选用"RIGHT"为投影基准,则将曲面投影到"RIGHT"面上,有投影的面则保留下来,投影不到或者投影成一直线的侧修剪掉。

步骤 1　作一拉伸曲面,草绘平面为"FRONT"面,拉伸截面如图 3-4-69 所示。拉伸深度为"100",完成后如图 3-4-70 所示。

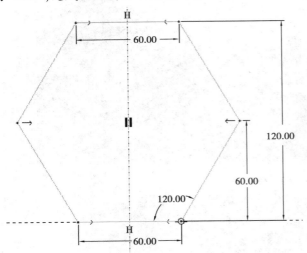

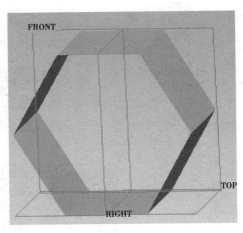

图 3-4-69　草绘二维截面　　　　　　　　　图 3-4-70　拉伸曲面

步骤 2　选择要修剪的曲面,单击工具栏中的"修剪",如图 3-4-71 所示。

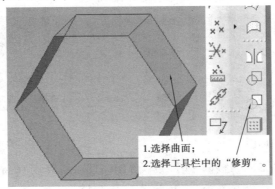

图 3-4-71　修剪命令

步骤 3　进入修剪界面后,选择基准平面为"RIGHT",选择"侧面投影修剪曲面"工具,如图 3-4-72 所示。确定后打"√",退出修剪界面,完成效果如图 3-4-73 所示。

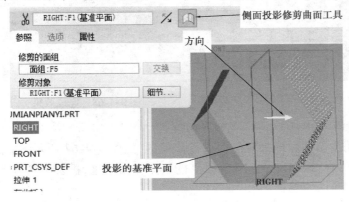

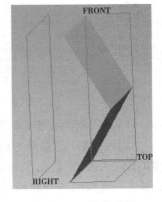

图 3-4-72　修剪选项　　　　　　　　　　　图 3-4-73　修剪效果

240

4. 曲面延伸

曲面延伸是将已知曲面的某一边界往外延伸,新生成一部曲面的方法,其也是曲面编辑的一种方式。曲面延伸通常用于所创建的曲面面积不够大,或者曲面没有延伸到实体的边界,无法对实体进行修剪等情况。下面就曲面延伸的几种方法做详细介绍。

1)相同、相切及逼近曲面延伸

首先以"相同"曲面延伸为例来说明延伸的操作方法。相同曲面延伸,顾名思义,即是延伸出来的曲面与之前的曲面是一样的,下面以一个例子来说明其操作方法。

步骤1　做一扫描曲面,扫描轨迹线为 $R30$ 的圆弧,弧度为 $50°$,如图 3-4-74 所示。截面线放在"FRONT"面,扫描的截面为一个 $R5$ 的半圆,如图 3-4-75 所示,完成效果如图 3-4-76 所示。

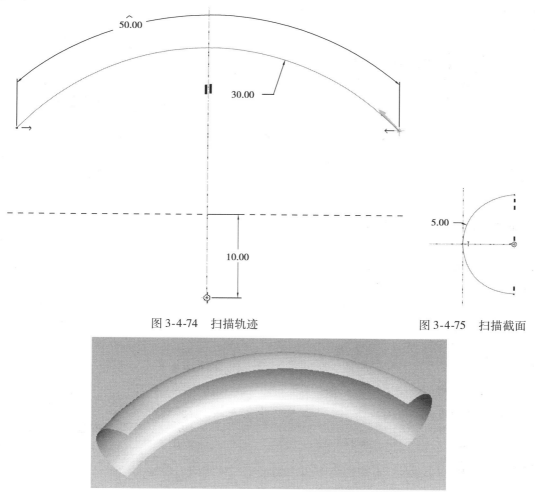

图 3-4-74　扫描轨迹　　　　　　　　　　　图 3-4-75　扫描截面

图 3-4-76　完成效果

步骤2　选择要作延伸的边,单击菜单栏中的"编辑"→"延伸",如图 3-4-77 所示。

步骤3　进入延伸界面后,选择菜单栏中的"选项"→"方式"→"相同",输入延伸距离"10",如图 3-4-78 所示。

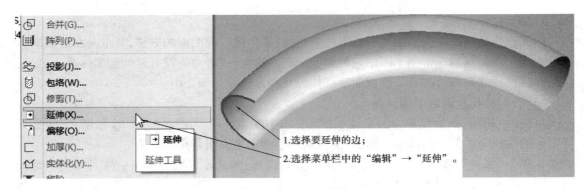

图 3-4-77　延伸命令

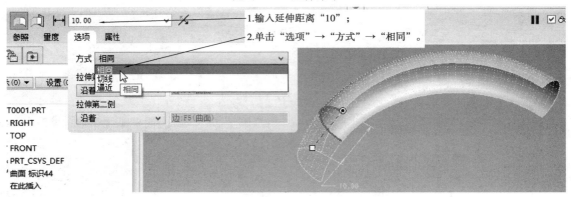

图 3-4-78　相同延伸

注意:相同延伸做出来的曲面与原曲面是一样的。在"选项"下,除了"相同"外,还有两种延伸方式,分别是"相切"和"逼近"。相切延伸出来的曲面是直的,其与原曲面的关系为相切,如图 3-4-79 所示,注意观察"相同"与"相切"的延伸效果。而逼近则是采用接近的方式去构建曲面的,大部分做出来的效果与相切类似,如图 3-4-80 所示。另外需要注意的是,在用"相同"方式延伸曲面时,延伸的长度不能太大,否则将无法延伸曲面。而"相切"和"逼近"则没有这样的要求。如图 3-4-78 所示的例子,如果延伸长度输入"13",则无法做"相同"曲面延伸了。

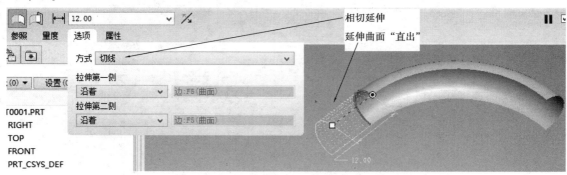

图 3-4-79　相切延伸

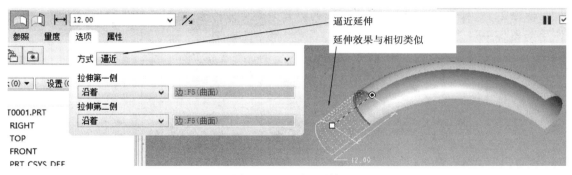

图 3-4-80　逼近延伸

2）曲面延伸至基准平面

同样以刚才的例子来说明，如图 3-4-81 所示，选择"延伸至基准平面"选项，选择"TOP"面为参考平面，如图 3-4-81 所示。

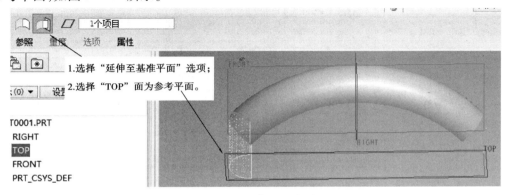

图 3-4-81　延伸至基准平面

这种延伸曲面的方法，是直接将要延伸的边做一垂直于基准平面的曲面，简单明了，掌握起来也比较容易。

3）延伸方式及长度的探究

下面以一个填充曲面为例子，说明曲面延伸方式及延伸长度的问题。

步骤 1　在"TOP"面做一填充曲面，截面如图 3-4-82 所示，完成后效果如图 3-4-83 所示。

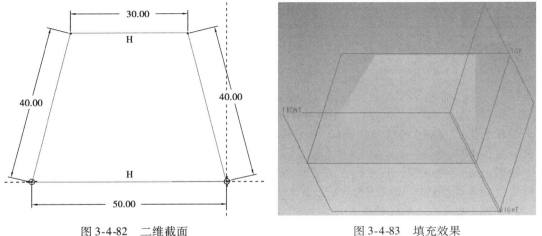

图 3-4-82　二维截面　　　　　　　　　　　　图 3-4-83　填充效果

步骤2　选择 TOP 视图,选择最上面的边作为要延伸的边,单击菜单栏中的"编辑"→"延伸",如图 3-4-84 所示。

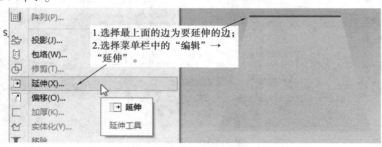

图 3-4-84　延伸命令

步骤3　进入延伸界面后,输入延伸距离"10",选择菜单栏中的"选项"→"方式"→"相同",在"拉伸第一侧"中选择"垂直于",在"拉伸第二侧"中选择"沿着",如图 3-4-85 所示。

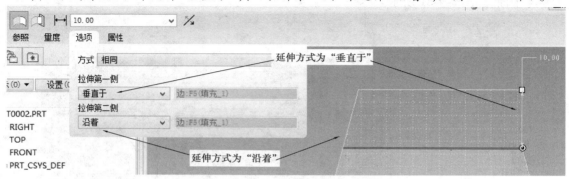

图 3-4-85　延伸方式选择

注意:"垂直于"表示该侧延伸是垂直于要延伸的边进行延伸的,也就是此侧垂直于红色的边来延伸。

"沿着"表示该侧延伸是沿着曲面的边来进行延伸的,也就是此侧沿着斜边来延伸。

步骤4　单击"量度",再在空白处单击鼠标右键,选择"添加",在位置处输入"1",如图 3-4-86所示。

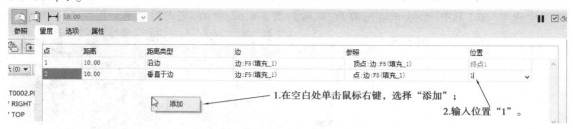

图 3-4-86　延伸距离输入

步骤5　在"量度"的选项下选择"距离类型",并在此中选择"沿边"及"垂直于边",完成效果如图 3-4-87 所示。

注意:如图 3-4-85 所示,延伸方式下拉伸侧有"沿着"及"垂直于"两个选项,图 3-4-87 所示的量度距离类型也有"沿边"及"垂直于边"两个选项。这两处的选项都很相像,但要注意区分,"拉伸侧"里指的是延伸的生长方向,而"量度"下的则是指距离的计算方式。这两个选项可以不同搭配,学习者可以自行练习,选择不同的选项,观察曲面生长的效果及测量的距离。

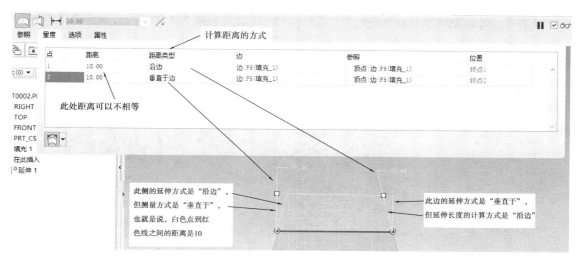

图 3-4-87　完成效果

5. 曲面镜像

曲面镜像是指将已知曲面通过基准平面,镜像到另外一边,从而生成新的曲面的一种方法,它是属于曲面编辑的一种方式。曲面的镜像方法与实体的镜像相类似。

步骤 1　做一拉伸曲面,拉伸截面为直径 30 的圆,距离"RIGHT"为"50",拉伸深度为"50",截面线放在 TOP 面,如图 3-4-88 所示。

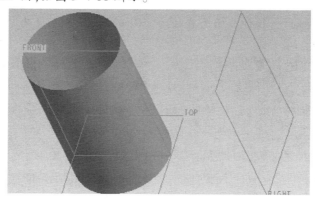

图 3-4-88　拉伸曲面

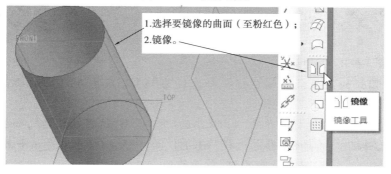

图 3-4-89　镜像命令

步骤 2 选择要镜像的曲面,单击工具栏中的"镜像",如图 3-4-89 所示,确定完成后如图 3-4-90 所示。注意不要勾选选项处的"隐藏原始几何"选项。

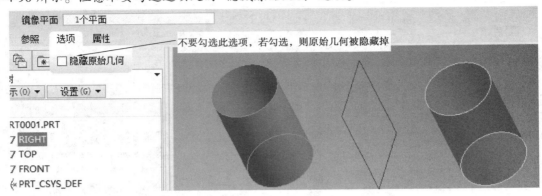

图 3-4-90 镜像选项

6. 曲面的移动——平移或旋转

曲面移动是指将已知曲面移动到另一个地方,从而生成新的曲面的一种方法。其有平移及旋转两种方式,也隶属于曲面编辑的一种方式。曲面的移动与实体的移动也是很相似的,只不过曲面的移动多一个隐藏原始几何的选项,初学者要注意。

1)曲面的平移

下面以一个例子来说明曲面平移的问题。

步骤 1 做一拉伸圆饼,拉伸截面为直径为"50"的圆,拉伸深度为"10",拉伸截面线放在 TOP 面,如图 3-4-91 所示。

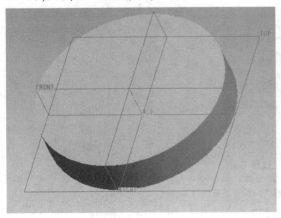

图 3-4-91 拉伸圆饼

图 3-4-92 拉伸曲面

步骤 2 在圆饼的上面最左端创建一个直径为"10",高也为"10"的曲面,完成后如图 3-4-92所示。

步骤 3 选择要移动的曲面,单击工具栏中的"复制"→"选择性粘贴",如图 3-4-93 所示。在弹出移动的选项栏中,选择"平移",选择"RIGHT"为平移方向(也就是该平面的法线方向),输入平移距离"50"。去掉"隐藏原始几何"前面的钩,如图 3-4-94 所示。确定后打"√",完成效果如图 3-4-95 所示。

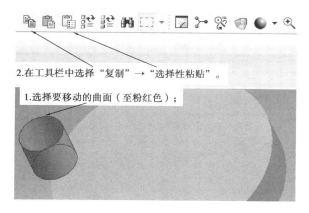

图 3-4-93 复制、选择性粘贴

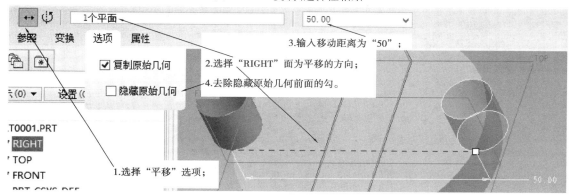

图 3-4-94 平移粘贴选项

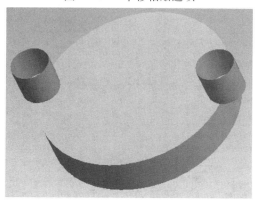

图 3-4-95 完成效果

2）曲面的旋转

以上面平移的例子说明曲面旋转的问题。

步骤 1 删除刚刚完成的平移曲面，选择要移动的曲面，单击工具栏中的"复制"→"选择性粘贴"，如图 3-4-96 所示。

步骤 2 在弹出移动的选项栏中选择"旋转"，选择圆饼的中心线 A-1 为旋转中心，输入旋转角度"60"。去掉"隐藏原始几何"前面的勾，如图 3-4-97 所示。确定后打"√"，完成效果如

图 3-4-98 所示。

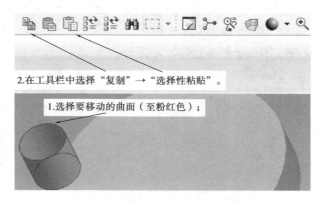

图 3-4-96 复制、选择性粘贴

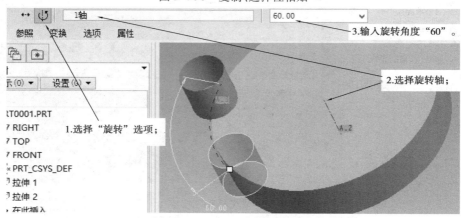

图 3-4-97 旋转粘贴选项

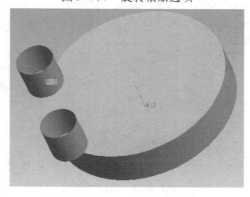

图 3-4-98 完成效果

7. 曲面加厚

曲面加厚是利用曲面做成实体的一种方法,以赋予曲面一定的厚度,则得到想要的实体。值得注意的是,厚度生成的方向有 3 个,分别是向外、向里及两侧同时生成。下面以刚刚完成的旋转曲面为例,说明曲面加厚的方法。

步骤 1 选择要加厚的曲面,单击菜单栏中的"编辑"→"加厚",如图 3-4-99 所示。

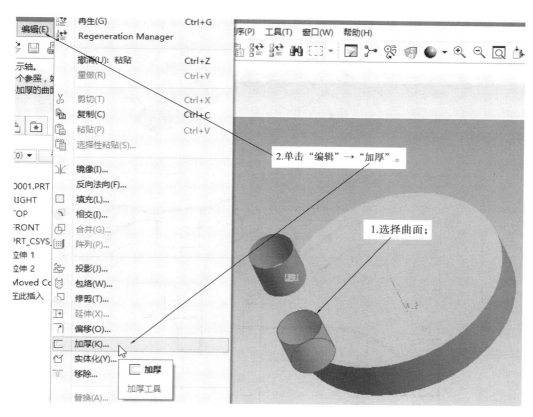

图 3-4-99　加厚命令

步骤 2　在弹出的选项框中,输入加厚距离为"1",单击生长方向,可以选择不同的加厚方向,分别为向外、向里及两侧生长,如图 3-4-100 所示。

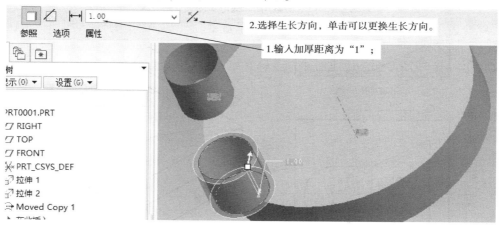

图 3-4-100　加厚对话框

 **拓展练习**

1. 运用曲面创建及编辑命令完成图 3-4-101 所示曲面造型,并将其制作为 0.5 厚的实体。
2. 综合运用前面所学,构建如图 3-4-102 所示造型。

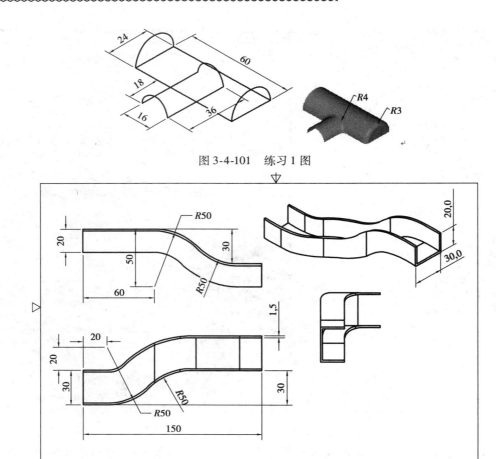

图 3-4-101　练习 1 图

图 3-4-102　练习 2 图

3. 综合运用前面所学,构建如图 3-4-103 所示造型。

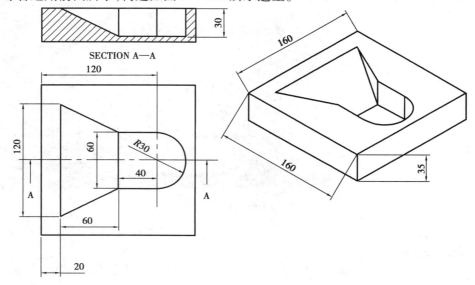

图 3-4-103　练习 3 图

4. 综合运用前面所学,构建如图 3-4-104 所示造型。

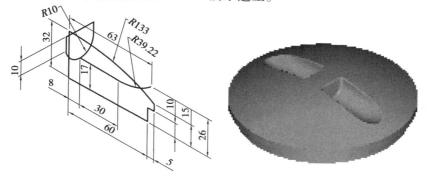

图 3-4-104　练习 4 图

5. 综合运用前面所学,构建如图 3-4-105 所示造型。

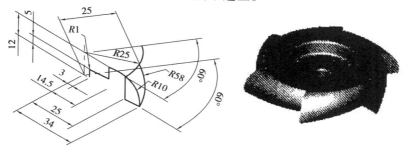

图 3-4-105　练习 5 图

6. 综合运用前面所学,完成如图 3-4-106 及图 3-4-107 所示造型。

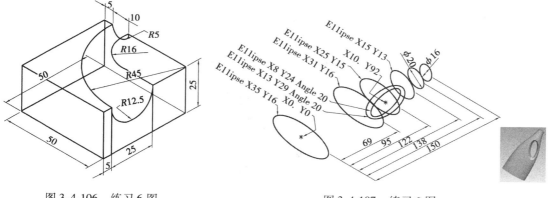

图 3-4-106　练习 6 图　　　　　　　图 3-4-107　练习 6 图

模块四
装配篇

任务1　方块销孔的装配

任务描述

用匹配、对齐、插入等方式对已完成的零件进行装配,装配后的图形如图4-1-1所示。

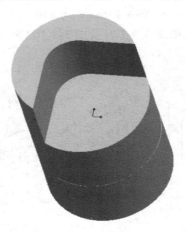

图4-1-1　方块销孔装配图

任务实施

一、新建进入装配模块

步骤1　选择"新建"→选"组件"模块→输入名称"4-1-1"→将"使用缺省模块"的钩去掉→单击"确定",如图4-1-2所示。

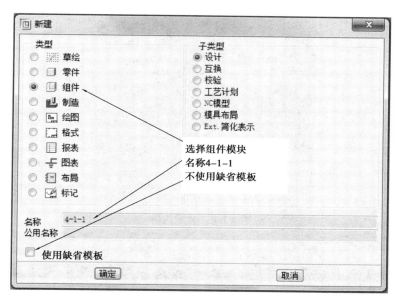

图 4-1-2　"新建"对话框

步骤 2　选择"mmns_asm_design",从而使装配模板为公制单位毫米牛秒,单击"确定",如图 4-1-3 所示,进入装配模块。

图 4-1-3　单位的选择

二、装配第一个零件

步骤 1　鼠标左键单击"装配"命令,如图 4-1-4 所示。

步骤 2　选择装配模块"源文件"中的 01. prt,鼠标左键单击"打开"按钮,如图 4-1-5 所示,单击"打开"按钮后如图 4-1-6 所示,进入第一个零件的装配状态。

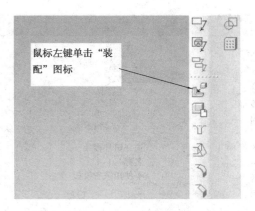

图 4-1-4　装配按钮

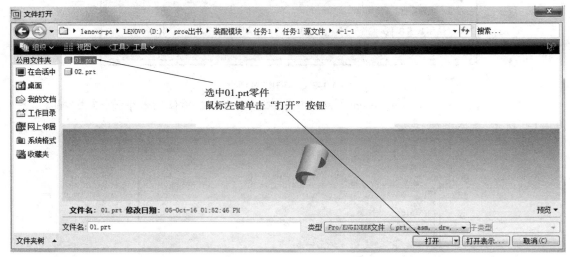

图 4-1-5　零件的打开

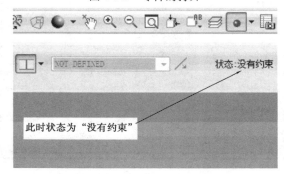

图 4-1-6　零件打开后的约束状态

　　步骤 3　单击"缺省"约束类型进行初始装配,如图 4-1-7 所示,单击"缺省"约束类型后如图 4-1-8 所示。

　　步骤 4　零件 01.prt 完成初始装配后如图 4-1-9 所示。

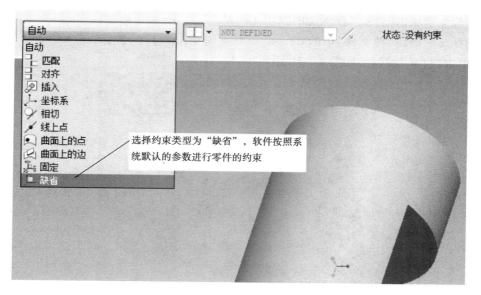

图 4-1-7　缺省约束的选择

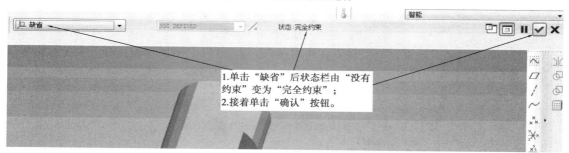

图 4-1-8　完全约束

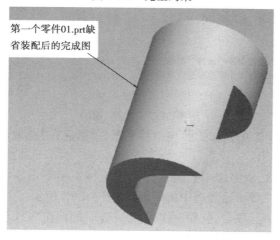

图 4-1-9　装配完成的第 1 个零件

三、装配第二个零件

步骤 1　进行第 1 个约束,零件 02. prt 的中心线和零件 01. prt 的中心线重合。

①鼠标左键单击"装配"命令,如图4-1-4 所示。

②选择装配模块"源文件"中的 02. prt,鼠标左键单击"打开"按钮,进入第 2 个零件的装配状态,单击"打开"按钮后如图4-1-10 所示。

图 4-1-10　打开的第 2 个零件

③鼠标左键单击"放置"图标,接着在弹出的"放置"窗口中用鼠标左键单击"选取元件项目"栏,使鼠标处于等待选取元件项目的状态,如图4-1-11 所示。

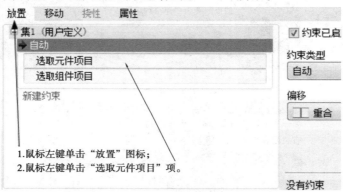

图 4-1-11　"放置"窗口

④用鼠标左键单击零件 02. prt 的圆柱销端平面,单击后在"选取元件项目"栏显示已经选中的平面,如图4-1-12 所示。

⑤用鼠标左键单击"选取组件项目"栏,然后用鼠标左键单击零件 01. prt 的中间平面,单击后在"选取组件项目"栏显示已经选中的平面,如图4-1-13 所示。

⑥鼠标左键单击"匹配"项目,使第一个约束中选取的两个零件的面为面对面相向而置,如图4-1-14 所示,具体内容详见加油站。

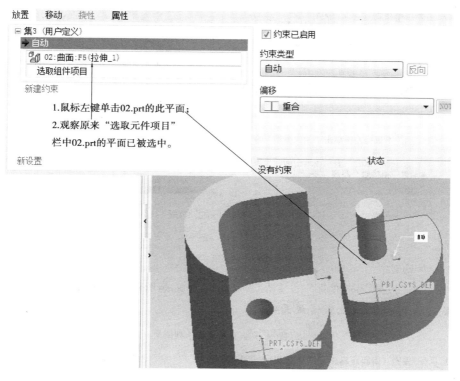

图 4-1-12 "元件"约束的选取

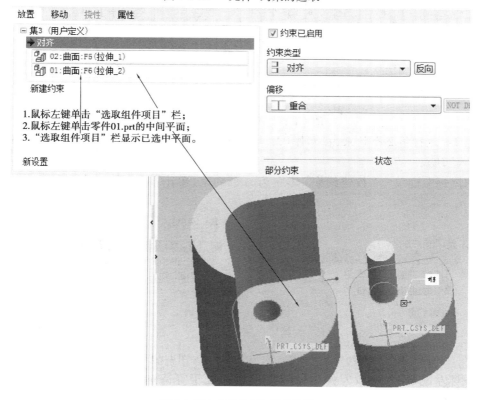

图 4-1-13 "组件"约束的选取

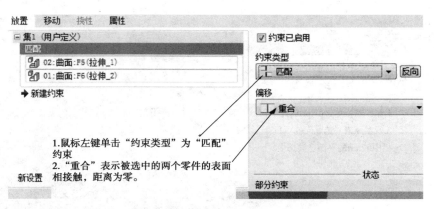

图 4-1-14 "匹配"约束

加油站：

约束类型中"匹配"→"偏距"（"重合""定向"）含义如图 4-1-15 所示。

"匹配"：两个平面反向，或者说面对面。

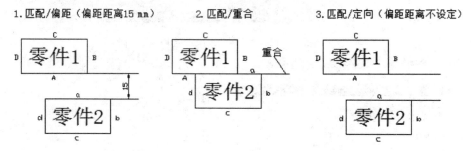

图 4-1-15 不同约束类型的含义

步骤 2 进行第 2 个约束，在零件 02. prt 的圆柱销外表面和零件 01. prt 的对应孔内表面进行"插入"约束。

①用鼠标左键单击"新建约束"建立第二个约束，单击前如图 4-1-16 所示，单击后如图 4-1-17 所示。

图 4-1-16 新建约束

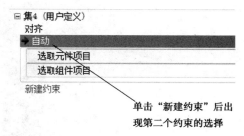

图 4-1-17 新建第二个约束

②鼠标左键单击"选取元件项目"栏，使鼠标处于等待选取元件项目的状态，然后选取 02. prt 的如图 4-1-18 所示圆柱销外表面，选取后"选取元件项目"栏显示被选中的曲面。

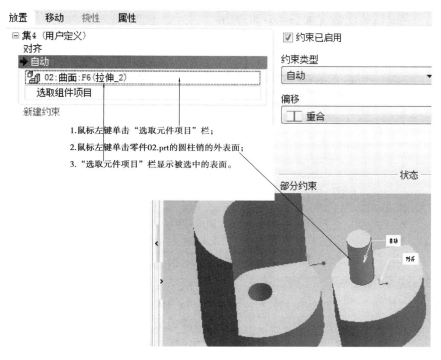

图 4-1-18 第 2 个约束元件的选取

③鼠标左键单击"选取组件项目"栏,使鼠标处于等待选取元件项目的状态,然后选取01.prt的如图 4-1-19 所示孔的内表面,选取后"选取组件项目"栏显示被选中的曲面。

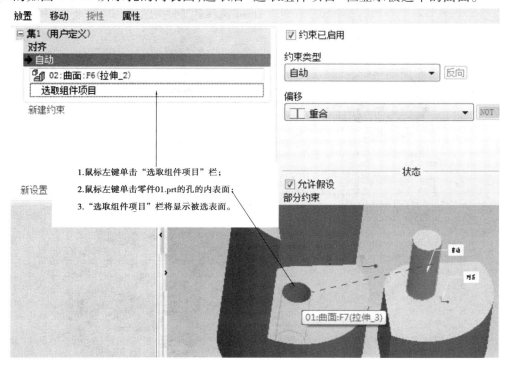

图 4-1-19 第 2 个约束组件的选取

④上一步完成后装配情况如图 4-1-20 所示。

图 4-1-20 "点选"完成的第 2 个约束

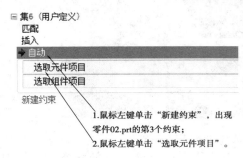

1.鼠标左键单击"新建约束",出现零件02.prt的第3个约束；
2.鼠标左键单击"选取元件项目"。

图 4-1-21 第 3 个约束的建立

方式,结果如图 4-1-24 所示。

步骤3 进行第 3 个约束,零件 02. prt 上的侧面和零件 01. prt 的对应侧面进行约束。

①鼠标左键单击"新建约束",建立零件02. prt 的第 3 个约束,并单击"选取元件项目"栏,使鼠标处于等待选取元件项目的状态,如图 4-1-21 所示。

②鼠标左键单击零件 02. prt 的一个侧面如图 4-1-22 所示。

③鼠标左键单击零件 01. prt 对应的侧面如图 4-1-23 所示。

④选择约束方式为"偏移"类型中的"重合"

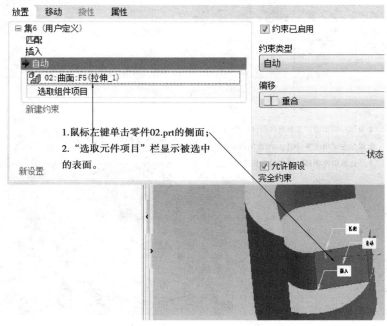

1.鼠标左键单击零件02.prt的侧面；
2."选取元件项目"栏显示被选中的表面。

图 4-1-22 元件的选取

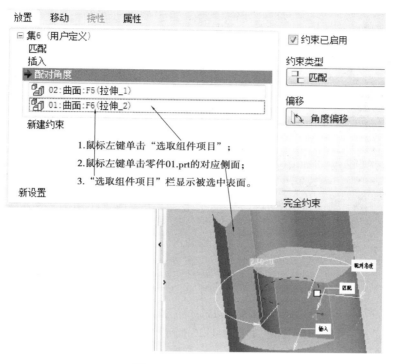

图 4-1-23 组件的选取

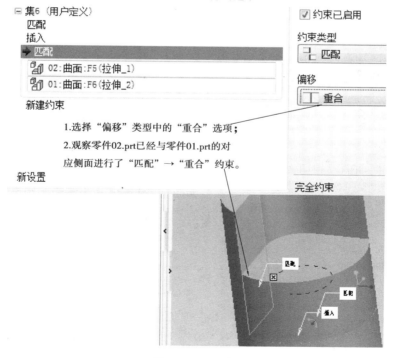

图 4-1-24 重合

四、最终装配图

两个零件装配完成后如图 4-1-1 所示。

任务拓展

零件装配除了上述常用的"匹配""对齐"外,还有一些其他约束装配的方法,简介如下所述。

①"插入":圆轴与圆孔的配合,如图 4-1-25 所示。

图 4-1-25 "插入"约束

②"坐标系":利用坐标系装配,如图 4-1-26 所示,须注意 X、Y、Z 轴的方向。

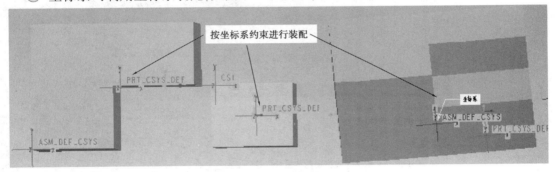

图 4-1-26 "坐标系"约束

③"相切":两曲面以相切方式进行装配,如图 4-1-27 所示。

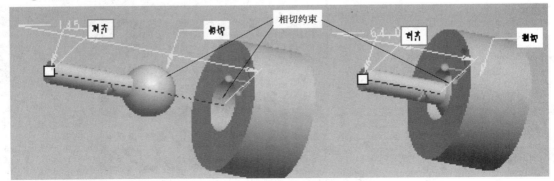

图 4-1-27 "相切"约束

④"线上点":将原件上的任一点与组件的边线,或是边线的延伸作相接,如图 4-1-28 所示。

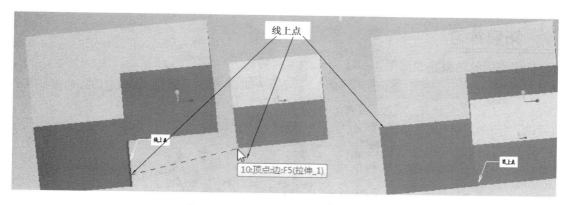

图 4-1-28　"线上点"约束

⑤"曲面上的点"：将原件上的任意一点与组件的面或是面的延伸作相接，如图 4-1-29
所示。

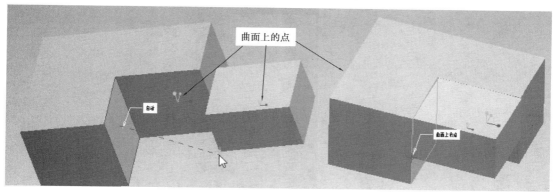

图 4-1-29　"曲面上的点"约束

⑥"曲面上的边"：将原件上的任一边线与组件的面，或是面的延伸作相接，如图 4-1-30
所示。

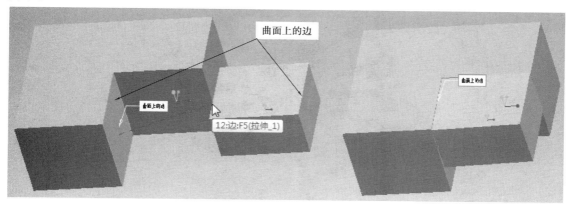

图 4-1-30　"曲面上的边"约束

拓展练习

运用相应的约束完成如图 4-1-31 所示的零件装配。

图 4-1-31　减速器

任务2　花瓣灯的装配

 任务描述

用匹配、对齐、插入等方式对已完成的零件进行装配,装配后的图形如图 4-2-1 所示。

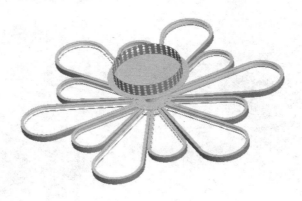

图 4-2-1　花瓣吊灯

任务实施

一、新建进入装配模块

步骤1 选择"新建"→选择"组件"模块→输入名称"4-2-1"→将"使用缺省模块"的钩去掉→单击"确定",如图4-2-2所示。

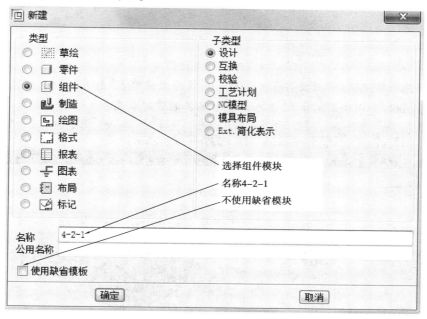

图4-2-2 "组件"对话框

步骤2 选择"mmns_asm_design",从而使装配模板为公制单位毫米牛秒,单击"确定",如图4-2-3所示,进入装配模块。

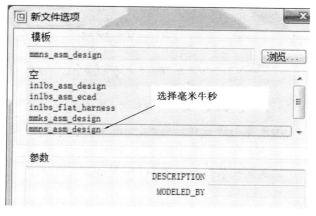

图4-2-3 单位的选择

二、装配第一个零件

步骤 1　鼠标左键单击"装配"命令,如图 4-2-4 所示。

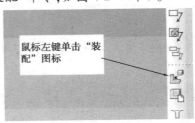

图 4-2-4　装配图标

步骤 2　选择装配模块"源文件"中的 01. prt,鼠标左键单击"打开"按钮,如图 4-2-5 所示,单击"打开"按钮后如图 4-2-6 所示,进入第一个零件的装配状态。

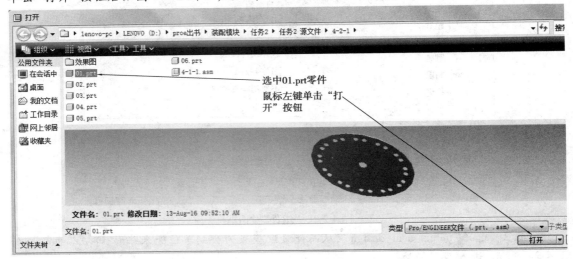

图 4-2-5　零件打开方法

图 4-2-6　零件打开后的约束状态

步骤 3　单击"缺省"约束类型进行初始装配,如图 4-2-7 所示,单击"缺省"约束类型后如图 4-2-8 所示。

步骤 4　零件 01. prt 完成初始装配后如图 4-2-9 所示。

三、装配第二个零件

步骤 1　进行第 1 个约束,零件 02. prt 的中心线和零件 01. prt 的中心线重合。

①鼠标左键单击"装配"命令,如图 4-2-4 所示。

②选择装配模块"源文件"中的 02. prt,鼠标左键单击"打开"按钮,进入第 2 个零件的装

配状态,单击"打开"按钮后如图4-2-10所示。

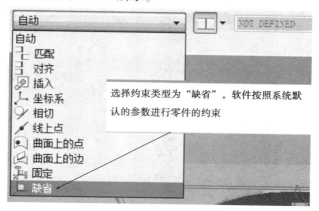

图4-2-7　"缺省"约束

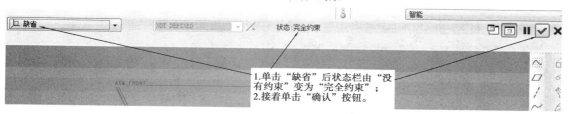

图4-2-8　完全约束

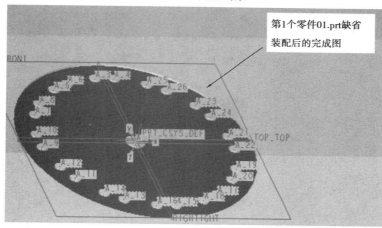

图4-2-9　第1个零件约束完成后的结果

③鼠标左键单击"放置"图标,接着在弹出的"放置"窗口中用鼠标左键单击"选取元件项目"栏,使鼠标处于等待选取元件项目的状态,如图4-2-11所示。

④通过滚动鼠标中键把零件02.prt中心轴线处放大,然后用鼠标左键单击零件02.prt的中心轴线A_3,单击后在"选取元件项目"栏显示A_3已经选中,如图4-2-12所示。

⑤用鼠标左键单击"选取组件项目"栏,通过滚动鼠标中键把零件01.prt中心轴线处放大,然后用鼠标左键单击零件01.prt的中心轴线A_1,单击后在"选取组件项目"栏显示A_1已经选中,如图4-2-13所示。

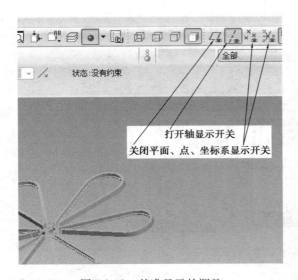

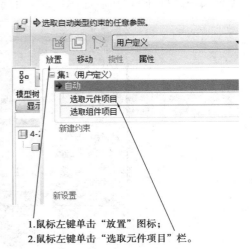

图 4-2-10　基准显示的调整　　　　　　　　图 4-2-11　"放置"对话框

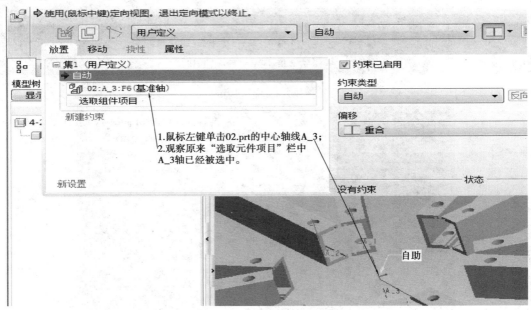

图 4-2-12　"元件"的选取

步骤 2　进行第 2 个约束，对零件 02. prt 的上（或下）表面和零件 01. prt 的对应表面进行匹配约束。

①用鼠标左键单击"新建约束"建立第 2 个约束，单击前如图 4-2-14 所示，单击后如图4-2-15所示。

②鼠标左键单击"选取元件项目"栏，使鼠标处于等待选取元件项目的状态，然后选取02. prt的如图 4-2-16 所示表面，选取后"选取元件项目"栏显示被选中的曲面。

③鼠标左键单击"选取组件项目"栏，使鼠标处于等待选取组件项目的状态，然后选取01. prt的如图 4-2-17 所示表面，选取后"选取组件项目"栏显示被选中的曲面。

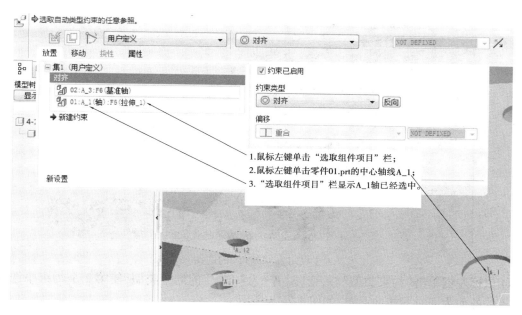

图 4-2-13 "组件"的选取

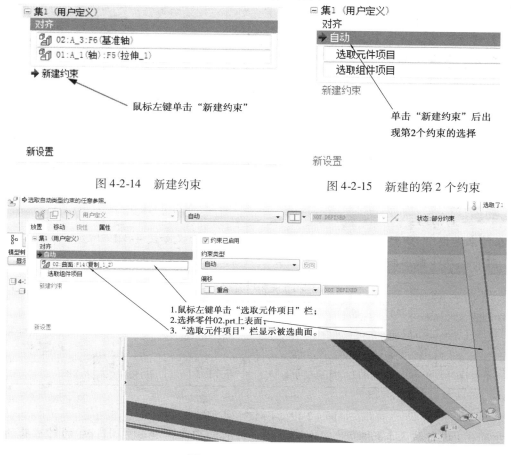

图 4-2-14 新建约束　　　　　　　图 4-2-15 新建的第 2 个约束

图 4-2-16 "元件"的选择

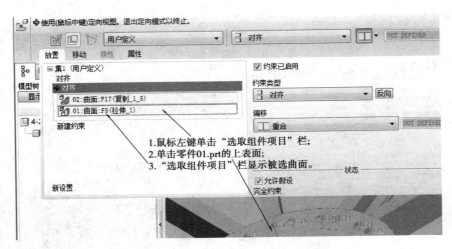

图 4-2-17 "组件"的选择

④鼠标左键单击"约束类型"栏,变"对齐"为"匹配"的约束类型,使第 2 个约束中选取的两个零件的面为面对面相向而置,如图 4-2-18 所示。

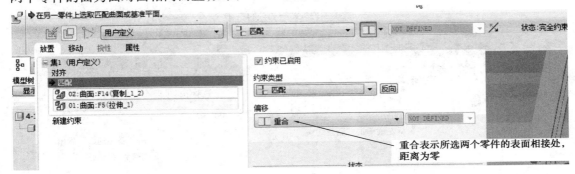

图 4-2-18 约束类型的选择

加油站:

在约束类型中的"对齐"→"偏距"("重合""定向")含义如图 4-2-19 所示。

"对齐":两平面同向。

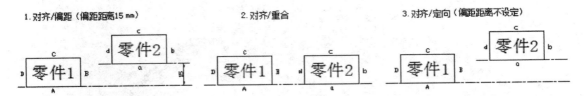

图 4-2-19 不同约束类型的含义

步骤 3 进行第 3 个约束,对零件 02.prt 上的孔的内表面和零件 01.prt 的对应孔的内表面进行约束。

①鼠标左键单击"新建约束",建立零件02. prt 的第 3 个约束,并单击"选取元件项目"栏,使鼠标处于等待选取元件项目的状态,如图 4-2-20 所示。

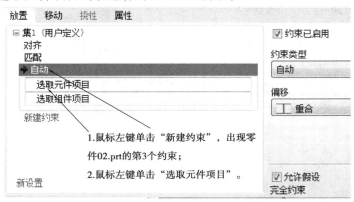

图 4-2-20　新建第 3 个约束

②鼠标左键单击零件02. prt 的一个圆孔内表面,如图 4-2-21 所示。

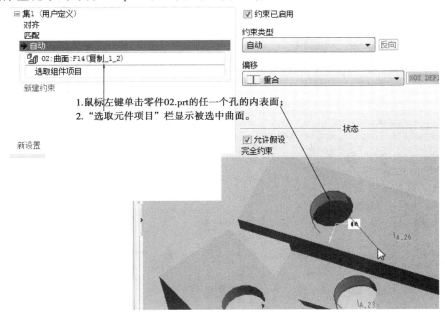

图 4-2-21　"元件"的选择

③鼠标左键单击零件01. prt 周围对应的一个圆孔内表面,和上一步相对应的孔是如图4-2-22所示的 A 孔而不是 B 孔,选择 A 孔内表面如图 4-2-23 所示。

④孔的正确装配结果如图 4-2-24 所示,错误的装配结果如图 4-2-25 所示,第二个零件最终装配结果如图 4-2-26 所示,图 4-2-26 中心孔装配的放大图如图 4-2-27 所示。

四、装配第三个零件

装配零件03. prt,03. prt 的装配方法同第二个零件02. prt 类同,在此简述其安装步骤如下所述。

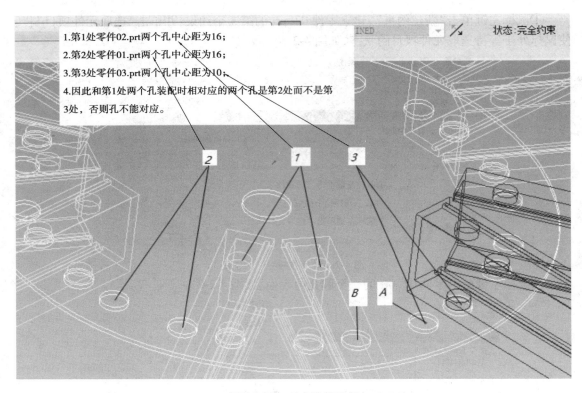

图 4-2-22　对应孔的选择

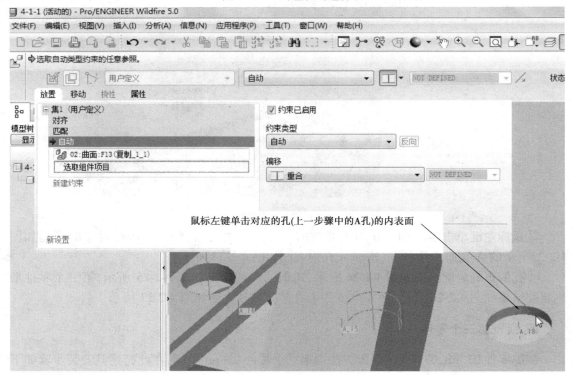

图 4-2-23　"元件"的选择

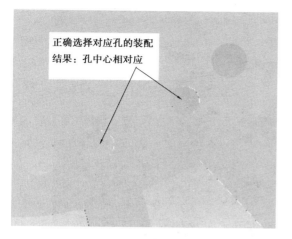

正确选择对应孔的装配
结果：孔中心相对应

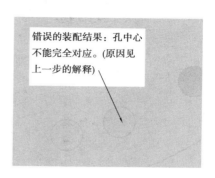

错误的装配结果：孔中心
不能完全对应。(原因见
上一步的解释)

图 4-2-24　孔正确的装配结果　　　　　　图 4-2-25　孔错误的装配结果

图 4-2-26　装配完成图　　　　　　图 4-2-27　装配局部放大图

步骤 1　进行第 1 个约束，零件 03. prt 的中心线和已装配件中的中心线重合。

①单击装配图标，选择 03. prt 进行装配。

②鼠标左键单击"选取元件项目"，然后选取零件 03. prt 的中心轴线。

③鼠标左键单击"选取组件项目"，然后选取零件 01. prt 或者零件 02. prt 的中心轴线。

④第 1 个约束完成，如图 4-2-28 所示。

步骤 2　进行第 2 个约束，对零件 03. prt 的上(或下)表面和零件 01. prt 的对应表面进行匹配约束。

①鼠标左键单击"新建约束"，新建零件 03. prt 的第 2 个约束。

②鼠标左键单击"选取元件项目"，然后选取零件 03. prt 的上(或下)表面。

③鼠标左键单击"选取组件项目"，然后选取零件 01. prt 对应表面，并选择约束类型为"匹配"。

④第 2 个约束完成，如图 4-2-29 所示。

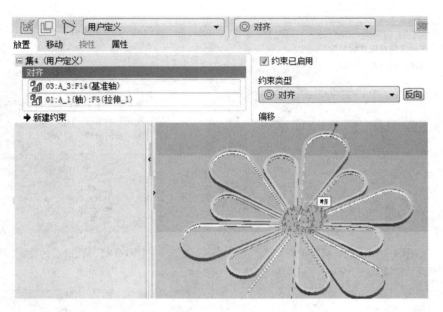

图 4-2-28　第 1 个约束完成结果

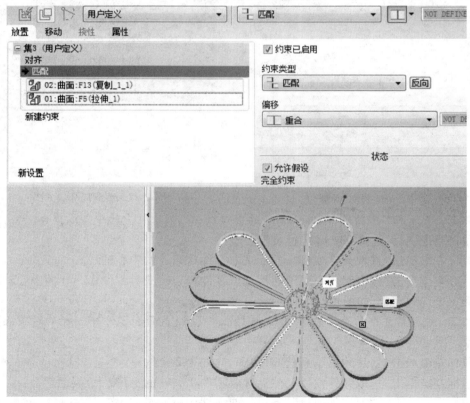

图 4-2-29　第 2 个约束完成结果

步骤 3　进行第 3 个约束,对零件 03. prt 上的孔内表面和零件 01. prt 的对应孔内表面进行约束。

①鼠标左键单击"新建约束",新建零件 03. prt 的第 3 个约束。

②鼠标左键单击"选取元件项目",然后选取零件 03. prt 的一个孔的内表面。

③鼠标左键单击"选取组件项目",然后选取零件 01. prt 对应孔的内表面进行约束。

④第 3 个约束完成,如图 4-2-30 所示。

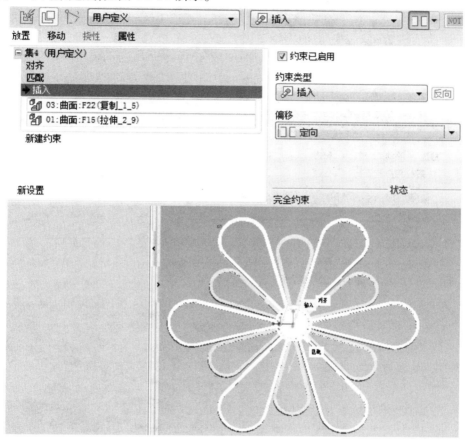

图 4-2-30　第 3 个约束完成结果

五、装配第四个零件

装配零件 04. prt,其安装步骤如下所述。

步骤 1　进行第 1 个约束,零件 04. prt 的中心线和已装配件中的中心线重合。

①单击装配图标,选择 04. prt 进行装配。

②鼠标左键单击"选取元件项目",然后选取零件 04. prt 的中心轴线。

③鼠标左键单击"选取组件项目",然后选取已装配组件的中心轴线。

④第 1 个约束完成,如图 4-2-31 所示。

步骤 2　进行第 2 个约束,对零件 04. prt 的环形表面和零件 02. prt(或者 03. prt)对应的表面进行约束。

①鼠标左键单击"新建约束",新建零件 04. prt 的第 2 个约束。

②鼠标左键单击"选取元件项目",然后选取零件 04. prt 的环形表面,如图 4-2-32 所示。

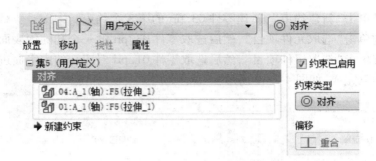

图 4-2-31 第 1 个约束完成结果

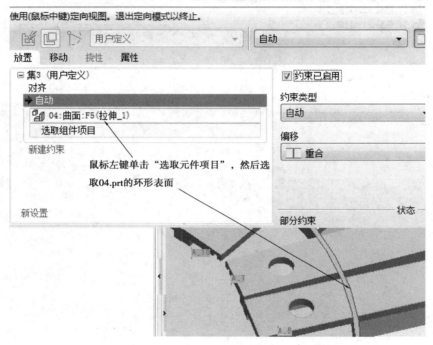

图 4-2-32 "元件"的选取

③鼠标左键单击零件 02. prt(或者 03. prt)对应表面,如图 4-2-33 所示。

步骤 3 第 4 个零件装配完成后如图 4-2-34 所示。

六、装配第五个零件

步骤 1 进行第 1 个约束,零件 05. prt 的中心线和已装配件中的中心线重合。

①单击装配图标,选择 05. prt 进行装配。

②鼠标左键单击"选取元件项目",然后选取零件 05. prt 的中心轴线。

③鼠标左键单击"选取组件项目",然后选取已装配组件的中心轴线。

④第 1 个约束完成,如图 4-2-35 所示。

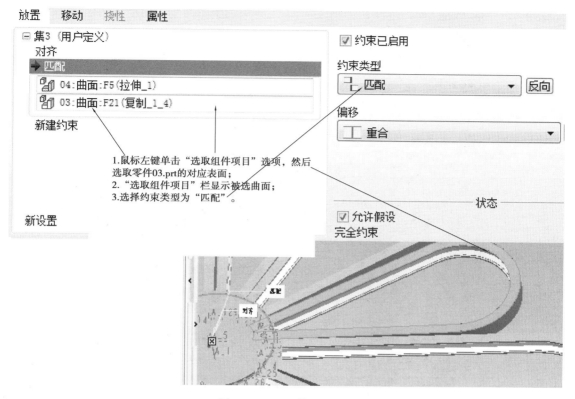

图 4-2-33 "组件"的选取

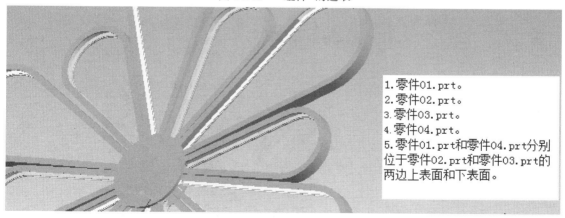

图 4-2-34 第 4 个零件装配完成图

步骤 2 进行第 2 个约束，对零件 05.prt 小端那头的表面和零件 01.prt 对应的表面进行约束。

①鼠标左键单击"新建约束"，新建零件 05.prt 的第 2 个约束。

②鼠标左键单击"选取元件项目"，然后选取零件 05.prt 小端那头的表面，如图 4-2-36 所示。

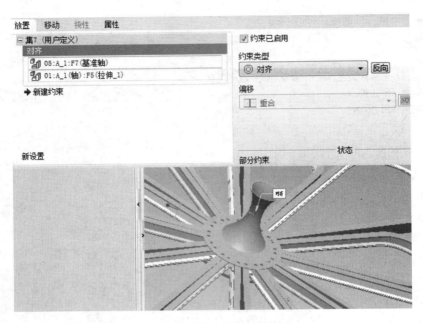

图 4-2-35　第 1 个约束完成图

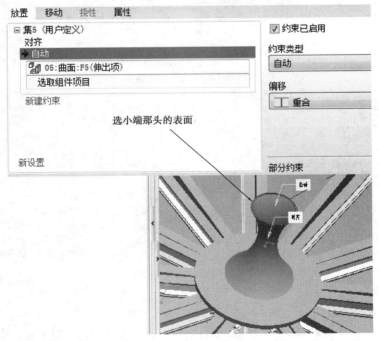

图 4-2-36　"元件"的选取

③鼠标左键单击零件 01. prt 对应表面,选择"匹配"约束类型,偏移类型选择"重合",如图 4-2-37 所示。

步骤 3　第 5 个零件装配完成后如图 4-2-38 所示。

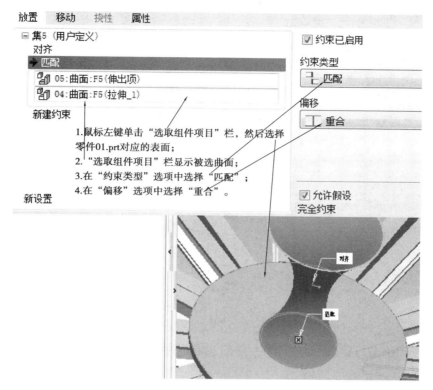

图 4-2-37　"组件"的选取

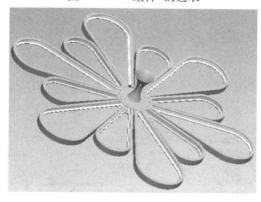

图 4-2-38　第 5 个零件装配完成图

七、装配第六个零件

步骤 1　进行第 1 个约束,零件 06. prt 的中心线和已装配件中的中心线重合。

①单击装配图标,选择 06. prt 进行装配。

②鼠标左键单击"选取元件项目",然后选取零件 06. prt 的中心轴线。

③鼠标左键单击"选取组件项目",然后选取已装配组件的中心轴线。

④第 1 个约束完成,如图 4-2-39 所示。

步骤 2　进行第 2 个约束,对零件 06. prt 无圆环一端的平面和零件 05. prt 对应的表面进行约束。

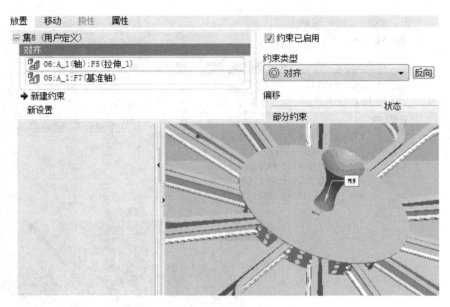

图 4-2-39　第 1 个约束完成图

①鼠标左键单击"新建约束",新建零件 06. prt 的第 2 个约束。

②鼠标左键单击"选取元件项目"栏,然后选取零件 06. prt 无圆环一端的平面,如图4-2-40所示。

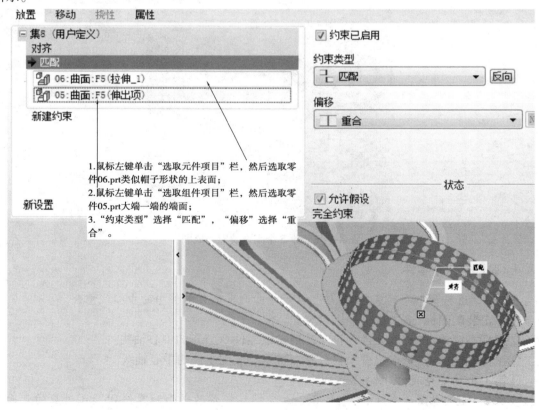

图 4-2-40　第 6 个零件装配完成图

③鼠标左键单击"选取组件项目"栏,然后选取零件 05.prt 大端一端的端面。

④第 6 个零件约束完成后如图 4-2-40 所示。

八、最终装配图

6 个零件全部装配完成后如图 4-2-1 所示。

 任务拓展

①元件或组件约束的移除:在待移除的地方单击鼠标右键,弹出"移除"窗口,鼠标滑移到"移除"处,单击鼠标左键进行移除约束操作,如图 4-2-41 所示。

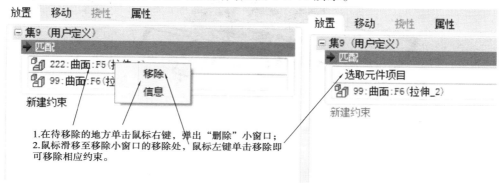

图 4-2-41　元件或组件约束的移除

②整个约束的删除:在待删除的约束处单击鼠标右键,弹出"删除"窗口,鼠标滑移到"删除"处单击鼠标左键进行删除约束操作,如图 4-2-42 所示。

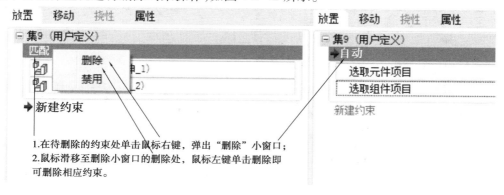

图 4-2-42　整个约束的删除

 **拓展练习**

运用相应的约束完成如图 4-2-43 所示的零件装配。

图 4-2-43　吊灯

任务3 四层方形吸顶灯装配

任务描述

用匹配、对齐、插入等方式对已完成的零件进行装配,装配后的图形如图4-3-1所示。

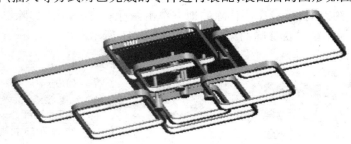

图 4-3-1 四层方形吸顶灯

任务实施

一、新建进入装配模块

步骤1 选择"新建"→选择"组件"模块→输入名称"4-3-1"→将"使用缺省模块"的钩去掉→单击"确定",如图4-3-2所示。

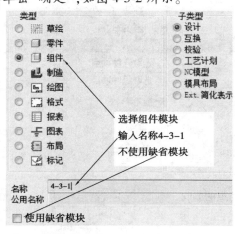

图 4-3-2 "组建"对话框

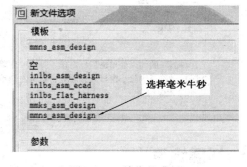

图 4-3-3 单位的选择

步骤2 选择"mmns_asm_design",从而使装配模板为公制单位为毫米牛秒,单击"确定",如图4-3-3所示,进入装配模块。

二、装配第一个零件

步骤1 鼠标左键单击"装配"命令,如图4-3-4所示。

步骤 2 选择装配模块"源文件"中的 01. prt,鼠标左键单击"打开"按钮,如图 4-3-5 所示,单击"打开"按钮后如图 4-3-6 所示,进入第一个零件的装配状态。

步骤 3 单击"缺省"约束类型进行初始装配,如图 4-3-7 所示,单击"缺省"约束类型后如图 4-3-8 所示。

步骤 4 零件 01. prt 完成初始装配后如图 4-3-9 所示。

鼠标左键单击"装配"图标

图 4-3-4 "装配"图标

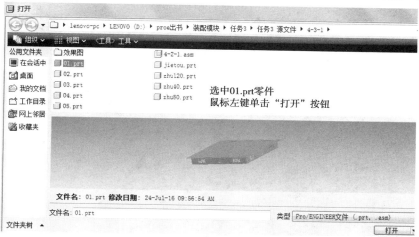

选中01.prt零件
鼠标左键单击"打开"按钮

图 4-3-5 零件的打开方法

此时状态为"没有约束"

图 4-3-6 零件打开后的约束状态

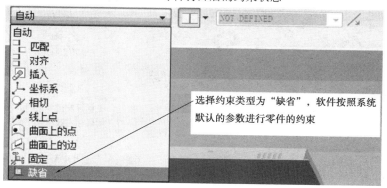

选择约束类型为"缺省",软件按照系统默认的参数进行零件的约束

图 4-3-7 单击"缺省"选项

三、装配第二个零件

步骤 1 进行第 1 个约束,零件 jietou. prt 带螺纹端的端面和零件 01. prt 的对应表面进行匹配约束。

283

图 4-3-8　缺省约束

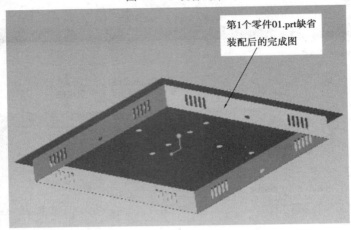

图 4-3-9　第 1 个零件装配完成图

①鼠标左键单击"装配"命令,如图 4-3-4 所示。

②选择装配模块"源文件"中的 jietou.prt,鼠标左键单击"打开"按钮,进入第 2 个零件的装配状态,单击"打开"按钮后如图 4-3-10 所示。

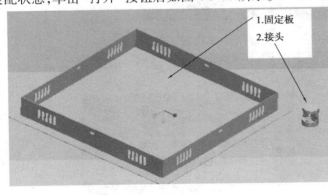

图 4-3-10　打开的第 2 个零件

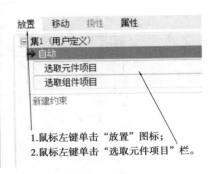

图 4-3-11　"放置"窗口

③鼠标左键单击"放置"图标,接着在弹出的"放置"窗口中用鼠标左键单击"选取元件项目"栏,使鼠标处于等待选取元件项目的状态,如图 4-3-11 所示。

④通过滚动鼠标中键把零件 jietou.prt 放大,然后用鼠标左键单击零件 jietou.prt 带螺纹头的端面,单击后在"选取元件项目"栏显示被选中曲面,如图 4-3-12 所示。

⑤用鼠标左键单击"选取组件项目"栏,然后用鼠标左键单击零件 01.prt 对应的平面,单击后在"选取组件项目"栏显示被选中的曲面,如图 4-3-13 所示。

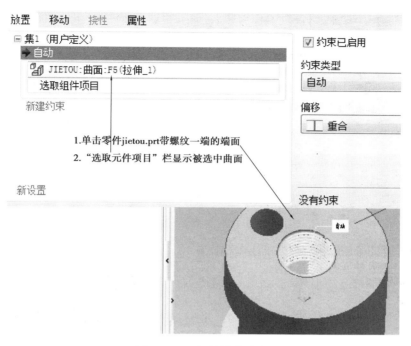

图 4-3-12　"元件"的选取

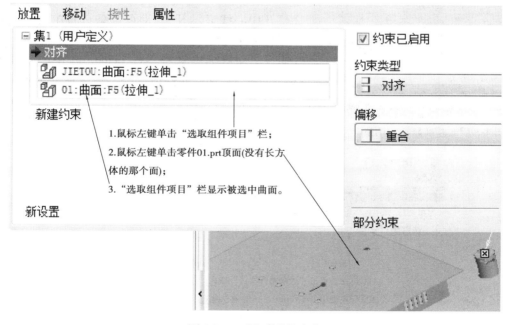

图 4-3-13　"组件"的选取

⑥用鼠标左键单击"约束类型"为"匹配"约束,如图 4-3-14 所示。

步骤 2　进行第 2 个约束,零件 jietou. prt 的中心线和零件 01. prt 对应孔的中心线重合。

①用鼠标左键单击"新建约束"处,建立第 2 个约束,单击前如图 4-3-15 所示,单击后如图 4-3-16 所示。

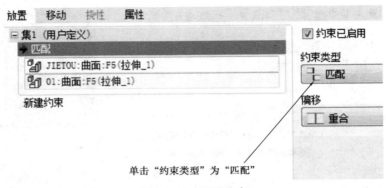

单击"约束类型"为"匹配"

图 4-3-14　匹配约束

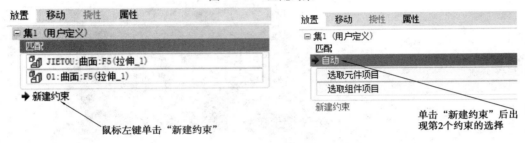

鼠标左键单击"新建约束"

单击"新建约束"后出现第2个约束的选择

图 4-3-15　新建约束　　　　　　　图 4-3-16　新建第 2 个约束

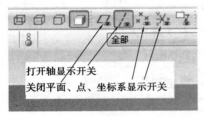

打开轴显示开关
关闭平面、点、坐标系显示开关

图 4-3-17　基准显示的调整

②打开中心线显示开关,即可准备进行中心线的约束设置,如图 4-3-17 所示。

③通过滚动鼠标中键将零件 jietou. prt 中心轴线处放大,鼠标左键单击"选取元件项目"栏,使鼠标处于等待选取元件项目的状态,然后用鼠标左键单击零件 jietou. prt 的中心轴线 A_1,单击后在"选取元件项目"栏会显示 A_1 已经选中,如图 4-3-18 所示。

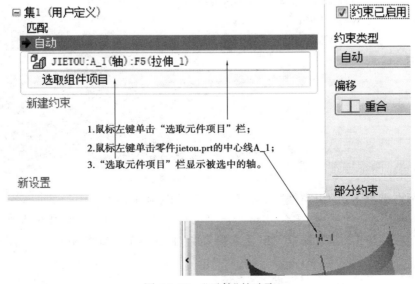

1.鼠标左键单击"选取元件项目"栏;
2.鼠标左键单击零件jietou.prt的中心线A_1;
3."选取元件项目"栏显示被选中的轴。

图 4-3-18　"元件"的选取

④用鼠标左键单击"选取组件项目"栏，通过滚动鼠标中键将零件 01. prt 对应孔的中心轴线处放大，然后用鼠标左键单击零件 01. prt 对应孔（距离零件 01. prt 中心距离最远的孔）的中心轴线 A_2，单击后在"选取组件项目"栏显示 A_2 已经选中，如图 4-3-19 所示。

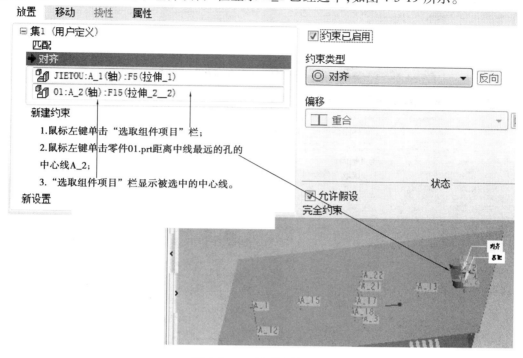

图 4-3-19　"组件"的选取

步骤 3　进行第 3 个约束，对零件 jietou. prt 中间平面和零件 01. prt 的对应孔平面进行平行约束。

①鼠标左键单击"新建约束"，建立零件 jietou. prt 的第 3 个约束，并单击"选取元件项目"栏，使鼠标处于等待选取元件项目的状态，如图 4-3-20 所示。

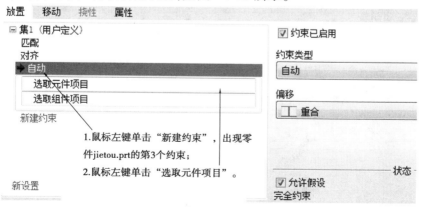

图 4-3-20　新建第 3 个约束

②鼠标左键单击零件 02. prt 的一个圆孔内表面，如图 4-3-21 所示。

③鼠标左键单击"选取元件项目"栏，使鼠标处于等待选取元件项目的状态，然后单击零

件 jietou. prt 最靠近的零件 01. prt 的侧面,如图 4-3-22 所示,然后再将图 4-3-22 中所示"偏移"类型"角度偏移"所对应的度数"270"改为"180",修改角度后零件 jietou. prt 中间竖直面朝向零件 01. prt 的外面并和刚刚选择的 01. prt 侧面平行,如图 4-3-23 所示。

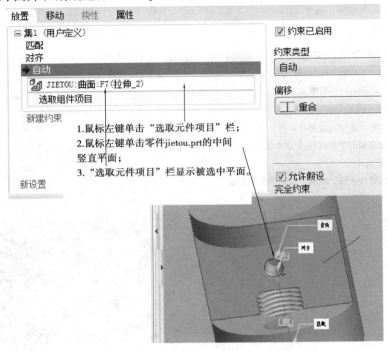

图 4-3-21 "元件"的选取

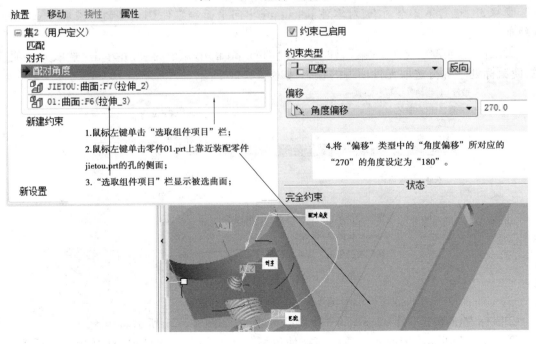

图 4-3-22 "组件"的选取

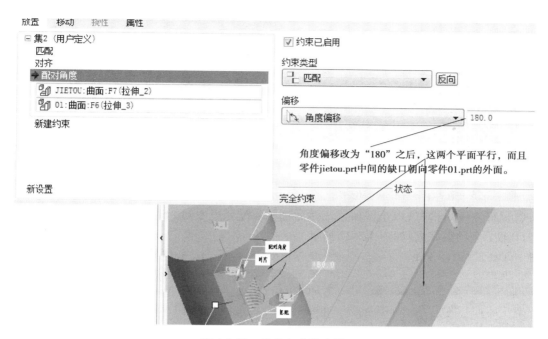

图 4-3-23 约束方式的选择

④零件 jietou. prt 的正确装配结果如图 4-3-24 所示,错误的装配结果如图 4-3-25 和图 4-3-26所示。

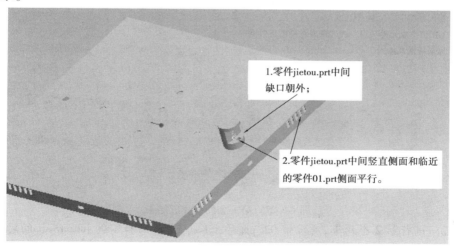

1.零件jietou.prt中间缺口朝外;

2.零件jietou.prt中间竖直侧面和临近的零件01.prt侧面平行。

图 4-3-24 第 2 个零件正确装配的结果

四、装配第三个零件

装配零件 02. prt,其安装步骤如下所述。

步骤 1 进行第 1 个约束,对零件 02. prt 的 TOP 面与装配环境中的 ASM_TOP 面进行对齐约束。

①单击装配图标,选择 02. prt 进行装配。

②鼠标左键单击"选取元件项目",然后选取零件 02. prt 的 TOP 面。

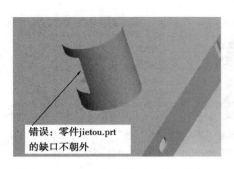

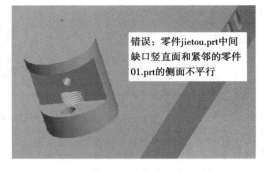

图 4-3-25　第 2 个零件错误装配结果 1　　　　图 4-3-26　第 2 个零件错误装配结果 2

③鼠标左键单击"选取组件项目"，然后选取装配环境中的 ASM_TOP 面。

④第 1 个约束完成，如图 4-3-27 所示。

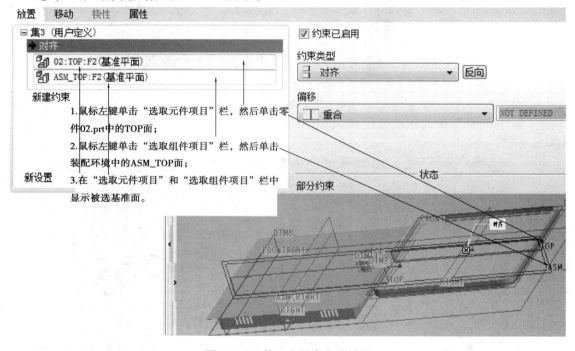

图 4-3-27　第 1 个约束完成结果

步骤 2　进行第 2 个约束，对零件 02. prt 的上（或下）表面和零件 jietou. prt 的对应表面进行匹配约束。

①鼠标左键单击"新建约束"，新建零件 02. prt 的第 2 个约束。

②鼠标左键单击"选取元件项目"，然后选取零件 02. prt 的上（或下）表面。

③鼠标左键单击"选取组件项目"，然后选取零件 jietou. prt 对应表面。

④第 2 个约束的选择如图 4-3-28 所示。

⑤最后选择约束类型为"匹配"，第 2 个约束完成，如图 4-3-29 所示。

步骤 3　进行第 3 个约束，对零件 02. prt 的侧面和零件 jietou. prt 中间缺口处竖直面进行匹配约束。

①鼠标左键单击"新建约束"，新建零件 02. prt 的第 3 个约束。

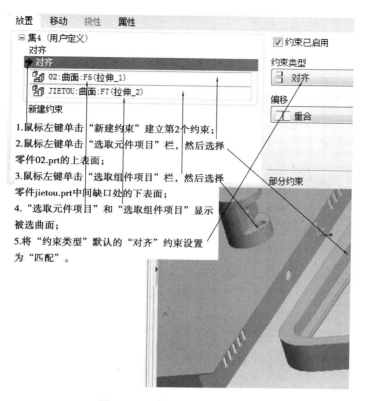

图 4-3-28 第 2 个约束的选择

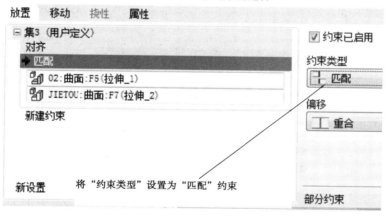

图 4-3-29 约束类型的选择

②鼠标左键单击"选取元件项目",然后选取零件 02. prt 的侧面,如图 4-3-30 所示。

③鼠标左键单击"选取组件项目",然后选取零件 jietou. prt 中间缺口的竖直面进行约束,如图 4-3-31 所示。

④第 3 个约束完成,单击确定图标"√",完成第 3 个零件的装配,如图 4-3-32 所示。

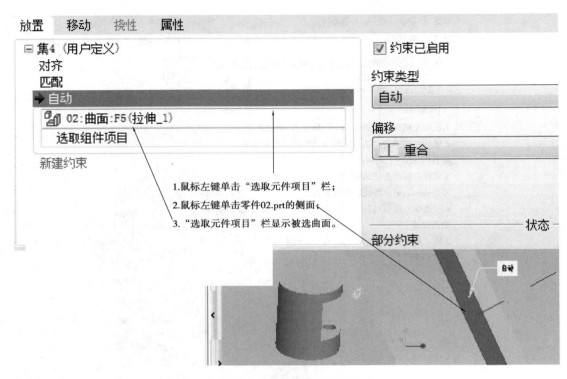

图 4-3-30 "元件"的选择

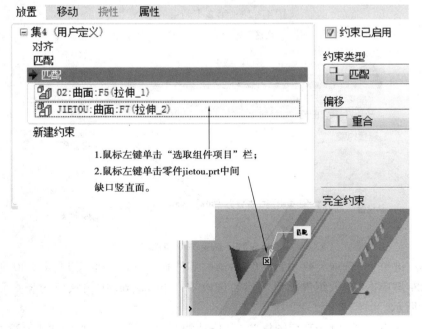

图 4-3-31 "组件"的选择

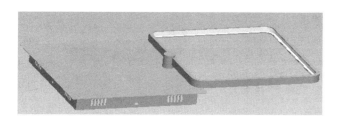

图 4-3-32　第 3 个零件装配完成的效果

五、装配第 4 个零件

装配零件 jietou. prt,其安装步骤和第 2 个零件的安装方法相同,安装完成后如图 4-3-33 所示。

六、装配第 5 个零件

装配零件 02. prt,其安装步骤和第 3 个零件的安装方法相同,安装完成后如图 4-3-34 所示。

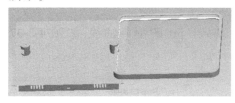

图 4-3-33　第 4 个零件装配完成的效果

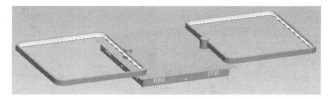

图 4-3-34　第 5 个零件装配完成的效果

七、装配第 6 个零件

装配零件 zhu40. prt,其安装步骤如下所述。

步骤 1　进行第 1 个约束,零件 zhu40. prt 的中心线和零件 01. prt 上对应的孔中心线约束重合。

①单击装配图标,选择 zhu40. prt 进行装配。

②鼠标左键单击"选取元件项目",然后选取零件 zhu40. prt 的中心轴线,如图 4-3-35 所示。

③鼠标左键单击"选取组件项目",然后选取零件 01. prt 顶面(无散热孔面),选择"约束类型"为"匹配"约束,如图 4-3-36 所示。

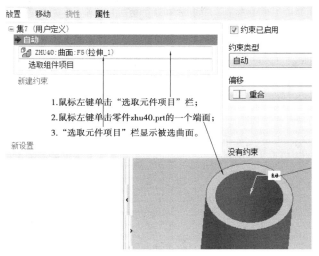

图 4-3-35　"元件"的选取

步骤 2　进行第 2 个约束,对零件 zhu40. prt 的中心轴线和零件 01. prt 对应孔的中心线进行重合约束。

①鼠标左键单击"新建约束",新建零件 zhu40. prt 的第 2 个约束。

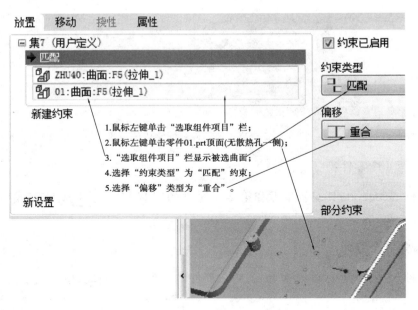

图 4-3-36 "组件"的选取

②鼠标左键单击"选取元件项目",然后选取零件 zhu40. prt 的中心轴线,如图 4-3-37 所示。

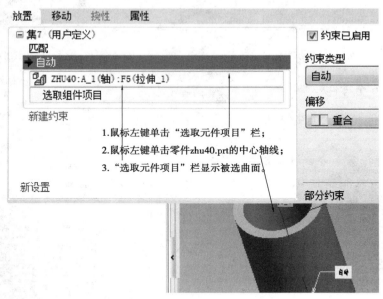

图 4-3-37 "元件"的选取

③鼠标左键单击"选取组件项目",然后选取零件 01. prt 上对应孔的中心轴线 A_18,如图 4-3-38 所示。

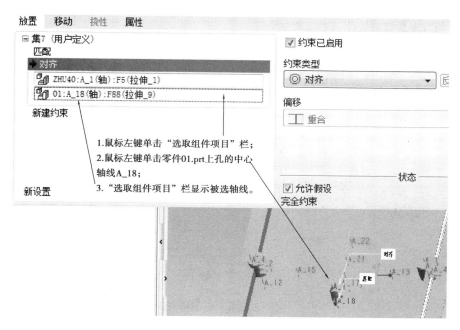

图 4-3-38　"组件"的选取

步骤3　第6个零件装配完成后如图4-3-39所示。

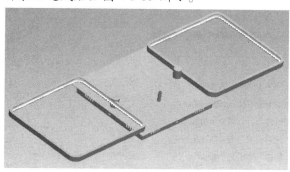

图 4-3-39　第6个零件装配完成的效果

八、装配第7个零件

装配零件 jietou. prt,其安装步骤如下所述。

步骤1　进行第1个约束,对零件 jietou. prt 带螺纹端的端面和零件 zhu40. prt 端面进行匹配约束。

①单击装配图标,选择 jietou. prt 进行装配。

②鼠标左键单击"选取元件项目",然后选取零件 jietou. prt 的带螺纹端的端面,如图4-3-40所示。

③鼠标左键单击"选取组件项目",然后选取零件 zhu40. prt 的端面,如图4-3-41所示。

步骤2　进行第2个约束,对零件 jietou. prt 的中心轴线和零件 zhu40. prt 的中心轴线进行重合约束。

①鼠标左键单击"新建约束",新建零件 jietou. prt 的第2个约束。

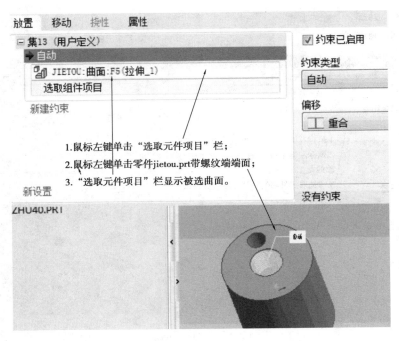

图 4-3-40 "元件"的选择

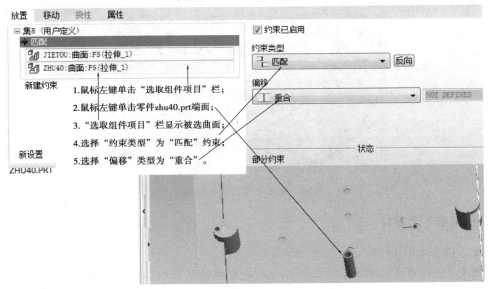

图 4-3-41 "组件"的选择

②鼠标左键单击"选取元件项目",然后选取零件 jietou.prt 的中心轴线。

③鼠标左键单击"选取组件项目",然后选取零件 zhu40.prt 的中心轴线,如图 4-3-42 所示。

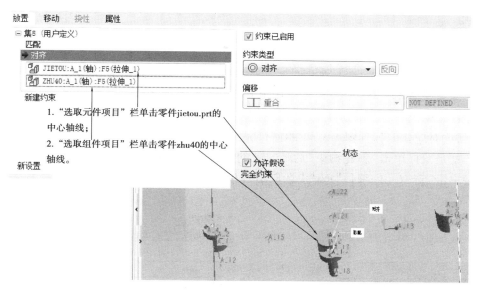

图 4-3-42　约束的选择

步骤 3　进行第 3 个约束，对零件 jietou. prt 中间缺口竖直面和邻近零件 01. prt 的侧面进行匹配约束。

①鼠标左键单击"新建约束"，新建零件 jietou. prt 的第 3 个约束，选择"约束类型"为"匹配"约束。

②鼠标左键单击"选取元件项目"，然后选取零件 jietou. prt 中间缺口的竖直面。

③鼠标左键单击"选取组件项目"，然后选取零件 jietou. prt 邻近零件 01. prt 的侧面，选择"偏移"类型为"角度偏移"，并输入偏移角度为"180"，如图 4-3-43 所示。

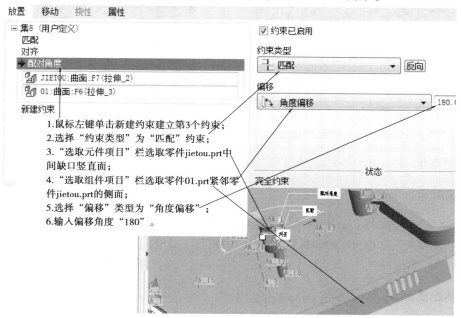

图 4-3-43　约束及约束类型的选择

加油站：

"约束类型"中"匹配"约束有时需要用到"角度偏移"类型的约束,如图4-3-44所示,但实际运用中却显示图4-3-45的窗口,以至于用户找不到"角度偏移"约束类型,从而导致无法按照需要进行约束。

那么,这时应如何找到图4-3-44的窗口呢?

技巧就是鼠标单击"新建约束"后建立新的约束,此时的"约束类型"为"自动",如果这个时候直接单击"选取元件项目"或者"选取组件项目"进行项目选取,则会出现图4-3-45所示窗口。

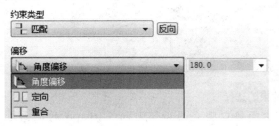

图 4-3-44　匹配约束选项　　　　　　　　　图 4-3-45　"自动"约束选项

因此,当新建约束后,首先单击"约束类型"中的"匹配",再进行"选取元件项目"或者"选取组件项目"的选取,这时如果约束许可,就会出现"角度偏移"的约束。

步骤4　第7个零件装配完成后如图4-3-46所示,图4-3-46中间部分放大图如图4-3-47所示。

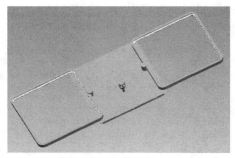

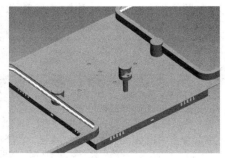

图 4-3-46　第7个零件装配完成的效果　　　图 4-3-47　第7个零件装配局部放大图

九、装配第 8 个零件

装配零件03.prt,其安装步骤和第3个零件02.prt的安装方法类似(区别仅是第一个约束选择的是"RIGHT"和"ASM_RIGHT",而不是"TOP"与"ASM_TOP"),安装完成后如图4-3-48所示。

十、装配第 9、10、11 个零件

依次装配零件 zhu40.prt,jietou.prt,03.prt 3 个零件,其安装步骤和上述安装方法类似,安装完成后如图4-3-49所示。

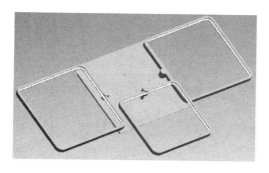

图 4-3-48　第 8 个零件装配完成的效果　　　图 4-3-49　第 9、10、11 个零件装配完成的效果

十一、装配第 12、13、14 个零件

依次装配零件 zhu80. prt，jietou. prt，04. prt 3 个零件，其安装步骤和上述安装方法类似，安装完成后如图 4-3-50 所示。

图 4-3-50　第 12、13、14 个零件装配图　　　　图 4-3-51　第 15、16、17 个零件装配图

十二、装配第 15、16、17 个零件

依次装配零件 zhu80. prt，jietou. prt，04. prt 3 个零件，其安装步骤和上述安装方法类似，安装完成后如图 4-3-51 所示。

十三、装配第 18、19、20、21、22、23 个零件

依次装配零件 zhu120. prt，jietou. prt，05. prt 3 个零件，其安装步骤和上述安装方法类似，安装完成后如图 4-3-52 所示。

十四、最终装配图

23 个零件全部装配完成后如图 4-3-1 所示。

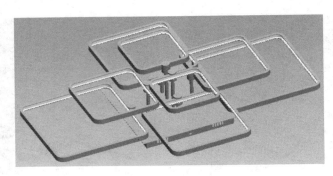

图 4-3-52　总装配图

 任务拓展

一、约束的含义

当单击装配图标，打开一个待装配的零件时，就需要对该零件进行位置选择，即定位，比如在 X 方向放在哪里？Y 方向放在哪里？Z 方向放在哪里？

对零件的位置进行定位就是用户所用到的约束。

二、约束方法选择的技巧

举例讲解，如第 3 个零件 02.prt 的装配。

首先，如图 4-3-27 所示，对零件 02.prt 中的基准面 TOP 和装配环境中的 ASM_TOP 进行"对齐"约束，表示两个基准面的黄色面是朝向同一方向的，从而对零件 02.prt 在基准面 TOP 的垂直方向即前后方向上进行了固定。

其次，如图 4-3-28 所示，通过对零件 02.prt 的上表面和零件 jietou.prt 中间缺口下表面进行"匹配"约束，从而限制了零件 02.prt 的上下移动。

通过上述两个约束，零件 02.prt 已经不能进行前后和上下移动了，现在只剩下左右可以移动了。

因此，接着通过图 4-3-30 对零件 02.prt 进行左右方向移动的限制，从而对零件 02.prt 的 X、Y、Z 3 个方向均进行约束，即"完全约束"，零件 02.prt 的约束完成。

在这里，需要注意第 3 个约束的选择，在图 4-3-30 中，"选取元件项目"只能选择零件 02.prt的图 4-3-30 显示的面，而不可以选择如图 4-3-53 所示的面。

那么不能选择图 4-3-53 中所示箭头所指的面的原因是什么呢？

因为第 1、2 个约束已经对零件 02.prt 在前后和上下方向上进行了固定，因此能够满足图 4-3-32 装配要求，即和零件 jietou.prt 中间缺口竖直面进行"匹配"约束的零件 02.prt 上的面只能是图 4-3-30 上箭头所指的面。

如果选取图 4-3-53 箭头所指的面，那么进行"匹配"则会显示"约束无效"，要么只能进行"对齐"约束，但"对齐"约束是无法达到图 4-3-32 所示的装配要求。

因此，在进行一个零件的第 3 个约束时，在满足零件装配预期结果的前提下，需要理解前两个约束的限制情况，再对第 3 个约束的"选取元件项目"和"选取组件项目"进行有效选取。

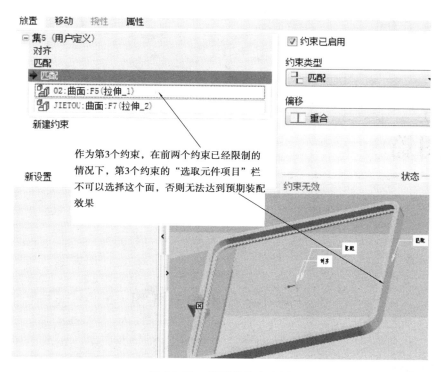

图 4-3-53　错误的约束选择

拓展练习

运用适合的约束完成如图 4-3-54 所示的零件装配。

图 4-3-54　组合件

模块五
工程图篇

任务 1　积木的三视图

 **任务描述**

创建"模块二"中"任务一"工件的三视图，如图 5-1-1 所示。

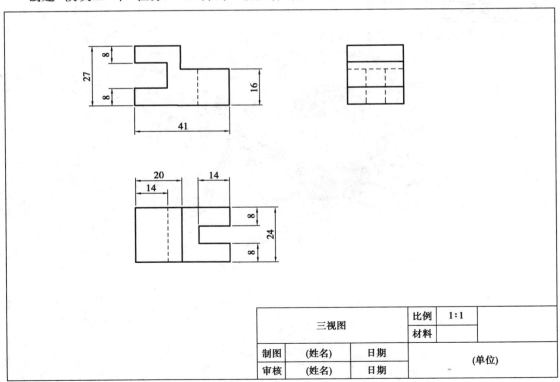

三视图			比例	1:1
			材料	
制图	(姓名)	日期	(单位)	
审核	(姓名)	日期		

图 5-1-1　积木三视图

任务实施

一、新建进入工程图模块

工程图模块是 Pro/E 的独立模块,其进入方式和零件模块的进入方式相似,具体操作方法如下所述。

　　步骤 1　启动 Pro/E 软件后,单击"新建"按钮 □,或者在"文件菜单栏"中单击新建命令。

　　步骤 2　如图 5-1-2 所示,在弹出的"新建"对话框中,单击"绘图",在对应的"名称"文本框中输入名称"5-1-1",不使用缺省模板,单击"确定"。

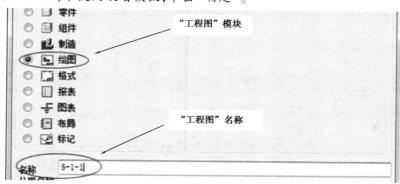

图 5-1-2

　　步骤 3　如图 5-1-3 所示,在弹出的"新制图"对话框中,"指定模板"为"空",采用"横向",标准大小为"A4",单击"确定",进入工程图绘图界面。

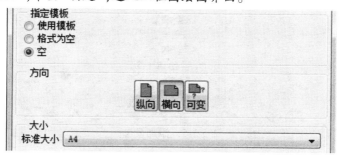

图 5-1-3　新建任务

　　在进入工程图模块后,用户还需要对工程图的配置文件进行修改,并将长度单位由英寸改为毫米。

　　步骤 4　修改工程图配置文件。单击"工具菜单栏"的"选项",在弹出的如图 5-1-4 所示"选项"对话框中,单击"仅显示从文件加载的选项",然后将"pro_unit_length"的值更改为"unit_mm",单击"确定"。

二、创建三视图

1. 添加工程图模型

在绘制工程图之前,需要使零件模型和工程图之间产生关联,系统才可以生成指定模型的工程图。

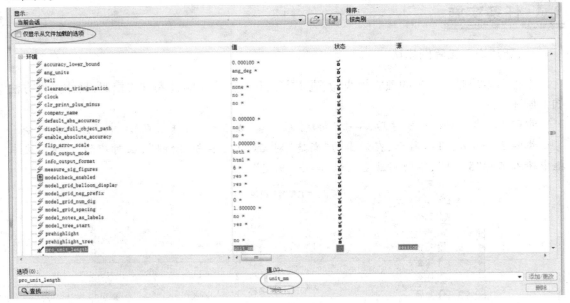

图 5-1-4　配置文件

步骤　单击"添加模型"命令▣,在弹出的如图 5-1-5 所示"菜单管理器"中,单击"添加模型",然后找到模型"2-1"打开即可。

图 5-1-5　添加模型

2. 创建主视图

主视图在工程图之中通常是用来表达零件的主要结构的,并且是第一个被创建的视图。其创建方法如下所述。

步骤 1　单击"创建一般视图"命令▣,单击绘图区域适当位置,在弹出的如图 5-1-6 所示"绘制视图"对话框中,在"视图类型"栏中,在选择恰当的投影视图后,单击应用可以观察到该投影视图是否合适。

步骤 2　在"绘制视图"对话框中,如图 5-1-7 所示"视图显示"栏中,显示线型选择"隐藏线",其余采取默认设置,单击"确定"。创建完毕后效果如图 5-1-8 所示。

注意: 只有创建完毕主视图后才能创建其他的视图,同时不能随意删除主视图,以免影响其他视图。

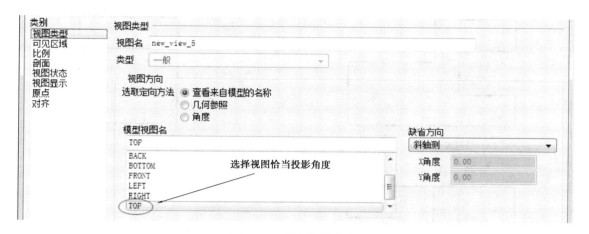

图 5-1-6 设置投影方向

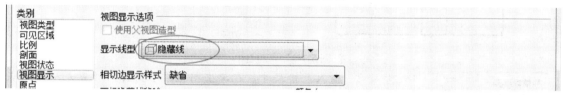

图 5-1-7 显示线型

3. 创建投影视图

步骤 1 创建左视图。长按主视图,如图 5-1-9 所示,在弹出的对话框中单击"插入投影视图",选择主视图右侧合适的位置,单击即可放置左视图,完成效果如图 5-1-10 所示。

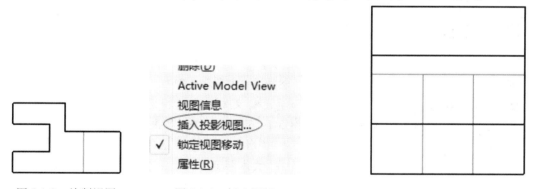

图 5-1-8 绘制视图 图 5-1-9 插入视图 图 5-1-10 左视图

步骤 2 创建俯视图。长按主视图,在弹出的对话框中单击"插入投影视图",选择主视图下方合适的位置,单击即可放置俯视图。至此 3 个视图创建完毕,完成效果如图 5-1-11 所示。

三、创建标题栏

在工程图中,标题栏可以由模板生成,也可以插入表格的形式绘制。在此以插入表格的方式讲解标题栏的绘制,操作方法如下所述。

步骤 1 插入表格。在"表"|表工具栏中,单击"插入表"命令▦,在弹出的表格菜单管理器(图 5-1-12)中,"创建表"的方式选择"升序""左对齐""按长度","获得点"方式选择"选出点",然后单击图框右下角作为放置表格的脚点。

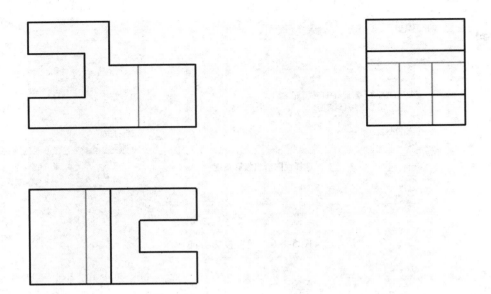

图 5-1-11　三视图

菜单管理器

▼ 创建表
降序
升序
右对齐
左对齐
按字符数
按长度
完成
退出

▼ 获得点
选出点
顶点
图元上
相对坐标
绝对坐标
完成
退出

图 5-1-12　设置点

步骤2　输入表格尺寸。在单击图框右下角作为放置表格的脚点后,系统会弹出设置表格每列宽带、每行高度尺寸的选项,此时用户只需按照如图 5-1-13 所示的尺寸依次输入,每次输入一个尺寸,按一次"回车"键即可,如果宽度尺寸或者高度尺寸输入完毕,则再按一次"回车"键表示尺寸输入结束。完成效果如图 5-1-14 所示。

注意:在输入行(列)尺寸时,输入的是每行(列)之间的距离,它们呈单向递增(减)性。

步骤3　合并单元格。如图 5-1-15 所示,按住键盘上的"Ctrl"键,依次选择需要合并的单元格。选择后对应的表格会高亮,然后单击"表"工具栏中的"合并单元格"命令即可。其余表格合并方法类似。

步骤4　添加单元格文本。在选择需要添加文本的目标单元格后,双击,弹出如图 5-1-16 所示菜单,单击"属性",然后弹出"注释属性"对话框,如图 5-1-17 所示。在对话框的"文本"中输入对应的文本内容为"三视图"。在"文本样式"中对应的地方调整字体尺寸、文本在单元格中水平和垂直方向的放置位置和文本颜色等,然后单击"确定"即可。注释效果如图 5-1-18 所示。

其余文本采用相同的方法添加,在此不再一一讲述。添加完成所有的文本后,如果需要对文本进行编辑,只需双击该文本即可。最终标题栏效果如图 5-1-19 所示。

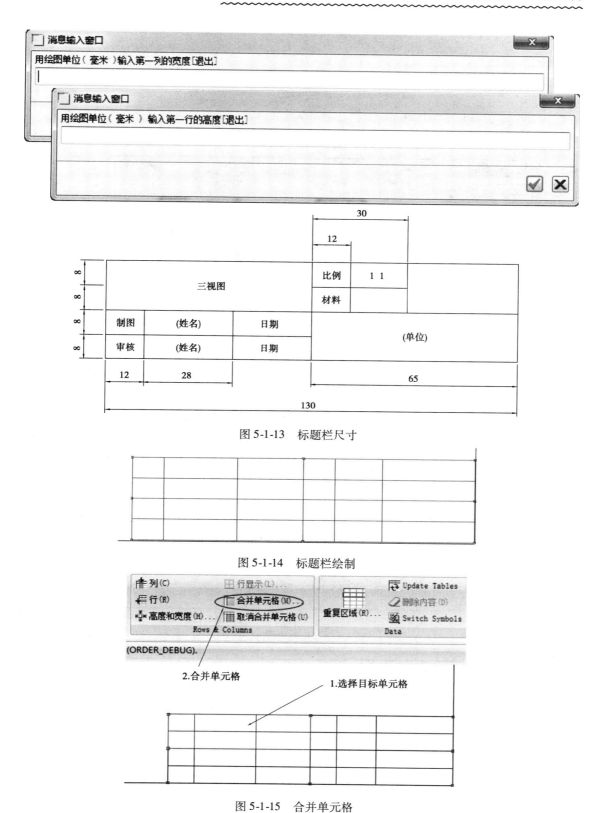

图 5-1-13　标题栏尺寸

图 5-1-14　标题栏绘制

图 5-1-15　合并单元格

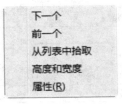

图 5-1-16　属性

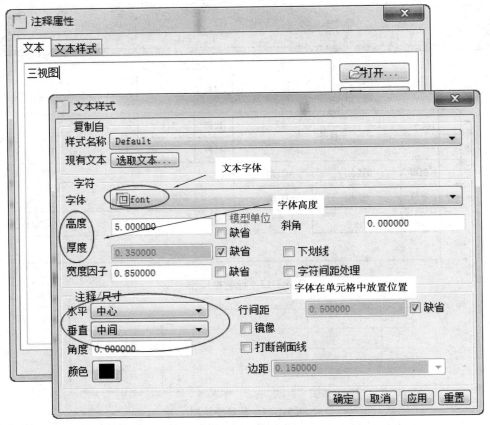

图 5-1-17　注释属性

三视图			

图 5-1-18　注释效果

三视图			比例	1：1	
			材料		
制图	(姓名)	(日期)	(单位)		
审核	(姓名)	(日期)			

图 5-1-19　标题栏绘制效果

四、工程图尺寸标注

尺寸标注是工程图的重要部分,合理的尺寸标注会给人赏心悦目的感觉,不但能节省看图时间,也能避免特征表达不清的错误。尺寸标注时按特征分类标注,需要注意"规范、不重复、不遗漏、合理"。

1. 标注三视图总长宽高形体尺寸

步骤 1　启动尺寸标注。单击尺寸标注的"线性标注" ⊢⊣。

步骤 2　标注总长"41"。如图 5-1-20 所示,启动"线性标注"尺寸后,选择主视图最下面的投影线段,然后在合适位置单击鼠标中键放置尺寸即可。

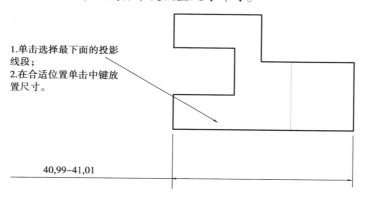

1.单击选择最下面的投影线段;
2.在合适位置单击中键放置尺寸。

40,99–41,01

图 5-1-20　总长标注

步骤 3　标注总宽为"24"。如图 5-1-21 所示,启动"线性标注"尺寸后,选择俯视图最前和最后两面的投影线段,然后在合适位置单击鼠标中键放置尺寸即可。

步骤 4　标注总高为"27"。如图 5-1-22 所示,启动"线性标注"尺寸后,选择主视图最上和最下两面的投影线段,然后在合适位置单击鼠标中键放置尺寸即可。

注意:在三视图中,各个视图的投影遵循"长对正、高平齐、宽相等"的关系。同时,主视图反映上下左右四个面的方位关系,左视图反应前后上下四个面的方位关系,俯视图反映前后左右四个面的方位关系。

1.单击选择最后面的投影线段;
2.单击选择最前面的投影线段;
3.在合适位置单击鼠标中键放置尺寸。

23,99–24,01

图 5-1-21　总高标注

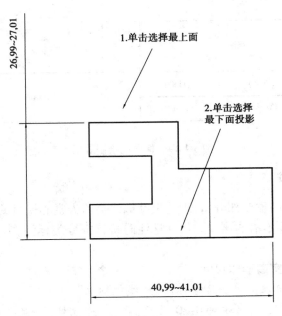

图 5-1-22　其余尺寸标注

2. 标注其他尺寸

步骤　其他长宽高的尺寸标注方法类似,在此不一一讲述。标注完毕后如图 5-1-23 所示。

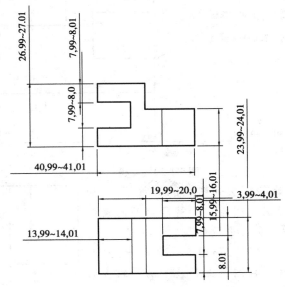

图 5-1-23　初步标注效果

显然,图纸尺寸凌乱,不符合制图标准。接下来需对尺寸进行调整。

五、工程图尺寸调整

尺寸调整主要是调整公差标注和尺寸的放置位置。

1. 调整尺寸公差

步骤 1　单击目标尺寸数字,然后长按鼠标右键。在弹出的对话框中单击"属性",如图

5-1-24 所示。

　　步骤 2　修改尺寸属性。单击"属性"后，弹出"尺寸属性"对话框，如图 5-1-25 所示。修改其中的相关要素："值和显示"选项框单击"公称值"；在"公差模式"中选择"象征"。其余选项默认即可。其余尺寸修改方式类似。修改后效果如图 5-1-26 所示。

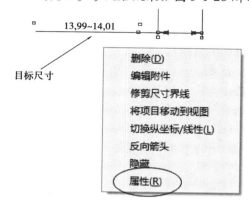

图 5-1-24　属性

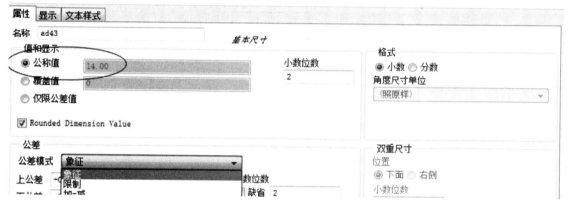

图 5-1-25　设置属性

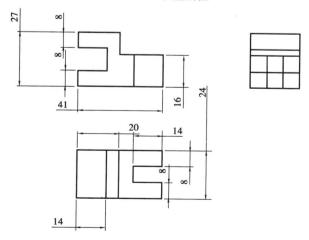

图 5-1-26　设置后效果

加油站：

在"公差模式"中，有"象征""限制""加－减""对称""对称(上标)"5 种模式，尺寸意义如下所述。

①象征：表示标注基本尺寸。

②限制：表示标注最大和最小极限尺寸。

③加－减：表示标注尺寸公差。

④对称：表示标注对称尺寸。

⑤对称(上标)：表示对称尺寸标注在上方。

2.调整尺寸位置

步骤　长按目标尺寸数字，尺寸数字出现高亮显示，然后移动尺寸数字到尺寸线的上方即可，如图 5-1-27 所示。

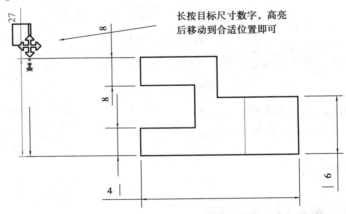

图 5-1-27　调整尺寸为准

其余尺寸位置的调整方式类似，在此不一一讲述，最终所有尺寸按照图 5-1-1 所示位置调整即可。

任务拓展

在工程图中，除了图样、标题栏和尺寸标注外，还有技术要求。技术要求是图纸中重要的组成部分，一般书写下述内容。

①锐角倒钝、去除毛刺飞边。

②未注圆角半径 $R1$。

③未注倒角均为 C1。

④未注形状公差应符合 GB 1184—80 的要求。

⑤未注长度尺寸允许偏差 ± 0.5mm。

技术要求的添加方法如下所述。

步骤 1　在尺寸标注工具栏中，单击选择"注释"命令 ，如图 5-1-28 所示。

图 5-1-28　　　　　　　　　　　图 5-1-29　启动注释

　　步骤 2　启动"注释"命令 后，系统弹出注释菜单栏，如图 5-1-29 所示。在菜单栏中单击"无引线""输入""水平""左"。然后单击"制作注释"，在绘图区域合适位置放置。在弹出的"消息输入窗口"输入相对应的技术要求，当一行技术要求输入完毕后，单击"确定"符号进入下一行输入。当所有输入完毕后，再次单击"确定"即可，如图 5-1-30 所示。

　　至此，技术要求文件创建完毕，效果如图 5-1-31 所示。

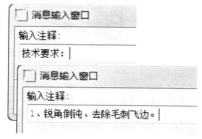

技术要求

1.锐角倒钝、去除毛刺飞边。

2.未注圆角半径R'

3.未注倒角均为C'

图 5-1-30　添加内容　　　　　　图 5-1-31　技术要求

加油站：

注释类型中相关要素意义如下所述。

无引线：创建自由注释。

带引线：创建有引线的注释。

ISO 引线：用 ISO 引线创建注释。

在项目上：直接连接在某一项目上创建注释。

偏距：插入一条注释,并使之位置与某一详图图元相关。

输入：从键盘输入注释文本。

文件：从文件中读取注释文本。

水平：创建一个水平注释。

竖直：创建一个竖直注释。

角度：创建一个斜注释。

标准：创建附属于图元的复合方向指引。

左(中、右、缺省)：表示注释文本的对齐方式。

 拓展练习

1. 根据图 5-1-32 所示的三视图创建模型,然后将该模型的三视图绘制完毕。

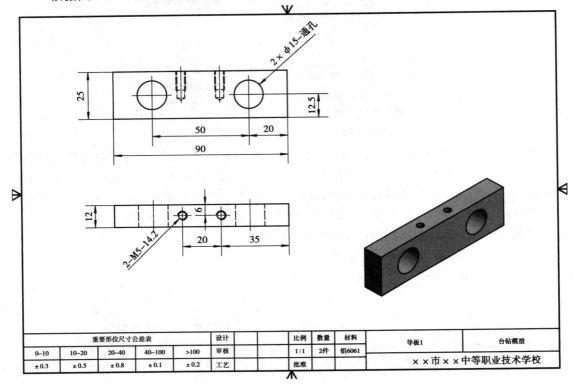

重要形位尺寸公差表					设计		比例	数量	材料	导板1	台钻模型
0—10	10—20	20—40	40—100	>100	审核		1:1	2件	铝6061		
±0.3	±0.5	±0.8	±0.1	±0.2	工艺		批准			××市××中等职业技术学校	

图 5-1-32　导板 1

2. 根据图 5-1-33 所示的三视图创建模型,然后将该模型的三视图绘制完毕。

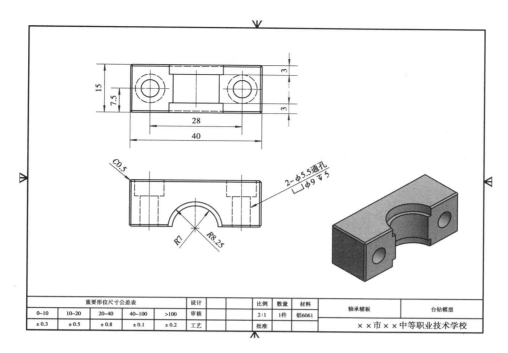

重要形位尺寸公差表					设计		比例	数量	材料	轴承辅板	台钻模型
0–10	10–20	20–40	40–100	>100	审核		2:1	1件	铝6061		
± 0.3	± 0.5	± 0.8	± 0.1	± 0.2	工艺		批准			××市××中等职业技术学校	

图 5-1-33　轴承辅板

3. 根据图 5-1-34 所示的三视图创建模型，然后将该模型的三视图绘制完毕。

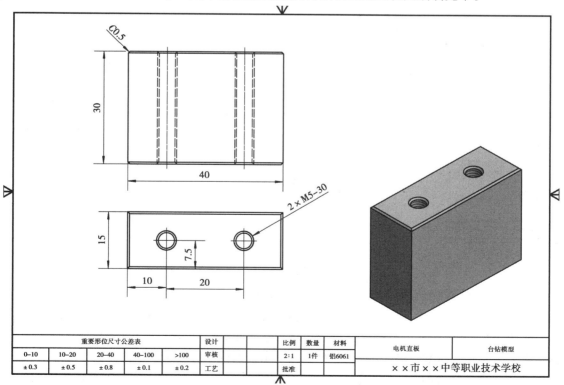

重要形位尺寸公差表					设计		比例	数量	材料	电机直板	台钻模型
0–10	10–20	20–40	40–100	>100	审核		2:1	1件	铝6061		
± 0.3	± 0.5	± 0.8	± 0.1	± 0.2	工艺		批准			××市××中等职业技术学校	

图 5-1-34　电机直板

任务2 支撑座的全剖视图画法

任务描述

创建支撑座的全剖视图,如图 5-2-1 所示。

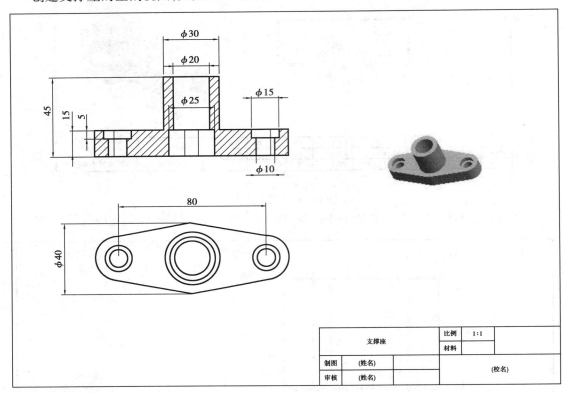

	比例	1:1
支撑座	材料	
制图	(姓名)		(校名)
审核	(姓名)		

图 5-2-1 支撑座

任务实施

一、创建"X 截面"

在本任务中,支撑座由底板和圆柱筒组成,底板上左右两侧分别有一个台阶孔。相对而言,本工件内部结构复杂,外部结构简单。如果采用普通视图表达这些特征,将会出现内部结构虚线太多,不能完全将工件内部结构表达清楚。而此时,如果用户采用全剖视图则能将工件内部复杂的结构特征表达清楚,故而主视图可采用全剖视图来表达形体特征。

在创建剖视图之前,需要在模型中创建一个"X 截面"。所谓"X 截面"即是用来剖切视图的剖切面,其创建方法如下所述。

步骤1　启动"X 截面"。打开源文件"5-2. prt"。如图 5-2-2 所示,在"视图"菜单栏中启动"视图管理器",并在"视图管理器"中选择"X 截面"选项卡。

图 5-2-2　启动"X 截面"

在打开的"X 截面"之中,此时显示为"无剖面",接下来需要用户创建剖面。

步骤2　创建剖面。在"X 截面"中,单击"新建",然后输入剖面名字"A",按回车确定,如图 5-2-3 所示。

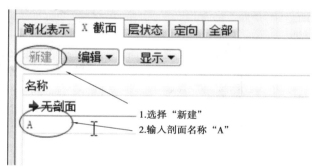

图 5-2-3　创建剖面

步骤3　选择剖面。在输入"X 截面"名称后,弹出"菜单管理器",如图 5-2-4 所示。在"剖切面创建"选项中选择剖切面"FRONT"平面,接着又弹出"菜单管理器",在"设置平面"选项中选择剖切面"FRONT"平面即可。

创建完截面后,如果后续设计不需要该截面,或者创建错误,则可对该截面进行编辑。

步骤4　编辑剖面。在"视图管理器"菜单中,选择"A"截面,然后单击"编辑"下拉菜单中的"移除"即可。

将"X 截面"创建完毕后,在实体视图和投影视图中都会显示剖面,这样的显示方式方便了在以后的视图中绘制相关剖面图形。

二、新建进入工程图模块

支撑座的剖视图工程图模块的新建方法和"任务一"中的创建方法一致,在此不再赘述。创建工程图模块名称为"5-2-1",同时将配置文件进行修改,将长度单位由英寸改为毫米。

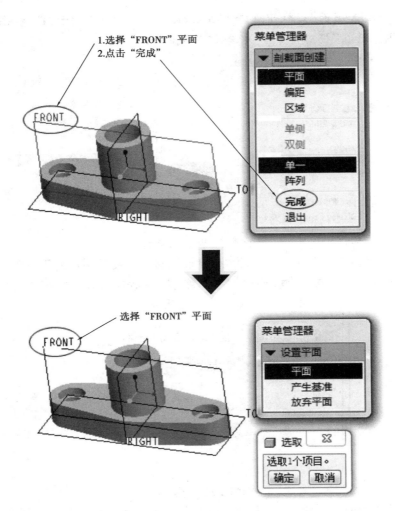

图 5-2-4　选择剖面

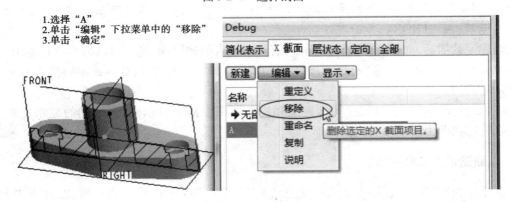

图 5-2-5　编辑剖面

三、创建视图

1. 添加工程图模型

在绘制工程图之前,需要将零件模型和工程图之间产生关联,系统才可以生成指定模型的工程图。

图 5-2-6　添加模型

步骤　单击"添加模型"命令 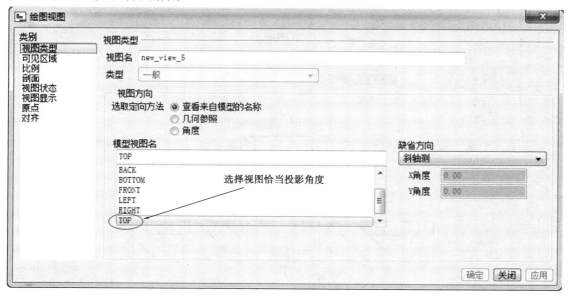,在弹出的"菜单管理器"中(图5-2-6),单击"添加模型",然后找到模型"5-2. prt",打开即可。

2. 创建主视图

主视图采用全剖视图将工件内部复杂的结构形体特征表达,其创建方法如下所述。

步骤1　创建一般视图。单击"创建一般视图"命令 ,单击绘图区域适当位置放置,在弹出的"绘图视图"对话框中,如图5-2-7所示,在"视图类型"对话框中,选择好恰当的投影视图后,单击应用可以观察到该投影视图是否合适。

注意:不同的绘图人员在绘制三维实体时采用的视图方向有可能不同,因而在工程图中视图方向的选择也有所不同。需要多单击几次视图投影角度应用后寻找出最合适的投影角度。

步骤2　"绘图视图"对话框如图5-2-8所示,在"视图显示"对话框中"显示线型"选择为"隐藏线"。

步骤3　在"比例"对话框中,单击"定制比例",然后输入比例为"1",如图5-2-9所示。

步骤4　设置剖视图。如图5-2-10所示,在"剖面"对话框中,单击"2D截面",然后单击名称项目的下拉菜单"A"截面,将"剖切区域"选择为"完全",单击"确定"即可。

此时创建的主视图效果如图5-2-11所示,通过对比可以发现多了"比例"和"剖面"符号。接下来需将多余的部分删除。

图5-2-7　设置视图类型

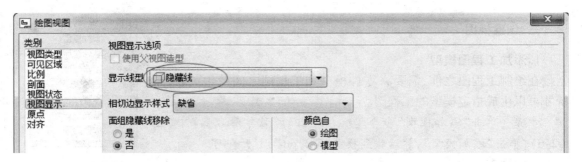

图 5-2-8　视图显示

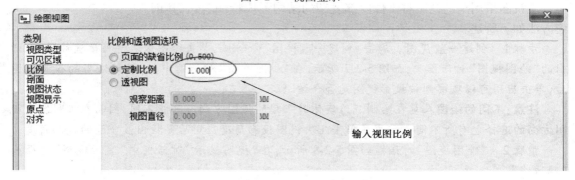

图 5-2-9　定制比例

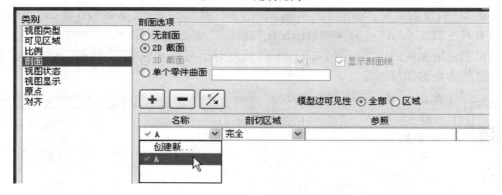

图 5-2-10　选择剖面

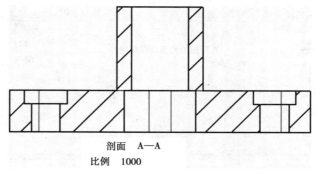

剖面　A—A
比例　1000

图 5-2-11　全剖效果

步骤 5　删除多余部分。将操作栏切换到"注释"菜单栏 Annotate 之中，然后单击"比例、剖面"，使用键盘上的"delete"键删除即可，如图 5-2-12 所示。

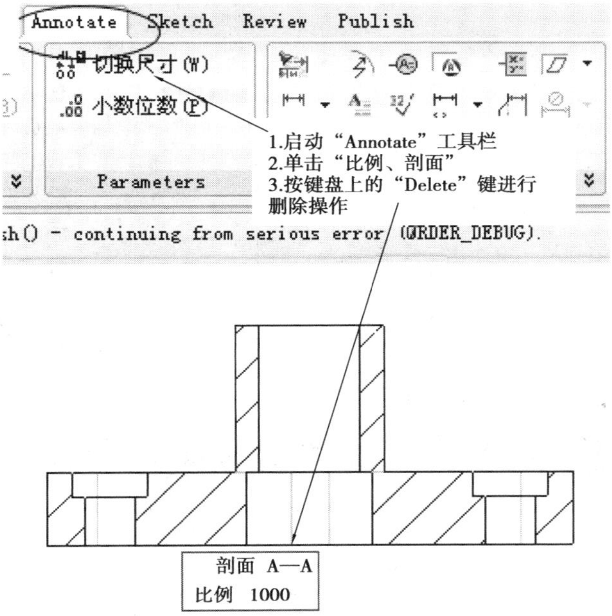

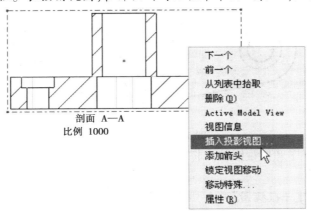

图 5-2-12　删除文字

3. 创建投影视图

步骤 1　创建俯视图。如图 5-1-13 所示，长按主视图，在弹出的对话框中单击"插入投影视图"，选择主视图下方合适的位置，单击即可放置俯视图。俯视图创建完毕效果如图 5-1-14 所示。

步骤 2　启动属性。长按俯视图，在弹出的对话框中单击"属性"，如图 5-2-15 所示。

图 5-2-13　插入投影

步骤 3　设置视图显示。如图 5-2-16 所示在弹出的"绘图视图"对话框中，单击"视图显示"对话框，"显示线型"选择为"隐藏线"，单击"确定"。俯视图设置完毕后，效果如图5-2-17所示。

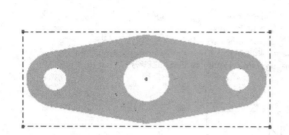

图 5-2-14　投影视图　　　　　　　　　　图 5-2-15　设置属性

图 5-2-16　视图显示

图 5-2-17　显示效果

在本任务中,主视图和俯视图就可将工件特征表达清晰,因而可以不创建左视图。

4.创建轴测图

步骤　单击"创建一般视图"命令，选择绘图区域适当位置放置,在弹出的"绘图视图"对话框中,可以不作任何修改,单击"确定"即可,如图 5-2-17 所示。

四、创建标题栏

标题栏的创建方法在"任务一"中已进行了详细讲解,现只需将工程图名称改为"支撑座的剖视图",其余部分不作改变,在此不再赘述。

五、工程图尺寸标注

尺寸标注是工程图的重要部分,合理的尺寸标注会给人赏心悦目的感觉,不但能节省看图时间,也能避免特征表达不清的错误。尺寸标注需要注意"规范、不重复、不遗漏、合理"。通常可以按照形体特征依次标注,创建方法如下所述。

1.创建底板形体尺寸

步骤 1　创建底板长度"105"尺寸。单击尺寸标注的"线性标注"⊬,分别单击俯视图最左和最右的两个圆弧,然后在俯视图上方单击鼠标中键放置尺寸。如图 5-2-18 所示,此时在系统弹出的"弧/点类型"选项中连续两次单击"相切",表示尺寸线是和图元相切。在"尺寸方向"上选择"水平"即可,创建后效果如图 5-2-19 所示。

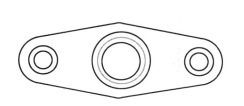

图 5-2-18　创建圆弧距离尺寸

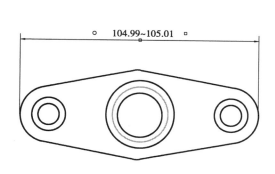

图 5-2-19　创建圆弧距离尺寸

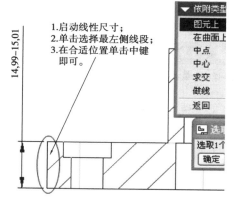

图 5-2-20　创建高度尺寸

步骤 2　创建高度"15"尺寸。单击尺寸标注的"线性标注"⊬,然后单击主视图最左侧线段,再在空白区域单击鼠标中键放置尺寸即可,如图 5-2-20 所示。

步骤 3　创建"φ40"尺寸。单击尺寸标注的"线性标注"⊬,分别单击俯视图最前和最后的两个圆弧,然后在俯视图左侧单击鼠标中键放置尺寸。如图 5-2-21 所示,此时系统弹出"菜单管理器",连续单击两次"相切",表示尺寸线是和图元相切。在"尺寸方向"上选择"垂直"即可。

步骤 4　修改"105""15""φ40"尺寸属性(图 5-2-22)。现以"φ40"为例,单击所需修改的尺寸,并且长按 3 s 左右,在弹出的对话框中单击"属性"。如图 5-2-23 所示,在"属性"栏的"公差模式"中选择"象征"。如图 5-2-24 所示,在"显示"栏中,单击"前缀"文本框,然后再单击"文本符号",在弹出的"文本符号"菜单栏中选择"φ",单击"确定"即可。此时"φ40"创建完毕,如图 5-2-25 所示。

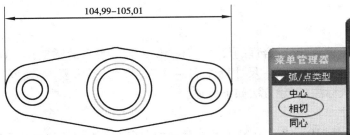

图 5-2-21   创建"φ40"尺寸

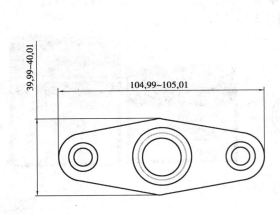

图 5-2-22   "φ40"效果

图 5-2-23   尺寸公差

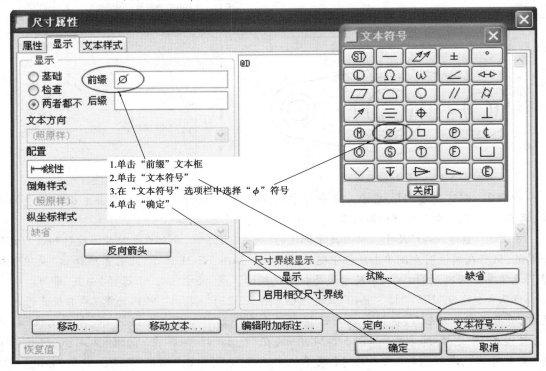

图 5-2-24   设置尺寸显示

注意："105""15""φ40"3 个尺寸只有"φ40"这个尺寸才需要添加前缀,其余两个尺寸只需要修改公差模式即可,不需要修改显示特性。

2. 创建底板台阶孔形位尺寸

步骤 1　创建两个直径尺寸"φ15""φ10"。现以"φ15"为例,单击尺寸标注的"线性标注" ,如图 5-2-25 所示,分别单击主视图台阶孔对应的最左和最右的两个边,然后在特征上方单击鼠标中键放置尺寸。"φ10"创建方法类似,完毕后如图 5-2-26 所示。

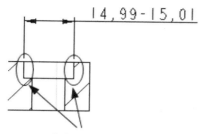

图 5-2-25　创建"15"尺寸

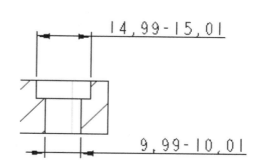

图 5-2-26　创建完毕效果

步骤 2　修改"φ15""φ10"尺寸属性。以"φ15"为例。单击尺寸,并且长按 3 s 左右,在弹出的对话框中单击"属性",如图 5-2-27 所示,在"属性"栏的"公差模式"中选择"象征"。移动到恰当位置,如图 5-2-28 所示。在"显示"栏中,单击"前缀"文本框,然后再单击"文本符号",在弹出的"文本符号"菜单栏中选择"φ",单击"确定"即可。此时"φ15"修改完毕,"φ10"创建方法类似,完成后效果如图 5-2-29 所示。

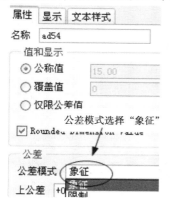

图 5-2-27　设置公差

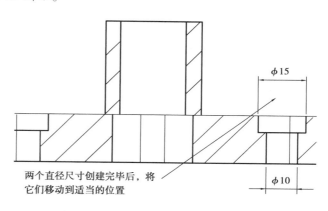

图 5-2-28　移动到恰当位置

步骤 3　创建孔深尺寸为"15"。单击尺寸标注的"线性标注" ,如图 5-2-30 所示,分别单击主视图台阶孔对应的两个边,然后在特征附近单击鼠标中键放置尺寸。最后修改尺寸属性,单击"尺寸"并且长按 3 s 左右,在弹出的对话框中单击"属性"。将"属性"栏的"公差模式"选择为"象征"。

步骤 4　创建台阶孔的中心距离尺寸为"80"。单击尺寸标注的"线性标注" ,如图 5-2-31 所示,分别单击俯视图台阶孔对应的两个圆弧,然后在特征附近单击鼠标中键放置尺寸。此时系统弹出"菜单管理器",连续单击两次"中心",表示尺寸线是和图元中心重合。在

325

"尺寸方向"上选择"水平"即可。最后修改尺寸属性,单击"尺寸"并且长按 3 s 左右,在弹出的对话框中单击"属性"。将"属性"栏中的"公差模式"选择为"象征"。

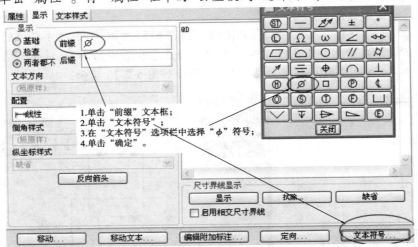

图 5-2-29 添加"φ"符号

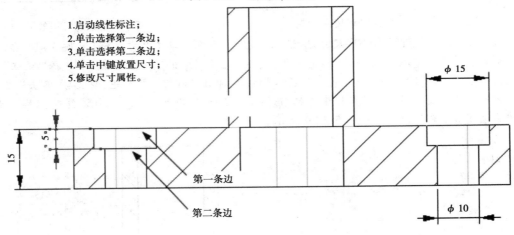

图 5-2-30 创建孔深

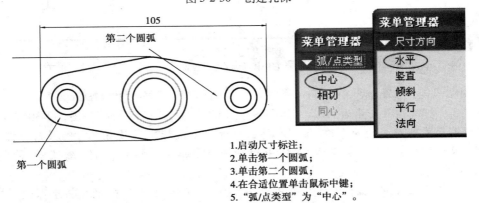

图 5-2-31 创建中心孔距离

3. 创建圆柱筒形位尺寸

步骤1 创建3个直径尺寸"φ20""φ25""φ30"。现以"φ25"为例,单击尺寸标注的"线性标注"，如图5-2-32所示,分别单击主视图台阶孔对应的最左和最右的两个边,然后在特征下方单击鼠标中键放置尺寸。"φ30""φ20"创建方法类似。

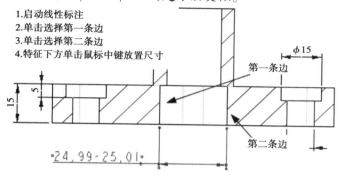

图5-2-32 创建"φ25"尺寸

步骤2 修改"φ20""φ25""φ30"尺寸属性。现以"φ25"为例,单击"尺寸",并且长按3 s左右,在弹出的对话框中单击"属性"。如图5-2-33所示,在"属性"栏的"公差模式"中选择"象征"。如图5-2-34所示,在"显示"栏中,单击"前缀"文本框,然后再单击"文本符号",在弹出的"文本符号"菜单栏中选择"φ",再单击"确定"即可。此时"φ25"修改完毕。"φ30""φ20"修改方法类似。

步骤3 创建高度尺寸"45"。单击尺寸标注的"线性标注"，如图5-2-35所示,分别单击主视图最上和最下的两个边,然后在特征左侧单击鼠标中键放置尺寸。尺寸创建完毕后修改尺寸属性。单击"尺寸",并且长按3 s左右,在弹出的对话框中单击"属性"。在"属性"栏的"公差模式"中选择"象征"。

图5-2-33 设置公差

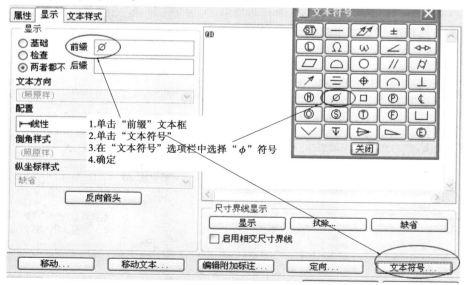

图5-2-34 添加"φ"符号

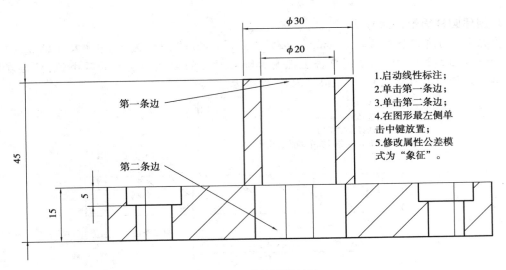

1.启动线性标注；
2.单击第一条边；
3.单击第二条边；
4.在图形最左侧单击中键放置；
5.修改属性公差模式为"象征"。

图 5-2-35　全剖视图效果

至此,本工程图创建完毕。

 任务拓展

在绘制工程图时,标题栏格式可以在图纸中绘制,也可以在格式中调用,通常用户可以先将格式模板绘制好,然后在后续的使用中调用出来,格式的创建方法如下所述。

1. 新建"格式"模块

格式模块是 Pro/E 的独立模块,其进入方式和零件模块的进入方式相似,具体操作方法如下所述。

步骤 1　启动 Pro/E 软件后,单击"新建"按钮 □,或者在"文件菜单栏"中单击新建命令。

步骤 2　如图 5-2-36 所示,在弹出的"新建"对话框中,单击"格式,并在对应的"名称"文本框中输入名称"a4",单击"确定"。接着在弹出的"新格式"对话框中,"方向"选择为"横线",标准大小选择"a4"。其余默认设置,单击"确定"。

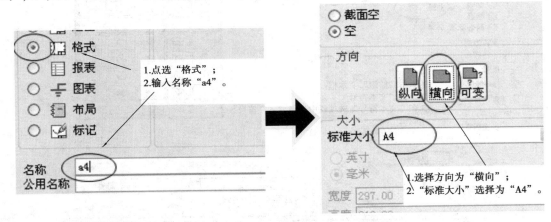

图 5-2-36　新建"格式"

2. 新建标题栏

在"格式"模块中,标题栏以新建表格方式创建,操作方法如下所述。

步骤1　插入表格。在"Table"工具栏中,单击"插入表"命令⊞,弹出的表格"菜单管理器"如图5-2-37所示,在"创建表"的方式中选择"升序""左对齐""按长度",在"获得点"中选择"选出点",然后单击图框右下角作为放置表格的脚点。

步骤2　输入表格尺寸。在单击图框右下角作为放置表格的脚点后,系统会弹出设置表格每列宽度、每行高度尺寸,此时用户只需按照图5-2-38所示的尺寸依次输入,每次输入一个尺寸,按一次"回车"键即可,如果宽度尺寸或者高度尺寸输入完毕,则再按一次"回车"键表示尺寸输入结束。完毕后效果如图5-2-39所示。

注意:在进行表格行(列)尺寸输入时,是每行(列)之间的距离,它们呈单向递增(减)性。

图 5-2-37　设置表格位置

图 5-2-38　设置宽度和高度

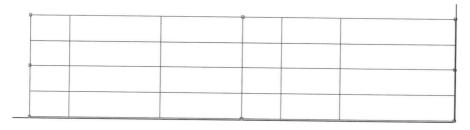

图 5-2-39　表格效果

步骤3　合并单元格。如图5-2-40所示,按住键盘上"Ctrl"键,依次选择需要合并的单元格。选择后对应的表格会高亮,然后单击"表"工具栏中的"合并单元格"命令即可。其余表格合并方法类似。合并后效果如图5-2-41所示。

步骤4　添加单元格文本参数。选择需要添加文本的目标单元格后,双击,弹出的"注释属性"对话框,如图5-2-42所示。在对话框的"文本"中输入对应的文本内容"&dwg_name"。在"文本样式"中对应的地方调整字体尺寸、文本在单元格中水平和垂直方向的放置位置和文本颜色等,然后单击"确定"即可,效果如图5-2-43所示。

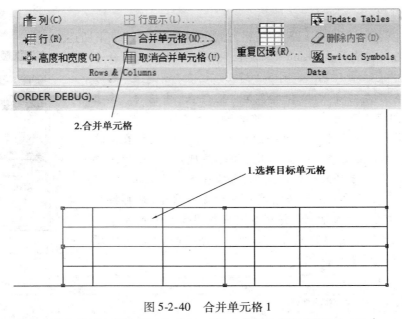

图 5-2-40　合并单元格 1

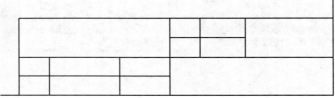

图 5-2-41　合并单元格 2

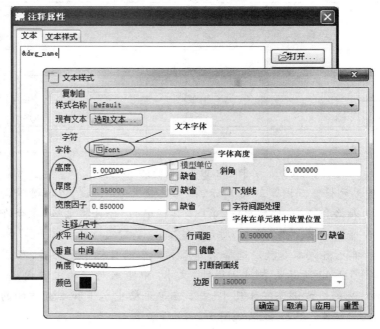

图 5-2-42　注释属性

加油站：

注释类型中相关要素意义如下所述。

&tadays_date：显示创建日期。

&modle_name：显示绘图中所使用的模型名称。

&scale：显示绘图比例。

&dwg_name：显示绘图名称。

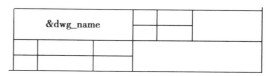

图 5-2-43　文件名称

其余文本参数采用相同的方法添加，在此不再一一讲述。添加完成所有的文本后，如果需要对文本进行编辑，只需双击该文本即可。最终标题栏效果如图 5-2-44 所示。

&dwg_name		比例	&scale
		材料	
制图	(姓名)	(校名)	
审核	(姓名)		

图 5-2-44　标题栏

至此，工程图格式创建完毕，保存即可。

 拓展练习

根据图 5-2-45 所示的三视图创建模型，然后将该模型的三视图绘制完毕。

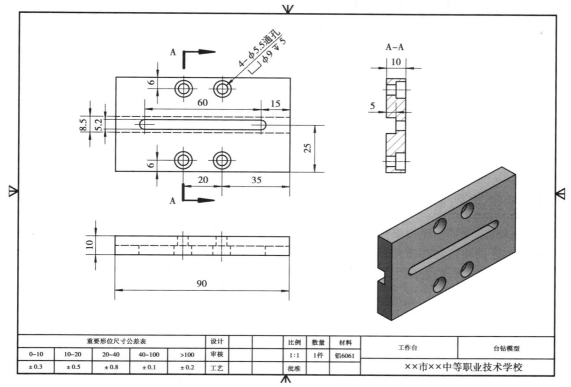

图 5-2-45　工作台

任务3 轴承座的半剖视图画法

 任务描述

创建轴承座的半剖视图,如图 5-3-1 所示。

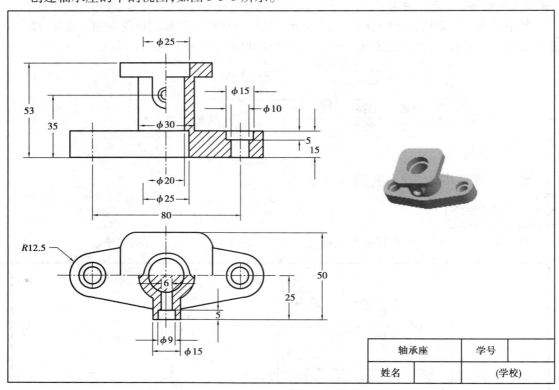

图 5-3-1 轴承座

 任务实施

在任务之中,轴承座由底板、顶板、圆柱筒和半圆凸台组成。底板上左右两侧分别有一个台阶孔;顶板倒圆角并有通孔;半圆凸台中有一个台阶孔。该工件内部特征结构复杂,外部特征结构也比较复杂,倘若采用全剖视图则不能将工件内外结构表达清晰。此时需要采取新的表达方式,以工件的对称中心为界,一半画出视图,一半画出剖视图,则可以把内外结构都表达出来,这种表达方式称为半剖视图。工件主视图和俯视图均采用半剖视图。

一、创建主视图"A 截面"

主视图 A 截面的创建方法在任务二中进行了详细讲解,在此不详述。

二、创建俯视图"B 截面"

在俯视图之中,采用半剖视图是为了能够将半圆凸台和顶板特征表达清晰,因而在创建截面时,需要将截面穿过半圆凸台的中心孔。在该截面创建之前,先将截面的辅助面创建好然后再选取该辅助面作为截面。其创建方法如下所述。

1. 创建辅助平面

步骤 1　启动平面。打开源文件"5-3.prt",在"基准平面"工具栏中,单击"平面"□。

步骤 2　创建辅助平面。如图 5-3-2 所示,在弹出的基准平面菜单中,系统默认为"放置"选项卡。单击"TOP"面,放置方式为平行。与此同时按住"Ctrl"键,单击"半圆头的中心轴线",放置位置为穿过。单击"确定"即可。

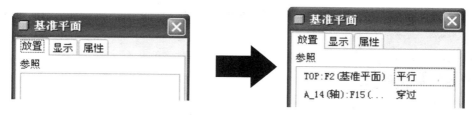

图 5-3-2　设置基准平面

2. 创建"B 截面"

步骤 1　启动"X 截面"。在"视图"菜单栏中,启动"视图管理器"。在"视图管理器"中选择"X 截面"选项卡,如图 5-3-3 所示。

图 5-3-3　启动"X 截面"

在打开的"X 截面"中,此时显示已创建好的截面"A",用户还需要创建截面"B"。

步骤 2　创建剖面。在"X 截面"中,单击"新建"剖面,然后输入截面名字"B",回车确定,如图 5-3-4 所示。

步骤 3　选择剖面。在输入"X 截面"名称后,弹出"菜单管理器"如图 5-3-5 所示。选择辅助平面"DTM1"平面,接着又弹出"菜单管理器",选择完成即可。

三、新建进入工程图模块

支撑座的剖视图工程图模块的新建方法和"任务一"中的创建方法一致,在此不再赘述。创建工程图模块名称为"5-3-1",同时将配置文件进行修改,并将长度单位由英寸改为毫米。

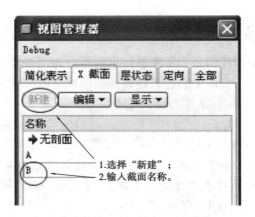

图 5-3-4　新建"B 截面"

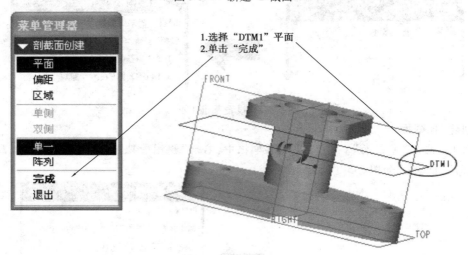

图 5-3-5　选择剖面

四、创建视图

1. 添加工程图模型

在绘制工程图之前,需要将零件模型和工程图之间产生关联,系统才可以生成指定模型的工程图。

步骤　单击"添加模型"命令，在弹出的"菜单管理器"中,单击"添加模型",然后找到模型"5-3.prt"打开即可,如图 5-3-6 所示。

图 5-3-6　添加模型

2. 创建主视图

主视图采用全剖视图将工件内部复杂的结构形体特征表达,其创建方法如下所述。

步骤 1　创建一般视图。单击"创建一般视图"命令，单击绘图区域适当位置放置,在弹出的"绘图视图"对话框中,如图 5-3-7 所示,在"视图类型"对话框中,选择恰当的投影视图后,单击应用可以观察到该投影视图是否合适。

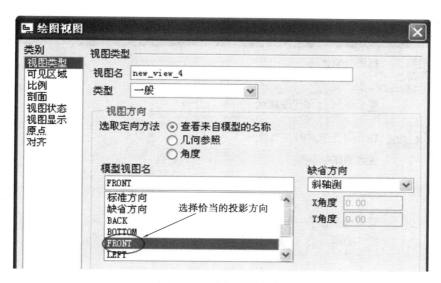

图 5-3-7　选择投影方向

注意：不同的绘图人员在绘制三维实体时采用的视图方向有可能不同，因而在工程图中视图方向的选择也有所不同。需要多单击几次视图投影角度应用后寻找出最合适的投影角度。

步骤 2　在"比例"对话框中，点选"定制比例"，然后输入比例为"1"，如图 5-3-8 所示。

图 5-3-8　设置比例

步骤 3　设置剖视图。如图 5-3-9 所示，在"剖面"对话框中，单击"2D 截面"，然后单击名称项目的下拉菜单"A"截面，在"剖切区域"选择"一半"，"参照"选择"RIGHT：F1（基准平面）"。

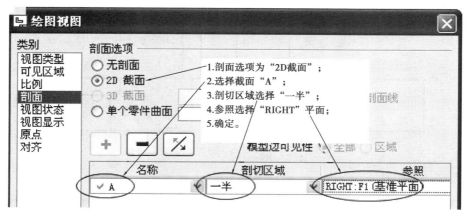

图 5-3-9　设置剖面

步骤 4　在"绘图视图"对话框中，如图 5-3-10 所示"视图显示"对话框中，"显示线型"选择"无隐藏线"，"相切边显示样式"选择"无"。

335

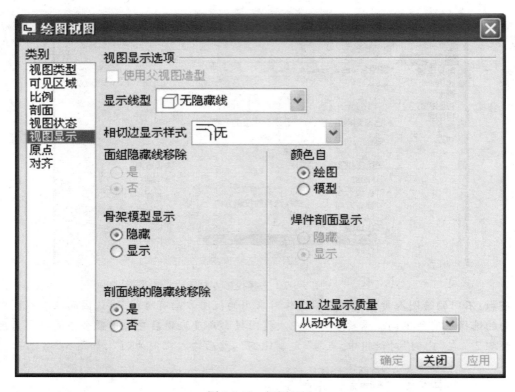

图 5-3-10　视图显示

　　此时创建的主视图效果如图 5-3-11 所示,多了"比例"和"剖面"符号。接下来用户需要将多余的部分删除。

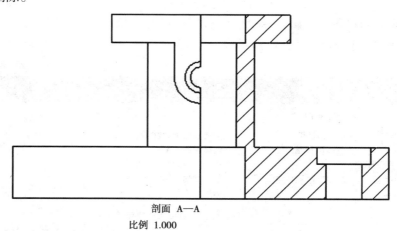

剖面 A—A

比例　1.000

图 5-3-11　主视图效果

　　步骤5　删除多余部分。将操作栏切换到"Annotate"之中,然后单击"比例、剖面",使用键盘上"Delete"键删除即可,如图 5-3-12 所示。

3. 创建俯视图

　　步骤1　创建俯视图。如图 5-3-13 所示,长按主视图,在弹出的对话框中单击"插入普通视图",选择主视图下方合适的位置,单击即可放置俯视图。完成效果如图 5-3-14 所示。

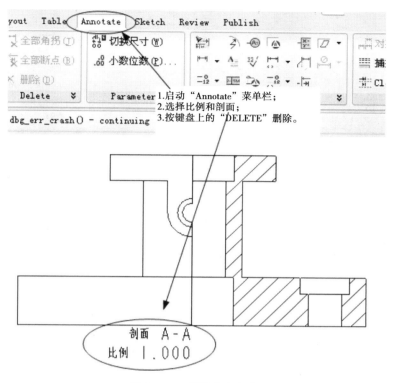

图 5-3-12　删除多余部分

步骤 2　启动属性。长按俯视图，在弹出的对话框中单击"属性"，如图 5-3-15 所示。

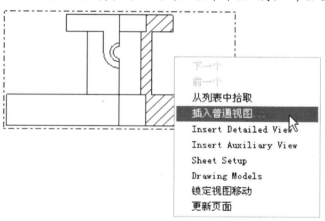

图 5-3-13　插入视图 1

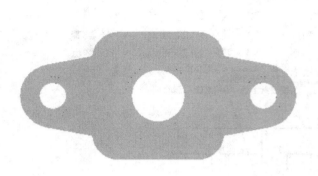

图 5-3-14　插入视图 2　　　　　　　　　　　图 5-3-15　设置属性

　　步骤 3　设置剖视图。如图 5-3-16 所示,在"剖面"对话框中,单击"2D 截面",然后单击名称项目的下拉菜单"B"截面,"剖切区域"选择"一半","参照"选择"FRONT:F3(基准平面)"。

　　步骤 4　"绘图视图"对话框如图 5-3-17 所示,在"视图显示"对话框中,"显示线型"选择"无隐藏线","相切边显示样式"选择"无"。单击"确定",完成后如图 5-3-18 所示。

图 5-3-16　选择剖面

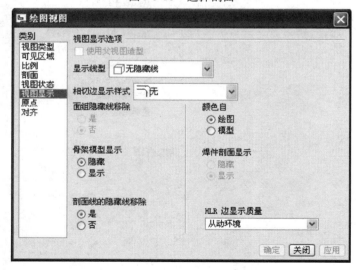

图 5-3-17　视图显示

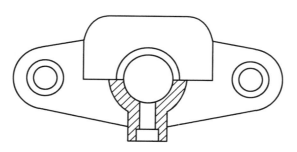

图 5-3-18 半剖效果

4. 绘制对称中心线

在半剖视图中,需要使用对称中心线将剖视图和视图分开。其创建方法如下所述。

步骤 1 启动轴显示。单击"注释" 注释 菜单栏中的"显示模型注释" 命令。弹出的"显示模型注释"菜单管理器如图 5-3-19 所示,然后选择"列出基准"选项卡。在"类型"中选择"轴"。

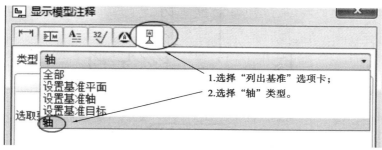

图 5-3-19 启动"轴显示"

 加油站:

注释类型选项卡含义如下所述。

列出模型尺寸。

列出几何公差。

列出注解。

列出表面光洁度。

列出符号。

列出基准。

步骤 2 选择轴线。如图 5-3-20 所示,分别选择主视图和俯视图中所需显示的中心轴线和对称中心线。在显示模型注释菜单栏中,选择"应用",单击"确定"即可。

步骤 3 调整轴线位置。分别单击所需调整的轴线,拖动即可对其进行拉长或者拉短。完成效果如图 5-3-21 所示。

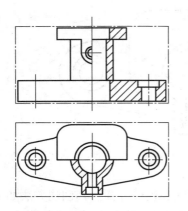
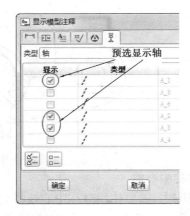

图 5-3-20　选择轴线

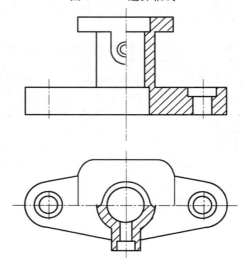

图 5-3-21　调整完毕

在本任务中,主视图和俯视图就可将工件特征表达清晰,因而可以不创建左视图。

五、创建标题栏

标题栏的创建方法在"任务一"中已进行了详细讲解,现只需将工程图名称改为"支撑座的剖视图",其余部分不作改变。在此不再赘述。

六、工程图尺寸标注

在本任务中,除了几个对称标注之外,其余的标注和前面的任务中尺寸的标注方法一致,接下来重点讲解对称标注,其他的标注方法在此不再赘述。以 $\phi 25$ 为例创建对称标注方法如下所述。

步骤 1　尺寸标注:单击尺寸标注的"线性标注" ⊨,单击右侧投影线,然后单击对称中心线,再次单击右侧投影线。双击鼠标在合适位置放置尺寸,如图 5-3-22 所示。

步骤 2　调整尺寸界线。长按尺寸数字,然后在弹出的对话框中单击"显示尺寸界线",如图 5-3-23 所示。

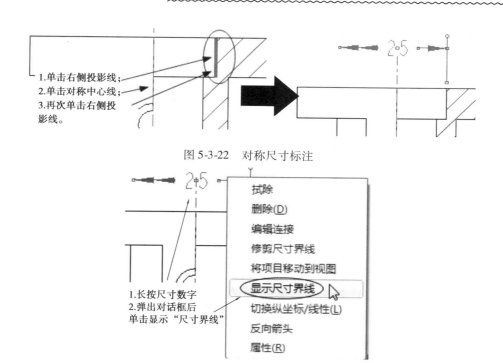

图 5-3-22 对称尺寸标注

图 5-3-23 显示尺寸界限

步骤 3 修改尺寸数字为"φ25"。单击所需修改的尺寸,并且长按 3 s 左右,在弹出的对话框中单击"属性"。在"显示"栏中,单击"前缀"文本框,然后再单击"文本符号",在弹出的"文本符号"菜单栏中选择"φ",单击"确定"即可。此时"φ25"创建完毕,如图 5-3-24 所示。

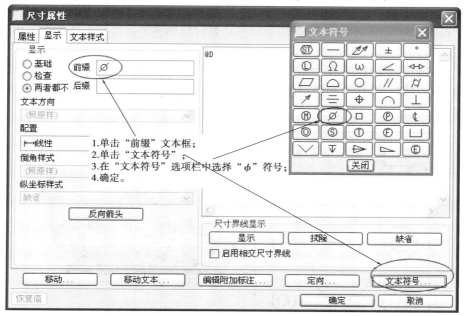

图 5-3-24 添加前缀

步骤 4 调整尺寸位置。按住尺寸,拖动到合适的位置放置,效果如图 5-3-25 所示。

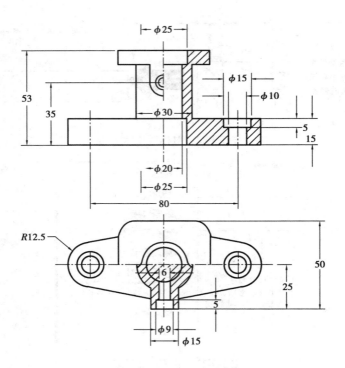

图 5-3-25　调整尺寸位置

至此,本工程图创建完毕。

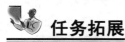

在剖视图中,除了全剖视图、半剖视图以外还有阶梯剖视图。阶梯剖视图主要用来表达几个在不同剖切面上的特征。

如图 5-3-26 所示为例,在平台上有 4 个孔,但是左边两个阶梯孔和右边两个阶梯孔特征完全不一样,在此用户采用阶梯剖视图将它们内部特征表达清晰。俯视图的创建方法略去,现只讲述主视图的阶梯剖的创建,具体创建方法如下所述。

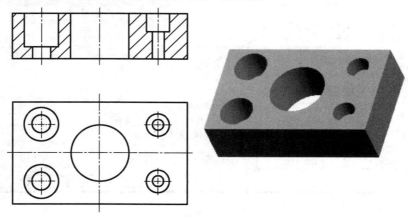

图 5-3-26　平台

步骤1　长按俯视图,在弹出的对话框中单击"插入投影视图",选择主视图下方合适的位置,单击即可放置俯视图,如图5-3-27所示。

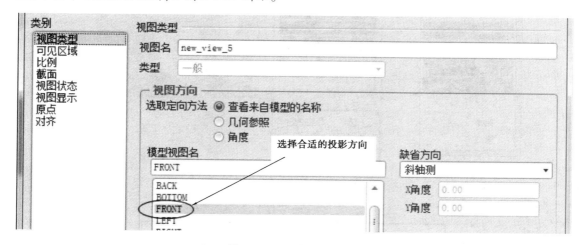

图5-3-27　选择投影方向

步骤2　设定截面,"截面"设为"2D剖面"。然后新建剖面,如图5-3-28所示。

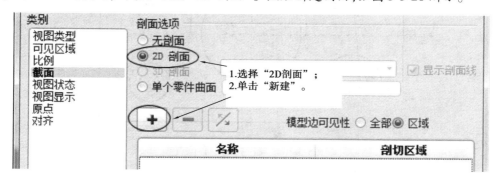

图5-3-28　设置截面

步骤3　新建剖面。在单击新建剖面后,弹出"剖截面"菜单栏如图5-3-29所示,在菜单栏中,依次选择"偏移""双侧""单一"后单击"完成",再输入剖切面名称为"A",单击"确定"后弹出"设置草绘平面"菜单栏。此时选取"TOP"面,其余缺省设置即可。

步骤4　绘制剖切面位置。如图5-3-30所示,在"TOP"面上草绘出3个阶梯剖的直线,这3条直线分别通过3个孔的中心位置,单击"完成"退出草绘。

步骤5　选择可见性。如图5-3-31所示,在截面中,设置"模型边可见性"为"全部",单击"确定"。

至此,阶梯剖创建完毕,尺寸标注等其他部分参照前面的任务,在此不一一讲解。

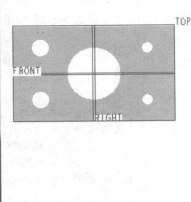

图 5-3-29　偏移平面

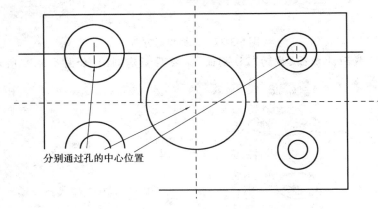

分别通过孔的中心位置

图 5-3-30　选择孔的中心位置

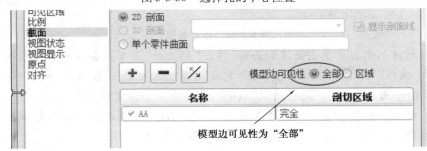

模型边可见性为"全部"

图 5-3-31　设置"模型边可见性"

 拓展练习

1. 根据图 5-3-32 所示的三视图创建模型,然后将该模型的三视图绘制完毕。

2. 根据图 5-3-33 所示的三视图创建模型,然后将该模型的三视图绘制完毕。

3. 根据图 5-3-34 所示的三视图创建模型,然后将该模型的三视图绘制完毕。

4. 根据图 5-3-35 所示的三视图创建模型,然后将该模型的三视图绘制完毕。

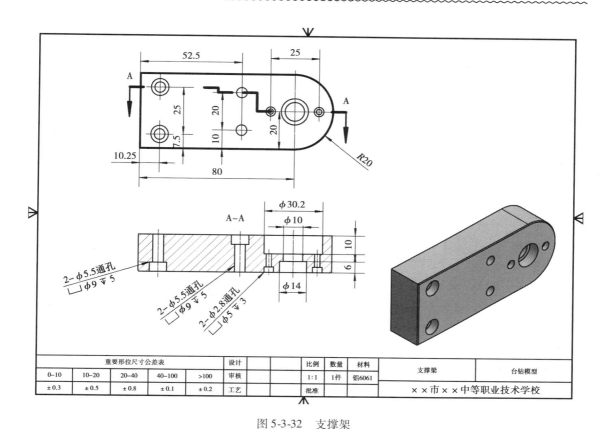

图 5-3-32 支撑架

图 3-3-33 电机横板

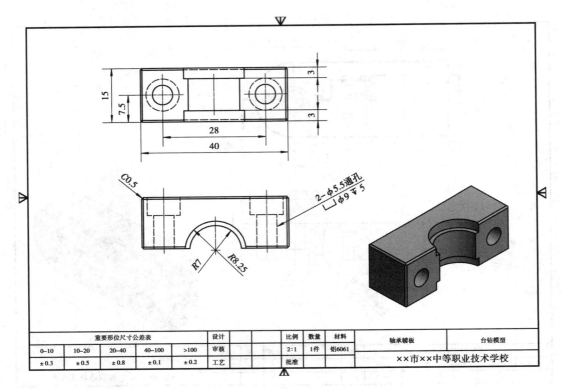

重要形位尺寸公差表					设计		比例	数量	材料	轴承辅板		台钻模型
0~10	10~20	20~40	40~100	>100	审核		2:1	1件	铝6061			
±0.3	±0.5	±0.8	±0.1	±0.2	工艺		批准			××市××中等职业技术学校		

图 5-3-34　轴承辅板

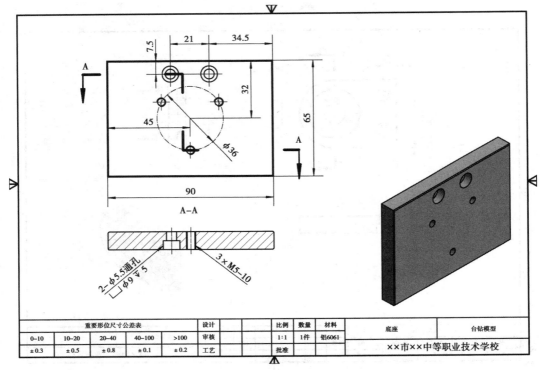

重要形位尺寸公差表					设计		比例	数量	材料	底座		台钻模型
0~10	10~20	20~40	40~100	>100	审核		1:1	1件	铝6061			
±0.3	±0.5	±0.8	±0.1	±0.2	工艺		批准			××市××中等职业技术学校		

图 5-3-35　底座

模块六
模具篇

任务1 模具设计基础

任务描述

运用"装配法"对参照模型进行布局、收缩、手动创建工件,结果如图6-1-1所示。

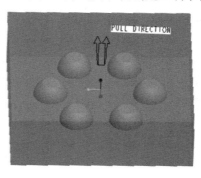

图6-1-1 塑料碗的布局及工件创建

任务实施

一、新建进入模具设计模块

步骤1 选择"新建"→选择"制造"类型→选择"模具型腔"子类型→输入名称"6-1-1"→将"使用缺省模块"的钩去掉→单击"确定",如图6-1-2所示。

步骤2 选择"mmns_mfg_mold",从而使模具设计模板为公制单位毫米牛秒,单击"确定",如图6-1-3所示,进入模具设计模块。

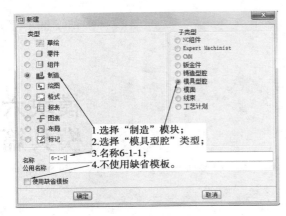

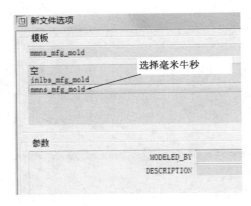

图 6-1-2 "新建"对话框　　　　　　　图 6-1-3 设计模板单位的选择

二、通过"装配法"布局"参照模型"

步骤 1　打开"参照模型"选项。

①鼠标左键单击"模具模型"（图 6-1-4）→单击"装配"（图 6-1-5）→单击"参照模型"（图 6-1-6）→选择"参照模型"为"suliaowan.prt"（图 6-1-7）。

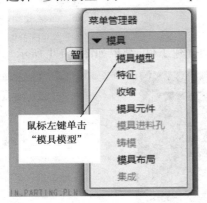

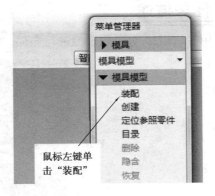

图 6-1-4 "模具模型"选择对话框　　　　　　图 6-1-5 "装配"选择对话框

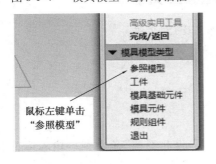

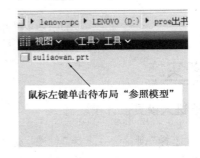

图 6-1-6 "参照模型"选择对话框　　　　　　图 6-1-7 "参照模型"选择对话框

②鼠标左键单击"打开"窗口中的"打开"开关，如图 6-1-8 所示。

步骤 2　进行参照模型 suliaowan.prt 的第 1 个约束，并调整开模方向，使成形品能够从模具顺利出模。

①开模方向为双黄色箭头，开模方向 PULL DIRECTION 和主基准面 MAIN_PARTING_PLN 垂直，如图 6-1-9 所示。

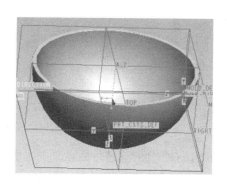

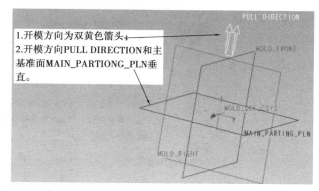

图 6-1-8　参照模型　　　　　　　　图 6-1-9　开模方向和主基准面垂直

②如图 6-1-8 所示，模具开模方向 PULL DIRECTION 应该与参照模型 suliaowan.prt 的碗口方向一致，首先选取基准面"FRONT"作为"选取元件项目"，如图 6-1-10 所示。

③选取基准面 MAIN_PARTING_PLN 作为"选取组件项目"，然后选择"对齐"约束类型，以使开模方向 PULL DIRECTION 和参照模型 suliaowan.prt 的碗口方向相反，符合动模开模方向，如图 6-1-11 所示。

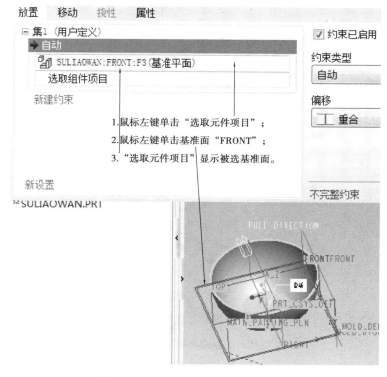

图 6-1-10　元件基准平面的选取方法

步骤 3　进行参照模型 suliaowan.prt 的第 2 个约束。

鼠标左键单击"新建约束"建立参照模型的第 2 个约束，"选取元件项目"选择参照模型

349

RIGHT 基准面,"选取组件项目"选择模具环境 MOLD_RIHGT 基准面,如图 6-1-12 所示。

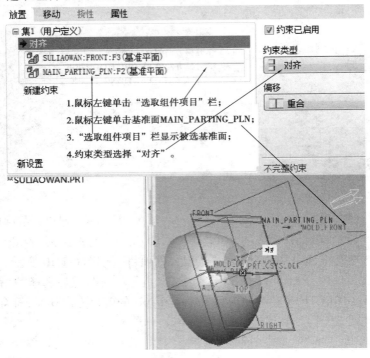

图 6-1-11　组件基准平面的选取方法

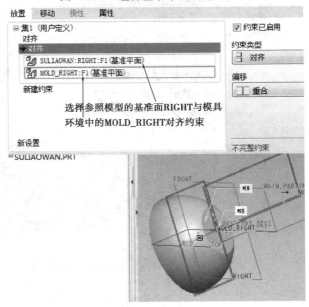

图 6-1-12　第 2 个约束的选择

步骤 4　进行参照模型 suliaowan.prt 的第 3 个约束。

鼠标左键单击"新建约束"建立参照模型的第 3 个约束,"选取元件项目"单击参照模型中剩下的 TOP 基准面,"选取组件项目"单击模具环境中剩下的 MOLD_RIHGT 基准面,选择"偏移"类型为"偏距",输入偏距距离"50",如图 6-1-13 所示。

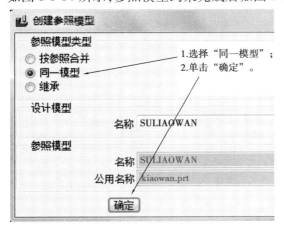

图 6-1-13　第 3 个约束的选择

步骤 5　参照模型 suliaowan. prt 约束完成后的效果。

鼠标左键单击"√"确定,在弹出的"创建参照模型"选择"同一模型",然后单击"确定",如图 6-1-14 所示,参照模型约束完成后如图 6-1-15 所示。

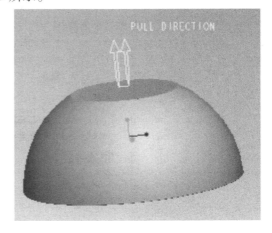

图 6-1-14　参照模型类型的选择　　　　　　图 6-1-15　完成约束后的参照模型

加油站:

图 6-1-14 所示的 3 种类型区别。

①按参照合并:Pro/E 会将设计模型几何复制到参照零件中,此种情况下,在设计模型中只复制几何和层,也可将基准平面信息从设计模型复制到参照模型。

②同一模型:Pro/E 会将选定设计模型用作模具参照模型。

③继承：参照模型继承设计模型中的所有几何和特征信息。

步骤 6　对参照模型 suliaowan. prt 进行阵列布局。

①鼠标左键单击参照模型 suliaowan. prt，使参照模型 suliaowan. prt 处于选中状态，再在参照模型 suliaowan. prt 上长按鼠标右键，弹出右键菜单如图 6-1-16 所示，滑动鼠标至"阵列…"处，单击鼠标左键，进入对参照进行阵列的模式，如图 6-1-16 所示。

②选择如图 6-1-17 所示的轴阵列类型，选择轴后如图 6-1-18 所示，然后单击轴创建图标 ，按住"Ctrl"键选择基准平面 MOLD_FRONT 和 MOLD_RIGHT，然后单击"确定"按钮，如图 6-1-19 所示。

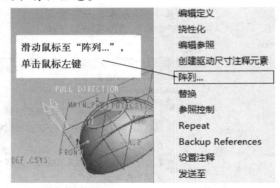

图 6-1-16　右键单击对话框"阵列"的选择

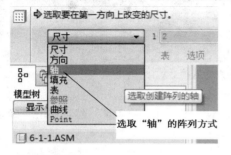

图 6-1-17　阵列类型的选择

图 6-1-18　轴阵列类型对话框

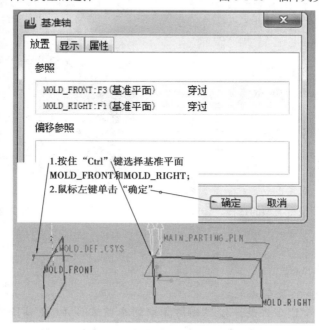

图 6-1-19　基准轴的创建方法

③鼠标左键单击"退出暂停模式"按钮，如图 6-1-20 所示，输入阵列数目"6"，阵列角度为"60°"，如图 6-1-21 所示，单击"确定"按钮，如图 6-1-22 所示。

1.输入阵列数目为"6"个；
2.输入阵列元件之间的角度为"60°"。

鼠标左键单击"退出暂停模式"按钮

图 6-1-20　"退出暂停模式"按钮

图 6-1-21　阵列数目和角度的输入

鼠标左键单击"确定"按钮

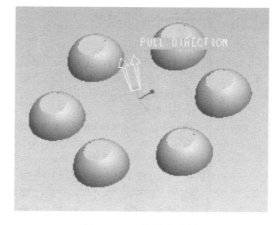

图 6-1-22　"确定"按钮

图 6-1-23　阵列完成图

④阵列完成后的图形如图 6-1-23 所示。

三、设置收缩

步骤 1　选定收缩对象。鼠标左键单击"收缩"，弹出"选取"小窗口，然后鼠标左键单击 6 个参照模型中的一个，如图 6-1-24 所示，然后弹出"收缩"菜单，如图 6-1-25 所示。

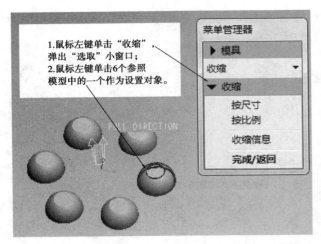

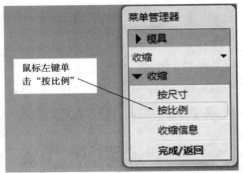

图 6-1-24 "收缩"对象的选择   图 6-1-25 "收缩"方式的选择

步骤 2 选择按"比例收缩"。单击"按比例",弹出"按比例收缩"窗口,鼠标左键单击参照模型的坐标系,如图 6-1-26 所示。

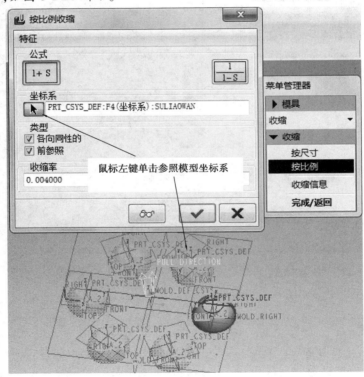

图 6-1-26 坐标系的选择

步骤 3 输入收缩率。在"按比例收缩"窗口的"收缩率"选项中输入"0.004",单击"√"确认,如图 6-1-27 所示,然后单击"完成/返回"返回主菜单,如图 6-1-28 所示。

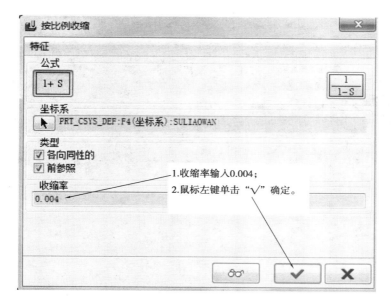

图 6-1-27　收缩率的输入

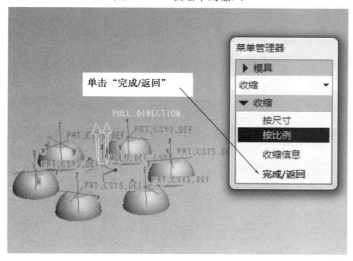

图 6-1-28　"收缩"环节完成

四、手动创建工件

步骤 1　执行"菜单管理器"中的"模具模型"→"创建"→"工件"→"手动"命令,进行工件的手动创建,如图 6-1-29 所示。

步骤 2　鼠标左键单击图 6-1-29 中元件创建窗口的"确定"按钮,弹出"创建选项"窗口,然后选择"创建特征",单击"确定",接着单击"加材料",如图 6-1-30 所示。

步骤 3　接着单击图 6-1-30 中的"完成",长按鼠标右键,弹出"草绘"窗口,如图6-1-31 所示。

步骤 4　鼠标左键选择基准面 MAIN_PARTING_PLN 为草绘平面,如图 6-1-32 所示,单击"草绘窗口"的"草绘"按钮,选取"参照",绘制二维图形如图 6-1-33 所示。

355

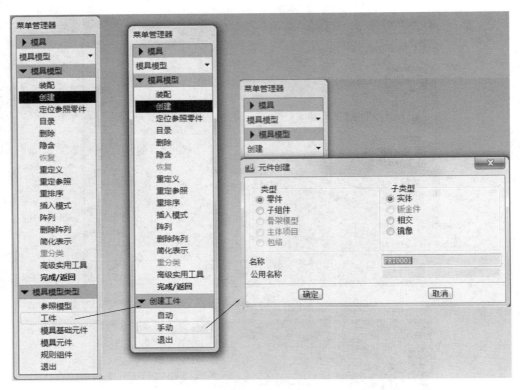

图 6-1-29　手动创建工件的选择方法

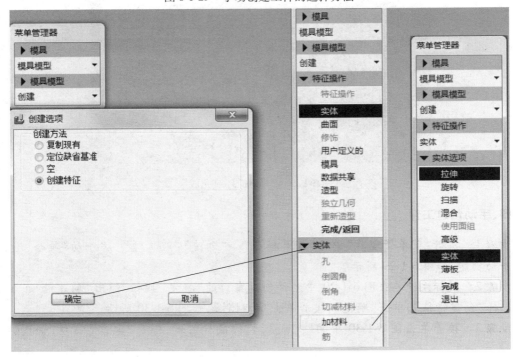

图 6-1-30　实体特征创建的方法

步骤 5　单击草绘环境中的"√"退出草绘,单击"选项"按钮,分别输入"第 1 侧"深度为

"25"，"第 2 侧"深度为"45"，如图 6-1-34 所示。

　　步骤 6　单击"√"退出工件创建，单击"菜单管理器"中的"完成/返回"，完成工件创建，如图 6-1-35 所示。

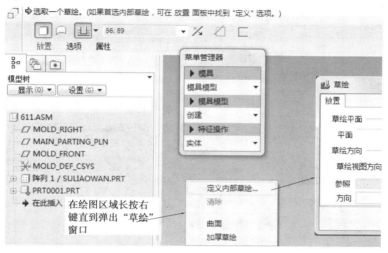

图 6-1-31　"草绘"对话框

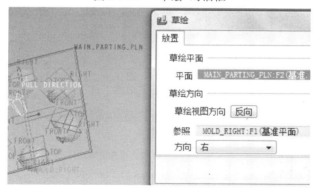

图 6-1-32　草绘平面的选取

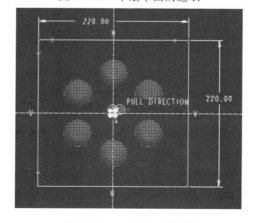

图 6-1-33　二维图形的绘制

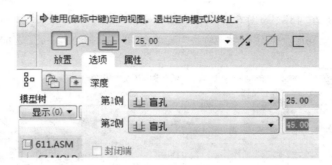

图 6-1-34　两侧深度的输入

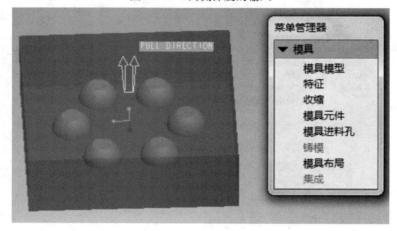

图 6-1-35　创建完成的工件

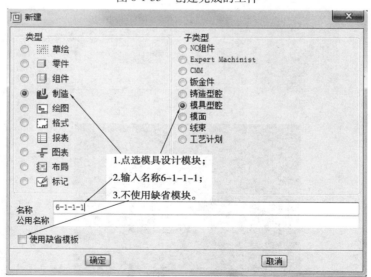

图 6-1-36　"新建"对话框

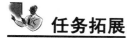 **任务拓展**

一、通过"定位参照零件法"布局"参照模型"

步骤1　新建模具设计模块,输入名称"6-1-1-1",如图 6-1-36 所示。

步骤2　选择"mmns_mfg_mold",从而使模具设计模板为公制单位毫米牛秒,单击"确定",如图 6-1-3 所示,进入模具设计模块。

步骤3　打开"参照模型"。

①鼠标左键单击"模具模型"(图 6-1-4)——单击"定位参照零件"(图 6-1-37)或者单击"模具型腔布局"图标(图 6-1-37)。

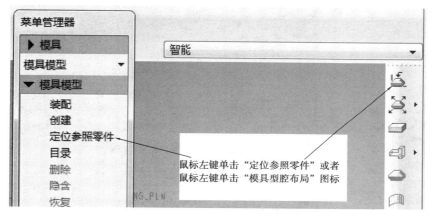

图 6-1-37　"定位参照零件"的选择

②选择"参照模型"为"suliaotong. prt",鼠标左键单击"打开"窗口中的"打开"开关,弹出"创建参照模型"窗口,选择"同一模型",单击"确定",如图 6-1-38 所示,然后鼠标左键单击"预览"按钮,如图 6-1-39 所示。

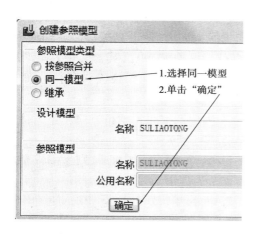

图 6-1-38　参照模型类型选择

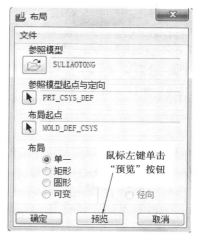

图 6-1-39　预览参照模型的方法

步骤4　设置"参照模型起点与定向"。

①观察双黄色箭头的方向可知,双黄色箭头的方向需要调整到指向参照模型 suliaotong. prt 的桶底方向。鼠标左键单击"参照模型起点与定向",如图 6-1-40 所示,弹出"坐标系类型"窗口,如图 6-1-41 所示。

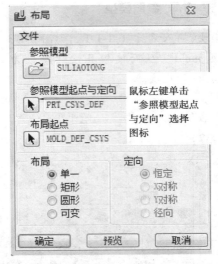

图 6-1-40　参照模型起点与定向

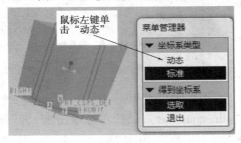

图 6-1-41　坐标系类型的选择

②鼠标左键单击图 6-1-41 所示"坐标系类型"中的"动态",弹出参照模型窗口和"参照模型方向"窗口,如图 6-1-42 所示,根据参照模型 suliaotong. prt 的结构形状,图 6-1-42 参照模型中的坐标系 Z 轴(代表模具开模方向)应该指向桶底方向,以便模具能够沿着桶底方向开模,为此,进行如下操作:鼠标左键单击 Y 轴,在"数值"栏中输入"90",其含义是人眼沿着 Y 轴的正方向看去,X 轴和 Z 轴沿 Y 轴逆时针旋转 90°(顺时针"数值"栏输入负值),如图 6-1-42 所示。

③按键盘上的回车键,则图 6-1-42 中参照模型坐标系中的 Z 轴正方向调整为指向桶底方向,如图 6-1-43 所示(请观察与图 6-1-42 中坐标系的区别)。

④鼠标左键单击图 6-1-43 中的"移动到点",接着单击"模型中心",则参照模型的坐标系移动到参照模型的中心,如图 6-1-44 所示。

⑤鼠标左键单击图 6-1-44 中所示的"确定"按钮,再单击图 6-1-45 中所示的"预览",观察图 6-1-45 中参照模型的双黄色箭头已经调整为指向参照模型 suliaotong. prt 的桶底方向,此方向正是生产零件 suliaotong. prt 的模具开模需要的方向。

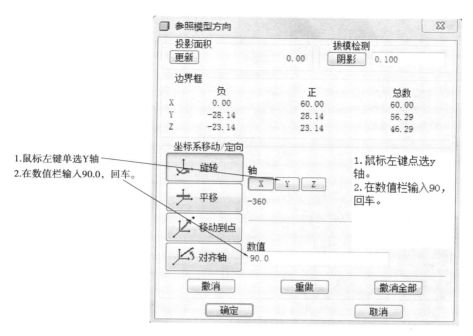

图 6-1-42　旋转坐标系的方法

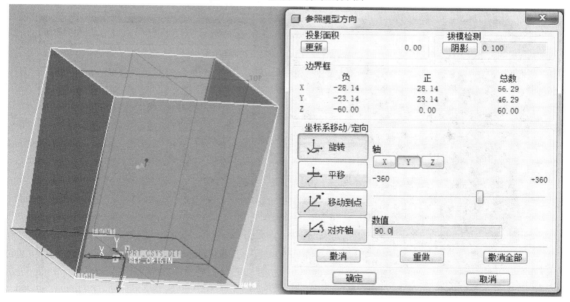

图 6-1-43　按回车键后 Z 轴的指向

⑥选择"矩形",输入 X、Y 对应的增量值"150""100",单击"预览"按钮,按照"定位参照零件法"布局的参照模型如图 6-1-46 所示。

二、设置收缩和手动创建工件

设置收缩和手动创建工件和图 6-1-1 的操作方法类似,完成后效果如图 6-1-47 所示。

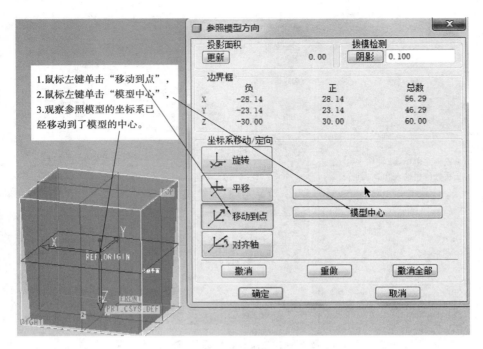

图 6-1-44　坐标系移到模型中心的方法

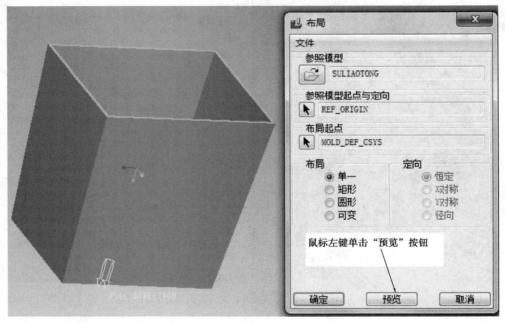

图 6-1-45　调整后的开模方向预览

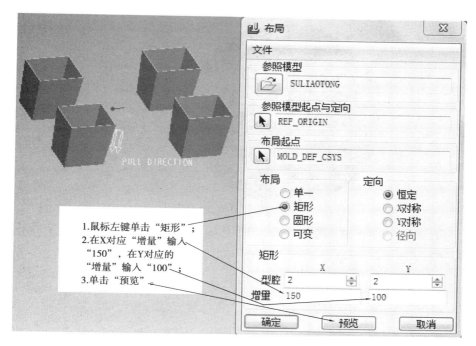

图 6-1-46　参照模型布局完成后的结果

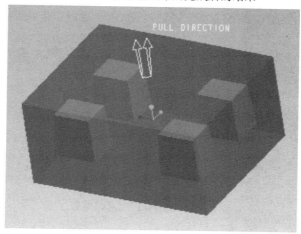

图 6-1-47　设置收缩和手动创建工件完成后的效果

拓展练习

分别运用"装配法"和"定位参照零件法"对参照模型 suliao_triangle 进行布局、收缩和手动创建工件，效果如图 6-1-48 所示。

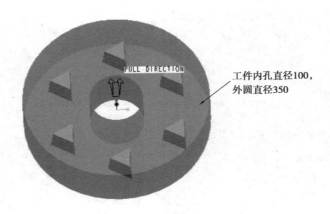

工件内孔直径100,
外圆直径350

图 6-1-48　塑料三角形完成布局、收缩、工件创建后的效果

任务 2　模具的分型面

 任务描述

对于图 6-2-1 中的参照模型的结构,创建合适的分型面,使生成的型芯型腔如图 6-2-1 所示。

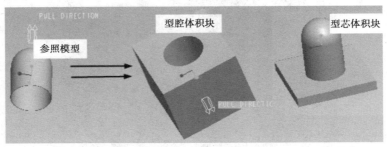

图 6-2-1　塑料帽的型芯与型腔

 任务实施

一、新建进入模具设计模块

步骤1　选择"新建"→选择"制造"类型→选择"模具型腔"子类型→输入名称"6-2-1"→将"使用缺省模块"的钩去掉→单击"确定",如图 6-2-2 所示。

步骤2　选择"mmns_mfg_mold",从而使模具设计模板为公制单位毫米牛秒,单击"确定",如图 6-2-3 所示,进入模具设计模块。

二、设置参照模型的"起点与定向"

步骤1　打开"参照模型"。

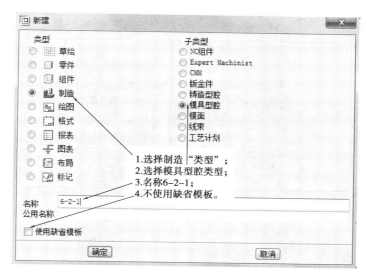

图 6-2-2　"新建"对话框

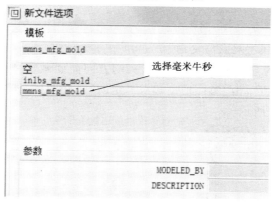

图 6-2-3　设计模板单位的选择

①鼠标左键单击"模具模型"→单击"定位参照零件"(图 6-2-4)或者单击"模具型腔布局"图标(图 6-2-4)。

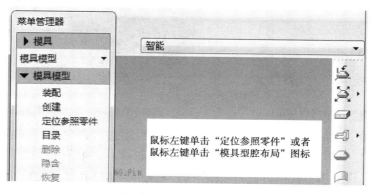

图 6-2-4　定位参照零件的选择

②选择参照模型 suliaomao.prt,鼠标左键单击"打开"窗口中的"打开"开关,弹出"创建参

照模型"窗口,选择"同一模型",单击"确定",如图 6-2-5 所示,然后鼠标左键单击"预览"按钮,如图 6-2-6 所示。

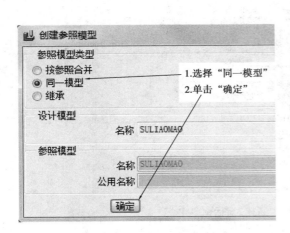

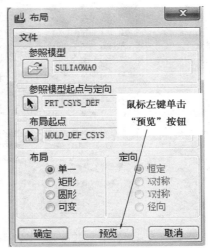

图 6-2-5　参照模型类型的选择　　　　　图 6-2-6　参照模型的预览

步骤 2　设置"参照模型起点与定向"。

①观察双黄色箭头的方向可知,双黄色箭头的方向需要调整到指向参照模型 suliaomao. prt 的头部方向。鼠标左键单击"参照模型起点与定向"选择图标,如图 6-2-7 所示,弹出"坐标系类型"窗口,如图 6-2-8 所示。

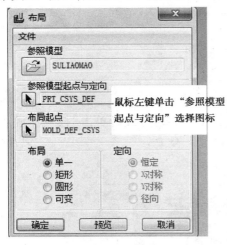

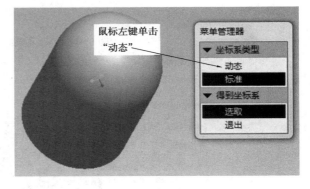

图 6-2-7　参照模型起点与定向　　　　　图 6-2-8　坐标系类型的选择

②鼠标左键单击图 6-2-8 所示"坐标系类型"中的"动态",弹出"参照模型"窗口和"参照模型方向"窗口,如图 6-2-9 所示,根据参照模型 suliaomao. prt 的结构形状,图 6-2-9 参照模型中的坐标系 Z 轴(代表模具开模方向)应该指向塑料帽头部方向,以便使模具能够沿着头部方向开模,为此,进行如下操作:鼠标左键单击 X 轴,在"数值"栏输入"90",其含义是人眼沿着 X 轴的正方向看去,Y 轴和 Z 轴沿 X 轴逆时针旋转 90°(顺时针"数值"栏输入负值),如图6-2-9所示。

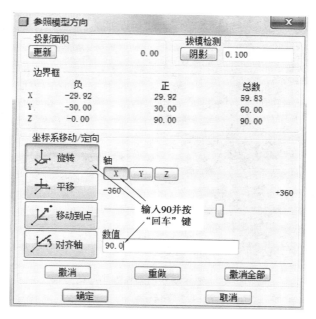

图 6-2-9　旋转坐标系的方法

③按键盘上的回车键,则图 6-2-9 中所示参照模型坐标系中的 Z 轴正方向调整为指向塑料帽头部方向,如图 6-2-10 所示。

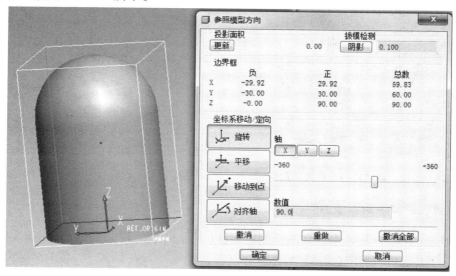

图 6-2-10　旋转坐标系后 Z 轴的指向结果

④鼠标左键单击图 6-2-10 中的"移动到点",接着单击"模型中心",则参照模型的坐标系移动到参照模型的中心,如图 6-2-11 所示。

⑤鼠标左键单击图 6-2-11 中的"确定"按钮,再单击图 6-2-12 中所示的"预览",观察图 6-2-12中参照模型的双黄色箭头已经调整为指向参照模型 suliaomao. prt 的头部方向,此方向正是生产零件 suliaomao. prt 的模具开模需要的方向,然后"确定"。

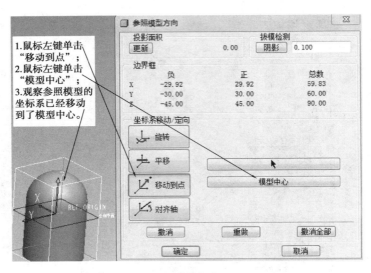

图 6-2-11　坐标系移动到模型中心的方法

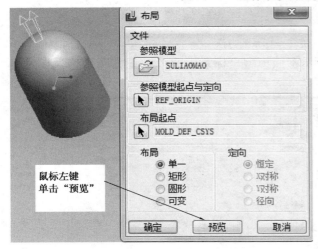

图 6-2-12　调整后的开模方向预览

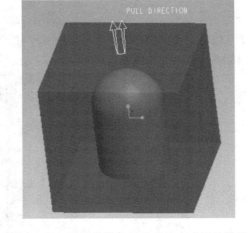

图 6-2-13　设置收缩和创建工件完成后的结果

三、设置收缩和手动创建工件

设置收缩(收缩率为 0.004)和手动创建工件(工件尺寸为 120 mm × 120 mm × 120 mm),方法同"任务一",结果如图 6-2-13 所示。

四、分型面的创建

步骤 1　鼠标左键单击如图 6-2-14 所示的分型曲面工具,进入分型面创建环境,如图 6-2-15所示。

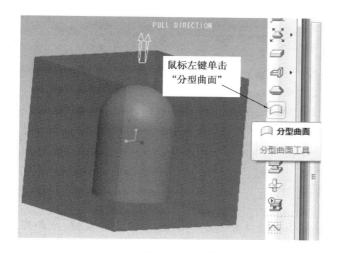

图 6-2-14　进入分型面创建环境

图 6-2-15　分型面环境

加油站：

分型面的定义、形式、作用如下所述。

为使产品从模腔内顺利取出，模具必须分成公母模两部分，此部分接口称为分型面。分型面的形式有水平、阶梯、斜面、垂直、曲面等多种，需要根据产品的形状结构进行设计；分型面具有分型和排气的作用。

步骤 2　滑移鼠标至工件"PRT0001. PRT"上，单击鼠标右键，弹出右键菜单，如图 6-2-16 所示；再滑移鼠标至右键菜单的"遮蔽"处，单击鼠标左键，将工件进行遮蔽，如图 6-2-17 所示。

步骤 3　滑移鼠标至参照模型上，单击鼠标左键，使参照模型处于被选中状态，如图 6-2-18 所

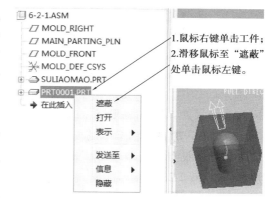

图 6-2-16　工件的遮蔽

示；再次滑移鼠标至参照模型头部左半部分，单击鼠标左键，选中参照模型头部左半部分的表面曲面，如图 6-2-19 所示。

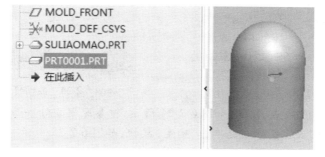

图 6-2-17　遮蔽工件后的参照模型

图 6-2-18　选取曲面方法第一步

图 6-2-19　选取曲面方法第二步

步骤 4　左手按住"Ctrl"不放,鼠标滑移至参照模型头部右半部分,单击鼠标左键,使参照模型头部右半部分继续被选中,如图 6-2-20 所示;接着滑移鼠标至参照模型圆柱体左半部分,此时不要松开"Ctrl"键,单击鼠标左键,继续选取参照模型左半部分圆柱面,如图 6-2-21 所示。

图 6-2-20　选取第二个曲面方法

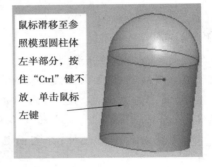

图 6-2-21　选取第三个曲面方法

步骤 5　滑移鼠标至参照模型圆柱体右半部分,此时不要松开"Ctrl"键,单击鼠标左键,继续选取参照模型右半部分圆柱面,如图 6-2-22 所示;此时松开"Ctrl"键,鼠标左键单击"复制"按钮,如图 6-2-23 所示。

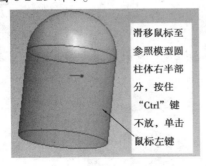

图 6-2-22　选取第 4 个曲面方法

图 6-2-23　曲面复制方法

步骤 6　鼠标单击"粘贴"按钮,如图 6-2-24 所示,把参照模型外表面用鼠标左键选中的表面粘贴为独立的曲面;然后鼠标左键单击"确定"按钮,如图 6-2-25 所示。

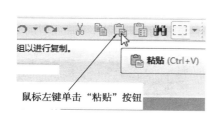

鼠标左键单击"粘贴"按钮

鼠标左键单击"确定"按钮

图 6-2-24　曲面粘贴方法　　　　　图 6-2-25　复制曲面确定按钮

　　步骤7　复制粘贴参照模型外表面完成后,鼠标右键单击模型树处的参照模型名称,弹出右键菜单,紧接着滑移鼠标至右键菜单的"遮蔽"处,如图 6-2-26 所示;鼠标左键"遮蔽",结果如图 6-2-27 所示,从图 6-2-27 可以看出,参照模型虽然遮蔽了,但是仍然有一个塑料帽形状的曲面存在,这个曲面就是刚刚复制粘贴完成的曲面。

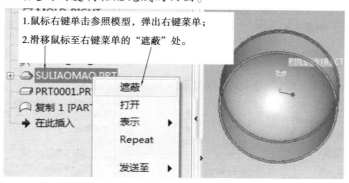

图 6-2-26　参照模型的遮蔽

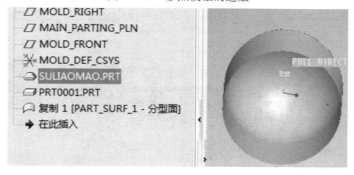

图 6-2-27　复制的曲面展示

　　步骤8　鼠标右键单击工件,如图 6-2-28 所示,弹出右键菜单,滑移鼠标至"撤销遮蔽"处,单击鼠标左键,撤销工件的遮蔽,工件重新显示出来,如图 6-2-29 所示。

　　步骤9　鼠标左键单击"拉伸"图标,如图 6-2-30 所示,在绘图区单击鼠标右键,单击"定义内部草绘"如图 6-2-31 所示。

　　步骤10　单击如图 6-2-32 所示的平面为草绘平面。

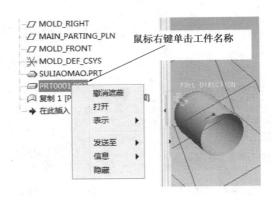

图 6-2-28　撤销工件遮蔽的方法

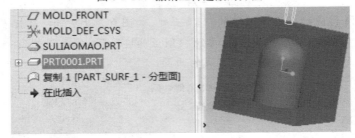

图 6-2-29　撤销工件遮蔽的结果

图 6-2-30　曲面拉伸　　　　　　　　　　图 6-2-31　定义内部草绘

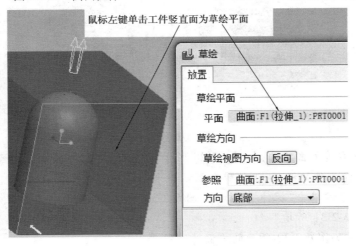

图 6-2-32　草绘平面的选取

步骤11 选取参照模型底部的两个点和两侧边线作为参照,如图 6-2-33 所示。

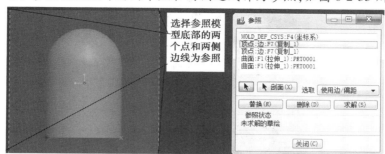

图 6-2-33 点的参照

步骤12 通过模型底部的两个参照点和两侧参照边线绘制直线,如图 6-2-34 所示。

步骤13 退出草绘,选择拉伸深度的方式为"拉伸至选定的点、曲线、平面或曲面",选择如图 6-2-35 所示为"拉伸至"的平面,拉伸命令完成后如图 6-2-36 所示。

步骤14 按住"Ctrl"键,鼠标左键单击图 6-2-37 所示的两个曲面,然后单击"合并"图标;鼠标左键单击代表保留侧方向的箭头,如图 6-2-38 所示;单击箭头后如图 6-2-39 所示,表示合并后将会保留在复制粘贴曲面外面的拉伸平面。

步骤15 合并完成后如图 6-2-40 所示,然后单击"确定"图标,退出分型面创建环境。

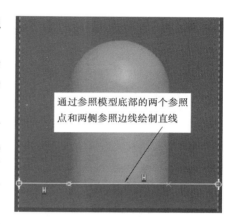

图 6-2-34 绘制直线

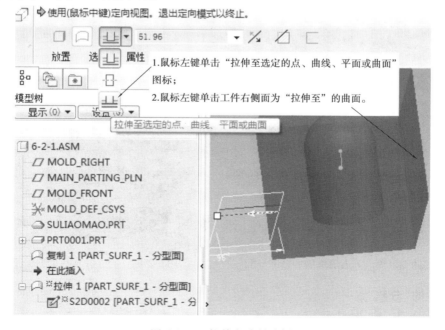

图 6-2-35 拉伸方式的选择

图 6-2-36　拉伸的曲面

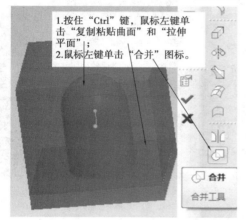

图 6-2-37　曲面合并

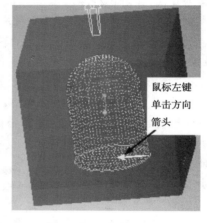

图 6-2-38　方向的选择

图 6-2-39　单击箭头后的结果

图 6-2-40　合并完成后的曲面

五、工件的"分割"

步骤 1　鼠标左键单击"体积块分割"图标,如图 6-2-41 所示,然后单击"分割体积块"菜单中的"完成",如图 6-2-42 所示。

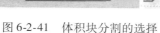

图 6-2-41　体积块分割的选择

图 6-2-42　分割体积块选项的选择

步骤 2　单击"分割体积块"菜单中的"完成"后,弹出选取分割曲面小窗口,这时滑移鼠标至合并完成后的曲面处(滑移鼠标接近"合并曲面"时会加亮显示),单击"合并曲面","合并曲面"红色显示,接着单击"选取"小窗口的"确定"按钮,再单击"分割"窗口的"确定"按钮,如图 6-2-43 所示。

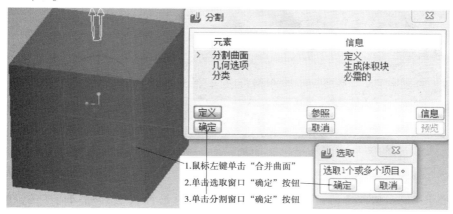

图 6-2-43　分模面的选取

步骤 3　鼠标左键单击"属性"窗口中的"着色"按钮,如图 6-2-44 所示,着色完成后如图 6-2-45 所示。

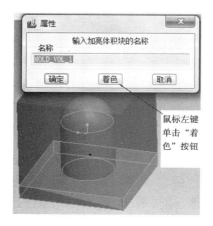

图 6-2-44　着色

图 6-2-45　着色的结果

步骤 4　单击图 6-2-45 所示的"确定"按钮，再次单击弹出"属性"窗口中的"着色"按钮，如图 6-2-46 所示，单击图 6-2-46 中的"确定"，分割完成后如图 6-2-47 所示。

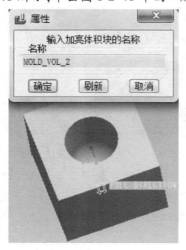

图 6-2-46　第 2 个体积块着色

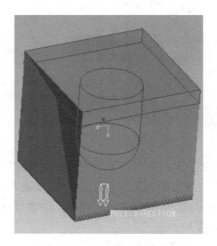

图 6-2-47　分割完成后的结果

六、型芯与型腔

步骤 1　分割完成后，型芯和型腔分割出来，如图 6-2-48 所示。

图 6-2-48　型芯与型腔

步骤 2　在绘图区左边的模型树显示区，隐藏工件、参照模型、分型面、型芯，即可观察型腔，如图 6-2-49 所示；隐藏工件、参照模型、分型面、型腔，即可观察型芯，如图 6-2-50 所示。

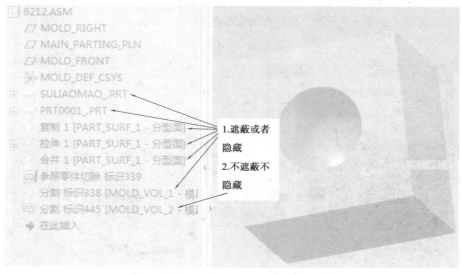

图 6-2-49　展示第 2 个体积块的方法

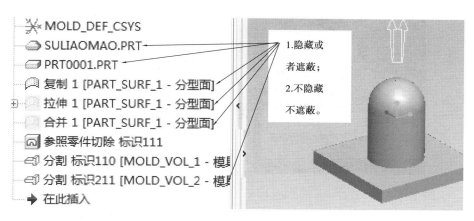

图 6-2-50　展示第 1 个体积块的方法

任务拓展

通过"拉伸法"创建分型面的步骤如下所述。

步骤 1　新建模具设计模块,输入名称"6-2-1-1",选择公制单位,进入模具设计环境,调入参照模型 shuicao.prt,对参照模型设置"起点与定向",设置收缩,创建工件,完成后如图 6-2-51 所示(方法同上,在此不再赘述)。

步骤 2　单击分型面工具,进入分型面的创建环境,单击拉伸图标,利用拉伸命令创建分型面,选择如图 6-2-52 的面为草绘平面。

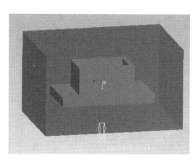

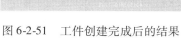

图 6-2-51　工件创建完成后的结果

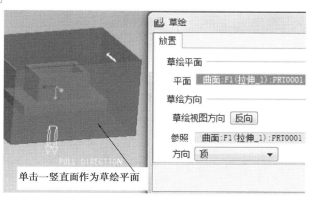

图 6-2-52　草绘平面的选择

步骤 3　单击草绘窗口中的"草绘"按钮,进入二维草绘环境,选择如图 6-2-53 所示的线为参照,从而为下一步的直线做好捕捉基础。

步骤 4　利用参照具有的捕捉功能,绘制如图 6-2-54 所示的一条直线作为二维草绘图形,退出草绘环境,利用"拉伸至"功能拉伸平面如图 6-2-55 所示,退出分型面创建环境。

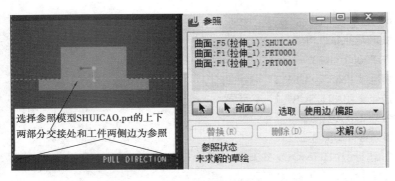

图 6-2-53　参照的选择

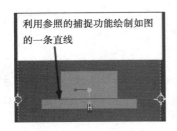

图 6-2-54　直线的绘制

图 6-2-55　拉伸完成的分型面

步骤 5　对工件进行分割操作,生产型芯和型腔体积块,隐藏相应的特征,型芯体积块如图 6-2-56 所示,型腔体积块如图 6-2-57 所示。

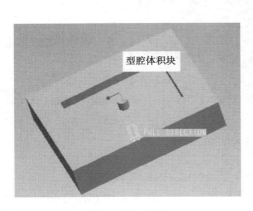

图 6-2-56　型腔

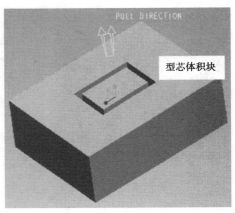

图 6-2-57　型芯

 拓展练习

对图 6-2-58 所示的左图进行模具设计(收缩率设置为 0.004,工件大小设置为 70 mm × 80 mm × 30 mm),结果生成型芯型腔如 6-2-58 的右图所示。

图 6-2-58　塑料件的分模

任务 3　模具设计实例

任务描述

对于给定的图 6-3-1 中左侧的参照模型,通过模具设计,生成右侧的分解爆炸图。

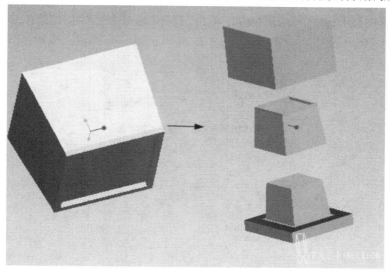

图 6-3-1　花盆的模具设计分解图

任务实施

一、新建进入模具设计模块

步骤 1　选择"新建"→选择"制造"类型→选择"模具型腔"子类型→输入名称"6-3-1"→将"使用缺省模块"的钩去掉→单击"确定"。

步骤 2　选择"mmns_mfg_mold",从而使模具设计模板为公制单位毫米牛秒,单击"确定",进入模具设计模块。

二、设置参照模型的"起点与定向"

步骤 1　打开"参照模型"。

①鼠标左键单击"模具模型"——单击"定位参照零件"或者单击"模具型腔布局"图标，如图 6-3-2 所示。

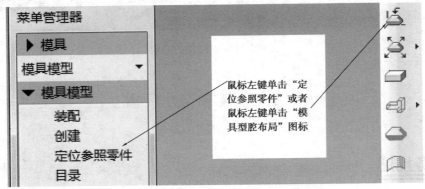

图 6-3-2　定位参照零件的选择

②选择参照模型 huapen. prt，鼠标左键单击"打开"窗口中的"打开"开关，弹出"创建参照模型"窗口，选择"同一模型"，单击"确定"，然后鼠标左键单击"预览"按钮，如图 6-3-3 所示。

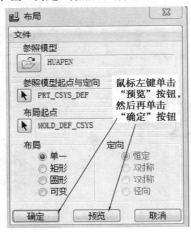

图 6-3-3　参照模型的预览

步骤 2　设置"参照模型起点与定向"。

①观察双黄色箭头的方向可知，双黄色箭头的方向符合模具开模要求，不需要再进行调整。鼠标左键单击"参照模型起点与定向"选择图标，弹出"坐标系类型"窗口。

②鼠标左键单击"坐标系类型"中的"动态"，弹出"参照模型"窗口和"参照模型方向"窗口，然后将参照模型 huapen. prt 的坐标系调整到模型的中心，如图 6-3-4 所示，然后单击"确定"。

三、设置收缩和手动创建工件

设置收缩（收缩率为 0.004）和手动创建工件（工件尺寸为 150 mm × 150 mm × 130 mm），

方法同"任务一",结果如图 6-3-5 所示。

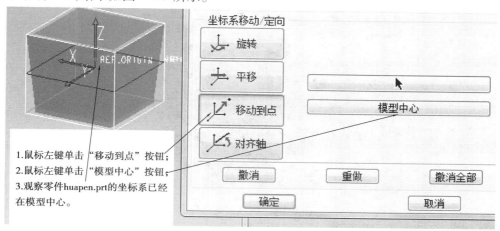

图 6-3-4　坐标系位置的调整

四、分型面的创建

步骤 1　鼠标左键单击分型曲面工具,进入分型面创建环境。

步骤 2　滑移鼠标至工件 PRT0001 上,单击鼠标右键,弹出右键菜单,再滑移鼠标至右键菜单的"遮蔽"处,单击鼠标左键,将工件进行遮蔽,如图 6-3-6 所示。

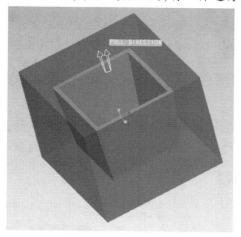

图 6-3-5　工件的创建

图 6-3-6　遮蔽工件后的参照模型

步骤 3　滑移鼠标至参照模型上,单击鼠标左键,使参照模型处于被选中状态;再次滑移鼠标至参照模型内表面,单击鼠标左键,选中参照模型的一个内表面,左手按住"Ctrl"键不放,鼠标左键单击相邻的另一个内表面,如图 6-3-7 所示。

步骤 4　左手按住"Ctrl"键不放,转动参照模型,鼠标左键单击参照模型相邻的另外两个内侧面,如图 6-3-8 所示。

步骤 5　松开"Ctrl"键,鼠标左键单击"复制"按钮,然后单击"粘贴"按钮,把参照模型的 4 个内侧面粘贴为独立的曲面;然后鼠标左键单击"确定"按钮,如图 6-3-9 所示。

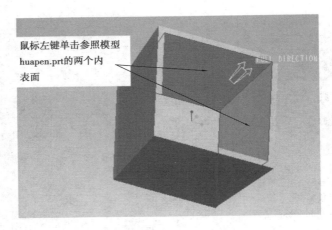

图 6-3-7　内表面的选取

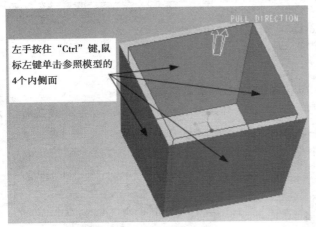

图 6-3-8　内表面的选取

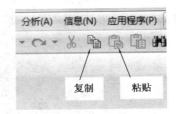

图 6-3-9　复制与粘贴

步骤 6　鼠标右键单击模型树处的参照模型名称,弹出右键菜单,紧接着滑移鼠标至右键菜单的"遮蔽"处,如图 6-3-10 所示;鼠标左键单击"遮蔽",则刚刚复制粘贴的 4 个内侧面显示出来,结果如图 6-3-11 所示。

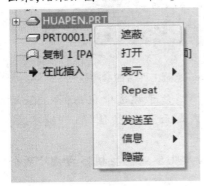

图 6-3-10　参照模型的遮蔽方法

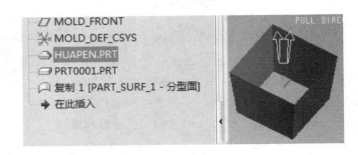

图 6-3-11　复制的曲面

步骤 7　鼠标右键单击工件,如图 6-3-12 所示,弹出右键菜单,滑移鼠标至"撤销遮蔽"处,单击鼠标左键,撤销工件的遮蔽,工件重新显示出来,如图 6-3-13 所示。

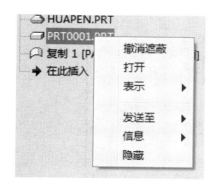

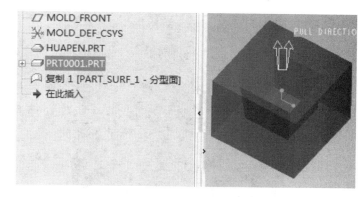

图 6-3-12　工件遮蔽的撤销　　　　　　　　图 6-3-13　撤销工件遮蔽后的结果

步骤 8　鼠标左键单击"拉伸"图标,如图 6-3-14 所示,在绘图区单击鼠标右键,单击"定义内部草绘",如图 6-3-15 所示。

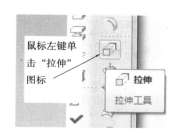

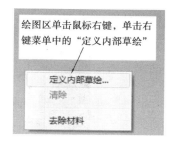

图 6-3-14　拉伸　　　　　　　　图 6-3-15　定义内部草绘

步骤 9　单击图 6-3-16 所示的平面即为草绘平面。

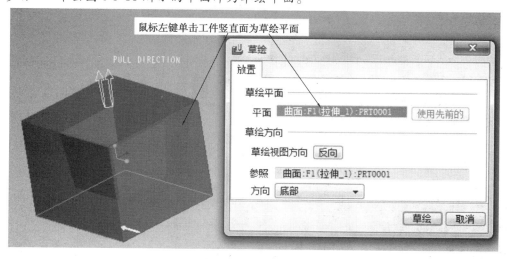

图 6-3-16　草绘平面的选择

步骤 10　选取参照模型底部的两个点和两侧边线作为参照,如图 6-3-17 所示。

步骤 11　通过参照模型底部的两个参照点和两侧参照边线绘制直线,如图 6-3-18 所示。

步骤 12　退出草绘,选择拉伸深度的方式为"拉伸至选定的点、曲线、平面或曲面",然后拉伸至对面平面,拉伸命令完成后如图 6-3-19 所示。

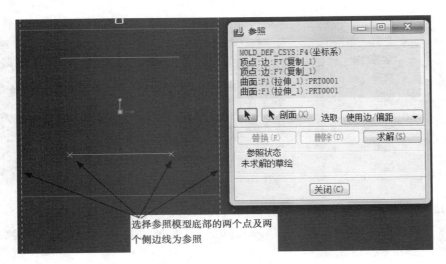

选择参照模型底部的两个点及两个侧边线为参照

图 6-3-17　参照的选择

通过参照模型底部的两个参照点和两侧参照边线绘制直线

图 6-3-18　直线的绘制

步骤 13　按住"Ctrl"键,鼠标左键单击图 6-3-20 所示的两个曲面,然后单击"合并"图标;出现的箭头代表保留的一侧,保留箭头朝向交线的外侧,合并完成后如图 6-3-21 所示,然后单击"确定"图标,退出分型面的创建环境。

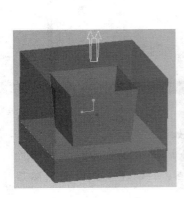

图 6-3-19　拉伸的曲面

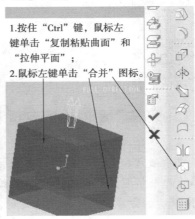

1.按住"Ctrl"键,鼠标左键单击"复制粘贴曲面"和"拉伸平面";

2.鼠标左键单击"合并"图标。

图 6-3-20　曲面合并

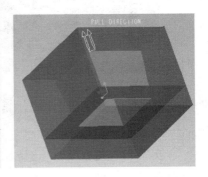

图 6-3-21　合并后的曲面

五、工件的"分割"

步骤 1　鼠标左键单击"体积块分割"图标,然后单击"分割体积块"菜单中的"完成"。弹出选取分割曲面小窗口,这时滑移鼠标至合并完成后的曲面处(滑移鼠标接近"合并曲面"时会加亮显示),单击"合并曲面","合并曲面"以红色显示,接着单击"选取"小窗口的"确定"按钮,再单击"分割"窗口的"确定"按钮,如图 6-3-22 所示。

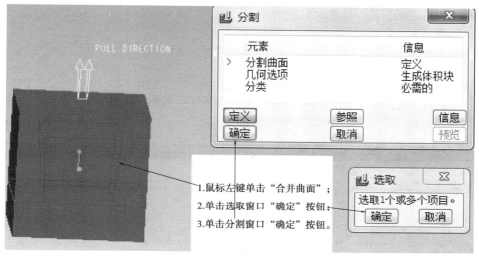

图 6-3-22　分型面的选择

步骤 2　接着弹出"属性"窗口,单击"确定"按钮,再次单击弹出"属性"窗口,再次单击"确定"按钮,接着把参照模型、工件、分型面等全部遮蔽或隐藏,只留下分割出来的型芯和型腔体积块显示,完成后如图 6-3-23 所示。

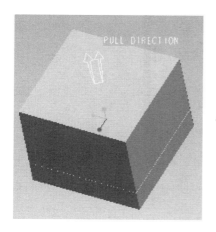

图 6-3-23　分型后的型芯与型腔

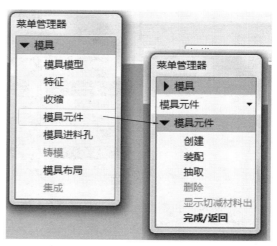

图 6-3-24　模具元件的抽取

六、模具元件的抽取

步骤 1　鼠标左键单击"模具元件",接着单击"抽取",如图 6-3-24 所示。

步骤2　此时弹出"创建模具元件"窗口,鼠标左键单击"选取全部体积块"图标,然后单击"确定"按钮,如图 6-3-25 所示。

七、生成铸件

步骤　鼠标左键单击"铸模",接着单击"创建",弹出"消息输入窗口",输入零件名称 huapen1,单击"√"确定,系统要求继续输入零件公用名称,这时不用输入继续单击"√"确定,系统生成铸件 huapen1.prt,如图 6-3-26 所示。

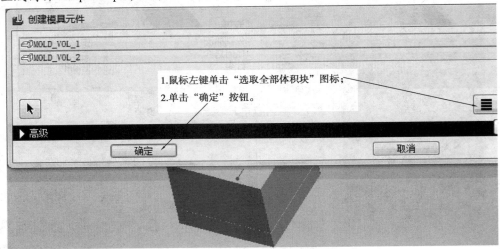

图 6-3-25　创建模具元件对话框

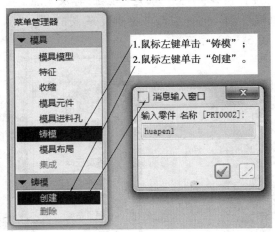

图 6-3-26　铸模的创建

 加油站:

"生产铸模"的定义、作用如下所述。

Pro/MOLDESING 模块提供了将塑料模拟通过浇注系统进入型腔,然后生产一个塑料件的功能,称为生成铸模。

只有在模具元件创建完成后才能生产铸模,通过模拟生产的塑料件,可以检查所建立的型腔和浇注系统是否完善。

如果不能生产铸模,必须进行几何检查,如检查几何重叠和交错等。

八、生成分解爆炸图

步骤 1　鼠标左键单击"模具进料孔",单击"定义间距",单击"定义移动",弹出"选取"窗口,如图 6-3-27 所示。

步骤 2　移动鼠标至抽取出的一个模具元件上,用鼠标左键单击其中的一个模具元件,然后单击"选取"窗口中的"确定"按钮,如图 6-3-28 所示。

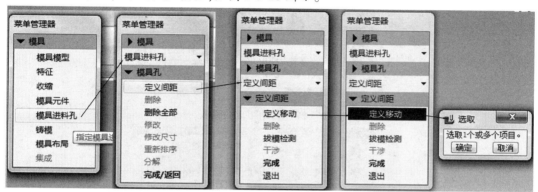

图 6-3-27　"定义移动"的选择方法

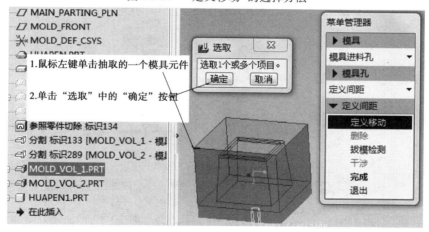

图 6-3-28　型腔移动的选择

步骤 3　这时系统提示"通过选取边、轴或表面选取分解方向",移动鼠标至所选模具元件的上表面,单击鼠标左键选取上表面作为分解方向,系统弹出"消息输入窗口",输入位移"150",单击"√"确定,如图 6-3-29 所示。

步骤 4　单击"菜单管理器"中的"完成",结果如图 6-3-30 所示。

步骤 5　继续单击"定义间距",单击"定义移动",弹出"选取"窗口,选择另一个抽取的模具元件,同样单击"选取"窗口中的"确定"按钮,仍然选取上一个平面作为分解方向,输入位移 –150,如图 6-3-31 所示。

步骤 6 单击"菜单管理器"中的"完成",结果如图 6-3-32 所示。

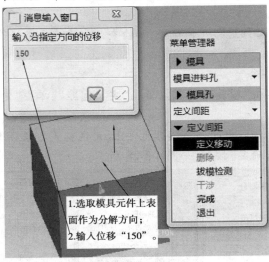

图 6-3-29 移动距离的输入

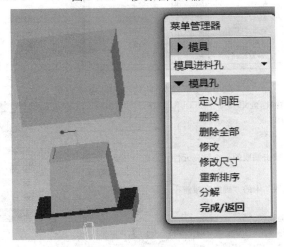

图 6-3-30 移动后的型腔

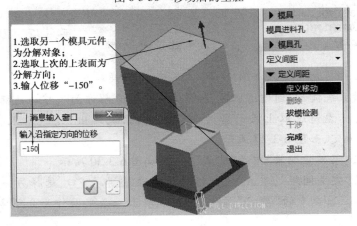

图 6-3-31 型芯移动的选择

图 6-3-32　"爆炸"结果

 任务拓展

简单的阴影分型面。对于本任务图 6-3-1 所示的花盆的模具设计中分型面的创建方法，除了上述的步骤 4 中用到的复制、拉伸、合并曲面创建分型面外，还可以考虑运用简单的阴影分型面进行创建，创建方法如下所述。

①对于图 6-3-5，首先用鼠标左键单击分型曲面工具，进入分型面创建环境。

②执行菜单栏中的"编辑"→"阴影曲面"命令，弹出"阴影曲面"对话框，如图 6-3-33 所示，观察图中的箭头方向是否由参照模型的大端指向小端，图 6-3-1 所示箭头符合要求，则单击"阴影曲面"窗口中的"确定"按钮（如果方向是由参照模型的小端指向大端，可通过"阴影曲面"对话框中的"方向"选项进行改变）。

③单击"阴影曲面"窗口中的"确定"按钮后，则分型面创建完毕，如图 6-3-34 所示。

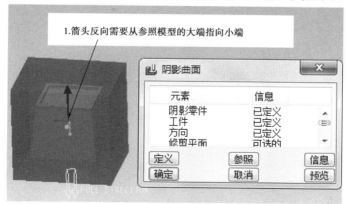

图 6-3-33　阴影曲面方向的选择

④接下去进行工件的"分割"操作，和上述的步骤 5 相同。

图 6-3-34　创建完成的分型面

拓展练习

对图 6-3-35 所示的左图(碗)进行模具设计(收缩率设置为 0.004,工件大小设置为 150 mm×150 mm×90 mm),生成爆炸分解图如 6-3-35 的右图所示。

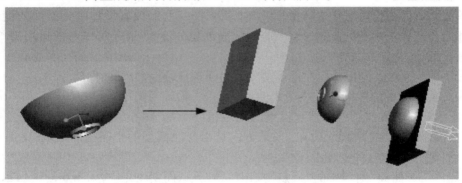

图 6-3-35　塑料碗的分模

参考文献

［1］林清安.完全精通 Pro/ENGINEER 野火 4.0 中文版综合教程［M］.北京:电子工业出版社,2009.

［2］林清安.完全精通 Pro/ENGINEER 野火 5.0 中文版零件设计基础入门［M］.北京:电子工业出版社,2011.

［3］林清安.完全精通 Pro/ENGINEER 野火 5.0 中文版模具设计基础入门［M］.北京:电子工业出版社,2009.